swissenschaften: 1969-2009

1990:
Harry Markowitz, Merton Miller, William Sharpe, USA
Portfilio-Auswahl, Finanztheorie, Preisbildung

1991:
Ronald Coase, USA
Transaktionskosten und Verfügungsrechte

1992:
Gary Becker, USA
Menschliches Verhalten und Zusammenarbeit

1993:
Robert Fogel, Douglass North, USA
Wirtschaftlicher und institutioneller Wandel

1994:
Reinhard Selten, Deutschland; John F. Nash, USA; John C. Harsanyi, USA/Ungarn
Nicht-kooperative Spieltheorie

1995:
Robert Lucas, USA
Theorie rationaler Erwartungen

1996:
James Mirrlees, Großbritannien; William Vickrey, Kanada
Anreize bei unterschiedlichen Graden von Information

1997:
Robert Merton, USA; Myron Scholes, USA
Bestimmung von Optionswerten

1998:
Amartya Sen, Indien
Wohlfahrtsökonomie

1999:
Robert A. Mundell, Kanada
Wechselkussysteme und optimale Währungsgebiete

2000:
James J. Heckman, USA; Daniel L. McFadden, USA
Analyse selektiver Stichproben

2001:
George A. Akerlof, USA; A. Michael Spence, USA; Joseph E. Stiglitz, USA
Märkte mit asymmetrischer Funktion

2002:
Daniel Kahneman, USA/Israel; Vernon L. Smith, USA
Entscheidungen bei Unsicherheit

2003:
Robert F. Engle, USA; Clive W. J. Granger, Großbritannien
Zeitreihen mit zeitlich variabler Volatilität

2004:
Finn E. Kydland, Norwegen; Edward C. Prescott, USA
Zeitkonsistenz von Wirtschaftspolitik und Konkunkturzyklen

2005:
Robert Aumann, USA; Thomas Schelling, USA
Spieltheorie: Konflikt und Kooperation

2006:
Edmund S. Phelps, USA
Intertemporale Zielkonflikte

2007:
Leonid Hurwicz, USA; Eric Maskin, USA; Roger Myerson, USA
Spieltheorie: Mechanismus-Design-Theorie

2008:
Paul Krugman, USA
Handelsmuster und Räume wirtschaftlicher Aktivität

2009:
Elinor Ostrom, USA, Oliver Williamson, USA (APA/AP)
Gemeinschaftsgüter sowie firmeninterner Bereich

n der schwedischen Reichsbank
Alfred Nobel

IMF
International Management and Finance

Herausgegeben von o. Professor Dr. Klaus Spremann

Lieferbare Titel:

Unternehmens-bewertung

Grundlagen und Praxis

von
Prof. Dr. Dr. h.c. Klaus Spremann
und
Prof. Dr. Dr. Dietmar Ernst

2., überarbeitete Auflage

Oldenbourg Verlag München

Das Werk erschien in der Vorauflage unter dem Titel Valuation.

Bibliografische Information der Deutschen Nationalbibliothek

Die Deutsche Nationalbibliothek verzeichnet diese Publikation in der Deutschen
Nationalbibliografie; detaillierte bibliografische Daten sind im Internet über
<http://dnb.d-nb.de> abrufbar.

© 2011 Oldenbourg Wissenschaftsverlag GmbH
Rosenheimer Straße 145, D-81671 München
Telefon: (089) 45051-0
oldenbourg.de

Lektorat: Dr. Jürgen Schechler
Herstellung: Anna Grosser
Coverentwurf: Kochan & Partner, München
Gedruckt auf säure- und chlorfreiem Papier
Gesamtherstellung: Druckhaus „Thomas Müntzer" GmbH, Bad Langensalza

ISBN   978-3-486-58930-6

Dieses Lehrbuch behandelt die moderne Unternehmensbewertung. Wir stellen die einschlägigen Bewertungsansätze wie die Ertragsbewertung, den Discounted Cashflow (DCF) und die Bewertung anhand der Residualgewinne (RIV) dar. Dazu wird erläutert, wie zukünftig anfallende Zahlungsüberschüsse diskontiert werden. Hierzu gehen wir auf die Bestimmung der Kapitalkosten ein und zeigen, wie der Marktwert von Finanzbeteiligungen und allgemeiner Finanzinstrumenten durch Nachbildung (Replikation) bestimmt werden kann.

Das Buch eignet sich für einen Kurs oder eine Seminarreihe, bei der Bewertungsansätze sowie die mit den Kapitalkosten zusammenhängenden Fragen den Schwerpunkt bilden. Wir versuchen, sowohl Orientierungs- als auch Handlungswissen zu vermitteln. Im Schwierigkeitsgrad ist die Darstellung so gestaltet, dass sie sich für Studierende bis zu einem mittleren Semester eignet. Die Materialien sind in Vorlesungen an mehreren Hochschulen und Universitäten sowie in der Aus- und Weiterbildung getestet worden. Auch das Selbststudium wird unterstützt. Daneben sollte die Darstellung den in einer Unternehmung tätigen Personen Know-how bieten. Hier ist an jene gedacht, die im Finanz- und Rechnungswesen oder in der Planung tätig sind. Letztendlich möge es allen Leserinnen und Lesern Freude bereiten, die an finanziellen Dingen Interesse haben.

Wir, die Autoren, lehren an der Universität St.Gallen und an der HfWU. Eine Kontaktaufnahme zu uns ist per E-Mail über klaus.spremann@unisg.ch oder über dietmar.ernst@hfwu.de möglich. Unser Dank gebührt verschiedenen Personen und Institutionen.[1] Zudem möchten wir auf Materialien zur Unternehmensbewertung hinweisen, die über den Oldenbourg Wissenschaftsverlag auf der Seite dieses Buches unter → Zusatzmaterial heruntergeladen werden können.

---

[1] Zunächst gilt unser Dank jenen Institutionen und Personen, die Portraits oder Materialien zur Verfügung gestellt haben: AP Foto, Associated Press GmbH (Frankfurt am Main), die Association for Investment Management and Research (AIMR), die Boston Public Library, die Firma Stern Stewart & Company sowie die Professoren Myron Gordon (Toronto), Robert Merton (Harvard), Alfred Rappaport (La Jolla), Kenneth Peasnell (Lancaster), William Sharpe (Stanford). Die Zeichnungen in diesem Buch sind mit dem Programm Powerpoint der Firma Microsoft erstellt worden. Für Fachgespräche zur Thematik und fachliche Hinweise danken wir weiter unseren Kollegen in St.Gallen und in Nürtingen. Hervorheben möchten wir schließlich die stets angenehme Zusammenarbeit mit unserem Freund und Verleger Jürgen Schechler.

Inhaltsverzeichnis

1. Zum Wertbegriff

Subjektive Sicht versus Marktperspektive, Preis im Sekundärmarkt versus Barwert der Rückflüsse, Bewertung zugunsten der Eigenkapitalgeber, Adjustierungen leiten aus dem Wert eine
Preisprognose ab. Hier die Abschnitte dieses Kapitels:

1.1   Marktperspektive und Wert

1.1.1   Von der subjektiven Beurteilung ...

Wir leben in einer Marktwirtschaft, scheinbar alles lässt sich käuflich erwerben. Das hat uns zu
einer *transaktionsorientierten Haltung* geführt. Wir schauen beständig herum, was angeboten
wird. Bei jedem Objekt überlegen wir, (1) was wir damit machen würden, (2) welchen Nutzen
wir aus dem Besitz und der von uns geplanten Verwendung wohl ziehen würden, (3) welche Lasten aus dem Besitz für uns entstünden und – heutzutage immer wichtiger – (4) wie wir das Objekt wieder abgeben, verkaufen, verschenken, oder sonstwie entsorgen könnten. Nutzen abzüglich
Lasten plus Vorteile beim Verkauf werden in eine Waagschale gelegt und gefragt, ob der verlangte Kaufpreis aufgewogen wird.

Beispiel 1-1: So schätzt Beat den mit Havanna Zigarren verbundenen Genuss hoch ein (auch
wenn die meisten anderen Menschen von der Gefährlichkeit des Rauchens wissen). Da er sich gerade etwas gönnen möchte, kauft er sich ein Kästchen Cohiba. Frank trinkt immer wieder ein
Glas Wein. Ein Händler bietet an, ihm jährlich 72 Flaschen zu liefern, die sich aus 3 Sorten zusammensetzen, die er aus einer Liste wählen kann. Um einen besonders günstigen Preis zu erhalten, muss er sich allerdings wenigstens 5 Jahre binden. Das gefällt Mark zunächst nicht, weil er
aus Erfahrung weiss, dass für ihn aus solchen Abonnements eine nie endende Geschichte wird.
Denn gerade er hat Widerwillen, zu kündigen. Doch in der Vorschlagsliste stehen Weinsorten
und Lagen, die Frank gut kennt. Er fühlt sich so als „Weinkenner" gelobt und unterschreibt. ■

Nicht immer liegt auf der Hand, wie und wozu eine Person ein Objekt nutzen würde, das sie kaufen könnte. Oft hat die Person einfach vor, das Objekt für später aufzuheben, ein andermal wird es verbraucht. Gelegentlich möchte die Person mit dem Besitz des Objekts etwas zeigen wollen.

Beispiel 1-2: A) Peter sieht einen Porsche Carrera im Schaufenster der Vertretung. Er überlegt, ihn zu kaufen, in seiner Garage aufzubewahren, und in das Fahrzeug unbenutzt in vielleicht 10 oder 20 Jahren zu verkaufen. Mit dieser Strategie hat er schon früher gelegentlich verdient, doch waren die Zeiten damals anders. Peter findet den Sportwagen für sein Vorhaben zu teuer. B) Dr. Schnell, sein Zahnarzt, erwägt den Kauf desselben Autos, weil sein Wohnort 100 km von der Praxis entfernt ist. Dr. Schnell fährt leicht 80.000 km im Jahr und würde deshalb den Porsche praktisch schon nach 18 Monaten wieder abgeben müsse. Dafür findet allerdings Dr. Schnell den Carrera zu teuer; eine Limousine mit Dieselmotor ist für ihn geeigneter. C) Schließlich wird der ausgestellte Porsche vom Direktor einer Marketingfirma gekauft, der eine übliche Verwendung plant: Sportlichkeit und Lebensstil zeigen, 15.000 km im Jahr damit fahren, nach 5 Jahren wieder verkaufen. Die Firma preist den Wagen genau im Hinblick auf diese Verwendungsart, weshalb der Agenturdirektor den Preis als durchaus in Ordnung beurteilt. ∎

1.1.2   ... zur Marktperspektive

Bei einigen Kaufgelegenheiten treten die individuellen Besonderheiten — Verwendungsplan, Nutzen der laufenden Leistungsabgabe, Beurteilung der Lasten, späterer Verkauf oder Entsorgung — der betreffenden Person in den Hintergrund. Das ist regelmäßig dann der Fall, wenn die Person das angebotene Objekt nicht selbst nutzen würde, sondern die vom Objekt abgegebenen Leistungen in einer marktähnlichen Umgebung weiter verkauft. Für den Käufer eines Objekts rückt in solchen Fällen der dabei erzielte, folglich der *marktgerechte* Erlös in den Vordergrund.

Beispiel 1-3: 1) An einem langgezogenen, nach Südwesten ausgerichteten Hügel, befinden sich verschiedene Weingüter. Einer der Winzer ist Heinz Hauser. Sein Weingut produziert über 2 Millionen Flaschen pro Jahr. Abgesehen vom Eigenbedarf, der angesichts zahlreicher Einladungen, die Heinz geben muss, bei 1.000 Flaschen liegt, wird seine gesamte Weinproduktion über diverse Distributionskanäle verkauft. 2) Das benachbarte Weingut gehört Beatrice Bielstein. Sie bietet Heinz an, ihn Jahr für Jahr mit 100.000 Liter Wein „im Fass" zu beliefern. Sie gibt Heinz den „Geheimtipp", man könne damit etwas „ganz Besonderes" anfangen und erläutert einen ungewöhnlichen Verwendungsvorschlag. Sie meint auch, Heinz könne dann hinsichtlich seiner eigenen Produktion „ungeahnte Synergien im Vertrieb" erzielen. 3) Heinz ist klar, dass Beatrice ihren Vorschlag auch den anderen Winzern der Nachbarschaft gemacht hat oder noch machen wird und vor allem mit Großabnehmern spricht, die immer wieder vorbeikommen. Dabei wird ihm bewusst, dass keiner der anderen Angesprochenen geheime Informationen oder ungewöhnliche Vermarktungsideen in eine Kalkulation einbringen würde. Niemand würde mit Synergien rechnen, die nur vage gezeichnet sind. Jeder würde so kalkulieren, als ob die 100.000 Liter wie sonst auch nach besten und bekannten Praktiken in Flaschen abgefüllt und wie sonst bei Wein üblich in

den Handel gebracht werden. 4) Außerdem fragt sich Heinz nicht, ob er auf das Angebot eingehen solle, weil er selbst einen besonderen Genuss mit dem nachbarlichen Wein verbinden würde
und vielleicht seinen Eigenverbrauch in die nachbarliche Geschmacksrichtung lenken sollte.
Heinz überlegt nur, was ihm ein Verkauf des nach besten Praktiken in Flaschen abgefüllten Wei-
nes von 100.000 Liter jährlich bringen würde, wenn die allgemein zugänglichen Informationen
und Vermarktungskanäle verwendet werden. ■

> So kalkuliert Heinz (aus Beispiel 1-3) das Angebot der Frau Bielstein nicht aus einer *sub-
> jektiven* Perspektive (persönliche Verwendungsidee, persönlicher Nutzen, geheime Infor-
> mationen, vage Synergien), sondern aus einer *allgemeinen, allen möglichen und insofern
> objektiven* **Marktperspektive** (üblicher Verwendungsplan, , allgemein zugängliche Infor-
> mationen, Anwendung von Best-Practices, Bewertung anhand von Marktpreisen). Auf
> diese Weise kann Heinz herausfinden, welcher Preis das Angebot der Beatrice von Biel-
> stein „im Markt" finden würde. Heinz nimmt eine solche Bewertung vor und macht auf
> Grundlage des Werts einen Preisvorschlag bei den Verhandlungen mit der Anbieterin.
>
> Wir sprechen von einer **Bewertung eines Objekts**, wenn unabhängig von persönlichen
> Umständen, Vorhaben und subjektiven Einschätzungen eines Kaufinteressenten ein Preis
> ermittelt wird, den das Objekt in einem Markt haben würde.

Der Wert ergibt sich daher aus dem Angebot und der Nachfrage eines großen Kollektivs von
Marktteilnehmenden. Deshalb reflektiert der Wert das Denken eines einzelnen Marktteilnehmers
nur in ganz geringem Umfang. Die persönliche „Werteinschätzung" eines einzelnen Interessenten
kann folglich im Vergleich zum „Marktwert" hoch oder tief erscheinen. Die Nutzenvorstellung
eines einzelnen Interessenten allein ist also nicht der Maßstab für die Ermittlung des Wertes. So
ist zum Beispiel die Risikotoleranz eines einzelnen Investors nicht der Maßstab für die Bewertung einer Kapitalanlage mit unsicherem Ergebnis.

Bei vielen Objekten ist es uns inzwischen geläufig, ein Objekt, das wir erwerben könnten, *sogleich* aus einer *Marktperspektive* zu beurteilen, und zwar auch dann, wenn wir es selbst nutzen
würden. Denn die Bewertung — der nach allgemeiner Marktsicht bestimmte Preis — kann als
gleichsam objektive Berichterstattung eine neutrale Zweitmeinung liefern.

Beispiel 1-4: 1) Sonja erwägt, eine Eigentumswohnung zu kaufen, zwar nicht für den Eigenbedarf, doch um sie zu vermieten. Sie erkundigt sich sogleich, wie hoch der Mietwert in der betreffenden Gegend ist. 2) Nun besichtigt Sonja eine zweite Wohnung, die ihr so gut gefällt, dass sie
dort selbst wohnen würde. Der Verkäufer betont gleich, das Appartement sei aufgrund der Lage
und anderer Eigenschaften „ein wirkliches Liebhaberobjekt, nur für einen selbst gedacht". Dennoch ermittelt Sonja den Mietwert. Auch wenn sie den Mietwert noch „adjustiert", um zu berücksichtigen, was ihr persönlich so gut gefällt, wirkt die Wohnung teuer. Sonja unterwirft sich also
der gleichsam neutralen Berichterstattung durch die Marktperspektive und hört auf diese Second
Opinion. Sie lehnt das Angebot ab, auch wenn die Wohnung für ihre persönlichen Bedürfnisse
sehr gut passen würde und sie den Preis durchaus bezahlen könnte. 3) Immerhin könnte es sein,

dass Sonja ihren Lebensplan einmal ändert und dann kann sie, bei einem Verkauf, keine Liebhaberpreise realisieren. ■

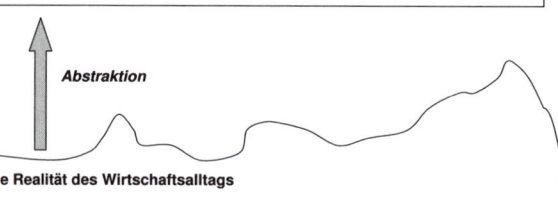

Die Modellebene

Erstens werden hier unter Verwendung von Mathematik die Investitionsvorhaben, Finanzkontrakte, Kapitalanlagen und Unternehmen in ihren wesentlichen (aber nicht in allen) Merkmalen formal beschrieben, etwa als Zahlungsreihen.

Zweitens werden die Zusammenhänge erfasst, die einem gut funktionierenden Finanzmarkt entsprechen — der nicht völlig frei erfunden ist, sondern aufgrund des Studiums realer Finanzmärkte durch Idealisierung gewonnen wurde.

Drittens wird durch eine Rechnung geklärt, welchen Preis die formale Beschreibung einer Kapitalanlage (Zahlungsreihe) im idealisierten Finanzmarkt hat, und dies ist der Wert.

Abstraktion

Die Realität des Wirtschaftsalltags

Hier gibt es konkrete Investitionsvorhaben, Finanzkontrakte, Kapitalanlagen, Unternehmen und die Menschen fragen, ob sie für sich vorteilhaft oder sogar generell wertvoll sind oder nicht und wie hoch ihr „Wert" ist.

Ausserdem gibt es hier mehr oder minder gut funktionierende Märkte, oft werden Transaktionen nur durch Makler oder Market-Maker ermöglicht und die Menschen folgen teils recht subjektiven Vorstellungen und lassen sich von Stimmungen leiten.

Bild 1-1: Die Bewertung wird in einem Modell vorgenommen. Das Modell startet mit einer vereinfachten Beschreibung des konkreten Objekts und das Modell trifft die Annahme gut funktionierender Märkte.

Die Marktperspektive einzunehmen ist demnach selbst in Situationen angebracht, in denen eine Eigennutzung eines angebotenen Objekts geplant ist. Nicht immer gibt es für ein Objekt oder für die von ihm abgegebenen Leistungen einen Markt. Vielfach ist das Umfeld, in dem eine Transaktion erfolgt oder in dem die Leistungsabgaben vom Eigentümer des Objekts verkauft werden könnten, weit von einem „ideal funktionierenden Markt" entfernt. Ein gut funktionierender Markt würde unter anderem verlangen, dass es zahlreiche Marktteilnehmende gibt, dass sie tatsächlich zu Transaktionen bereit sind, dass alle Informationen offen liegen, und dass es keine Transaktionskosten gibt. In solchen Fällen müssen wir, um eine Marktperspektive einnehmen und einen Wert ermitteln zu können, einen „gut funktionierenden" Markt *annehmen*. Wir müssen also das Objekt in das Modell eines perfekten Marktes tragen (was eine Abstraktion verlangt) und fragen, welchen Preis es dort finden würde, oder die vom Objekt abgegebenen Leistungen in das Modell eines perfekten Marktes tragen und fragen, welche Preise sie dort erzielen würden. In jedem Fall bilden wir den perfekten Markt und die dortige Preisfindung nach, um den Wert zu bestimmen. Wir simulieren die Preisbildung.

1.1.3   Zwei Wege führen zum Wert

Soweit zum Unterschied der subjektiven, konkreten Situation mit all ihren Besonderheiten und der idealisierten Modellwelt eines perfekten Marktes. Wir haben verschiedene Gründe gesehen, aus denen es sich für eine Person empfiehlt, sich bietende Transaktionen aus einer Marktperspektive zu beurteilen, selbst wenn sie eigentlich nur Interesse an ihrer subjektiven und konkreten Situation hat (Beispiel 1-4).

Die Marktperspektive verlangt letztlich eine Modellbetrachtung. Das heißt, der Wert wird in einem Bewertungs*modell* ermittelt.[1]

> Das Lexikon definiert den Begriff des Wertes in der Gesellschaft ganz allgemein als Vorstellung über das Wünschenswerte, das sich im Entwicklungsprozeß herausgebildet hat und von der Mehrheit der Gesellschaftsmitglieder akzeptiert und verinnerlicht wurde.

Zudem wurde der Wert eines Objekts auf zwei Weisen erklärt. Beide Definitionen eignen sich für eine Wertermittlung.

1. **Definition**: Einerseits wurde gesagt, der Wert sei gleich dem Preis, den ein Objekt in einem perfekten Markt hat beziehungsweise haben würde. In der Tat werden viele Objekte, die zu bewerten sind, direkt gehandelt. Man denke an eine Immobilie, ein Auto, eine Clubmitgliedschaft, eine Lizenz. Wird für die Transaktionen dieser Objekte angenommen, der Markt würde „gut funktionieren", also „perfekt" sein, dann liefert die dort stattfindende, nachgerechnete oder simulierte Preisfindung den Wert.

2. **Definition**: Andererseits haben wir die Folgen bewertet, die mit dem Eigentum und einer typischen Verwendung des Objekts verbunden sind. Das sind 1) die Leistungsabgabe des Objekts, 2) eventuelle Lasten und 3) die Möglichkeiten einer allfälligen Weitergabe oder Entsorgung. Hierzu wurden diese Folgen, insbesondere die Leistungsabgabe, zunächst in den entsprechenden Märkten verkauft. Beispielsweise kann eine Immobilie vermietet werden, was auf Mieteinnahmen führt. Die entsprechenden Märkte sollten perfekt sein. Sodann wurden die Verkaufserlöse (ebenso wie die mit Lasten und mit einer Entsorgung verbundenen später fälligen Geldbeträge) auf den heutigen Zeitpunkt bezogen. Auch dieser Markt für Geldanlagen und für die Kreditnahme wird als perfekt funktionierend unterstellt. Der Wert oder „Barwert" aller dieser beim wirtschaftlichen Einsatz des Objekts erzeugten Zahlungen/Erlöse ist der Wert des Objekts.

In der idealisierten Betrachtung, die durch den Wertbegriff ohnehin verlangt ist, stimmen beide Größen natürlich überein. Wenn es in unserer Modellwelt keine Transaktionskosten gibt und wenn alle Informationen offenliegen, dann muss der nach Weg 1 bestimmte Wert gleich dem nach Weg 2 bestimmten Wert sein.

---

[1] 1. SIMON BENNINGA: *Financial Modeling — uses Excel*. 3. Auflage, MIT Press, 2008. 2. MICHAEL BLOSS, DIETMAR ERNST, CHRISTOPH HAAS, JOACHIM HÄCKER, SEBASTIAN PREXEL, BERNHARD RÖCK: *Financial Modeling*, Schäffer-Poeschel, Stuttgart, 2010.

Denn wäre der nach Definition 1 bestimmte Wert größer als der nach Definition 2 bestimmte Wert, dann würde — zumindest in der idealisierten Welt — niemand das Objekt direkt kaufen, um es dann wirtschaftlich einzusetzen. Es gäbe keine Investoren mehr. Vielleicht würden sie sich andere Objekte wählen oder ins Ausland gehen.

Im konkreten Alltag gibt es solche Ungleichgewichte. Die Verkäufer der Objekte wollen sich nicht eingestehen, dass ihre Preisvorstellungen überholt sind und bleiben auf den Objekten sitzen. Käufer sind dann allenfalls noch Liebhaber, nicht aber wirtschaftlich denkenden Kaufinteressenten. Der Preis ist zu hoch und ein irgendwann kommender Crash ist vorhersehbar. Manche Experten werden von einer Preisblase sprechen.

Beispiel 1-5: Herr Welz hatte eine kleine Firma mit immerhin 100 Mitarbeitenden. Er hat die Geschäfte geführt und seiner Frau immer berichtet, die Firma ginge „gut" und sei „mindestens" 50 Millionen Euro wert. Nun ist Herr Welz kürzlich verstorben und ein leitender Mitarbeiter bietet der Witwe an, die Unternehmung zu kaufen. Frau Welz verlangt 50 Millionen Euro. Doch der Kaufinteressent wirft ein, dass die Firma lange nicht so viel „abwerfe" und bietet 25 Millionen Euro. Die Transaktion kommt nicht zustande, der Mitarbeiter verlässt die Firma, die deshalb, und auch weil die starke Hand von Herrn Welz nun fehlt, verfällt. ∎

Wäre der nach Definition 1 bestimmt Wert hingegen geringer als der nach Definition 2 bestimmte Wert, dann würde niemand das Objekt verkaufen wollen. Jeder Eigentümer würde das Objekt behalten und irgendwie, oftmals mehr schlecht als recht, weiter nutzen. Das hat zur Folge, dass der Markt für die Objekte austrocknet. Es finden dort keine Transaktionen statt, weil es kein Angebot gibt, und es gibt kein Angebot, weil der immer wieder genannte Preis zu niedrig ist. Diese Situation kann auch eintreten, wenn der Verkäufer stark besteuert wird. Für einen Verkäufer ist der nach Steuern erzielbare Verkaufserlös gering im Vergleich zu jenen Erträgen, die mit einer Fortführung erzielt werden können. Jedenfalls behält der Eigentümer das Objekt und setzt es ein — selbst wenn die Art der Fortführung nicht besonders effizient ist. Personen, die wissen, wie das Objekt effizient genutzt werden könnte und vielleicht neue Ideen mitbringen, kommen aber nicht an das Objekt heran.

Beispiel 1-6: Eine Mietwohnung kann auf zwei Wegen bewertet werden. Erstens kann gefragt werden, wie hoch der Preis für die Mietwohnung typischerweise sein sollte, wenn Vergleiche mit (zahlreichen) anderen Immobilien herangezogen werden und der Markt für Mietwohnungen als gut funktionierend unterstellt würde. Zweitens kann gefragt werden, wie hoch die *marktgerechte* Miete wäre und wie hoch die Barwerte der zukünftigen Mietzahlungen sind. Hierbei wird selbstverständlich auch in Rechnung gebracht, welche Zahlungen für den Unterhalt (Lasten) anfallen und wie allenfalls die Wohnung verkauft werden könnte. ∎

1.2   Zwei Wege der Unternehmensbewertung

1.2.1   Bewertung von Unternehmen

Im Prinzip werden so auch *Unternehmen* bewertet.

> Unternehmen sind wirtschaftliche Einheiten, deren Aktivitäten aufgrund vorhandener Ressourcen durch das Zusammenwirken verschiedener Gruppen, Personen und Institutionen zustande kommen. Wenn eine Gruppe von Personen in die Unternehmung etwas einbringt, erhebt sie natürlich Ansprüche. Sie wird so zu einer **Anspruchsgruppe**, zu einer Gruppe von **Stakeholdern**.
>
> Eine dieser Personengruppen hat ganz besondere Ansprüche oder Rechte gegenüber der Unternehmung: die **Eigenkapitalgeber** (Gesellschafter, Aktionäre). Die Eigenkapitalgeber haben vor allem zwei Rechte.
>
> 1. Sie können grundlegende **Entscheidungen** treffen und
>
> 2. **Entnahmen** tätigen (im Rahmen gewisser Gesetze und der Statuten).

Der Unternehmenswert wird als Wert zugunsten der Eigenkapitalgeber verstanden. Später werden wir von diesem Eigenkapital-Unternehmenswert (**Equity-Value**) ausgehend auch einen Gesamtwert, Enterprise-Unternehmenswert, oder **Entity-Value** ermitteln, der auch die Ansprüche der Fremdkapitalgeber ermittelt und einbezieht.[2]

Auch der Unternehmenswert kann auf zwei Wegen bestimmt werden.

Für den ersten Weg wird ein Markt unterstellt, auf dem Eigenkapitalgeber ihre Rechte oder Anteile einem Käufer übertragen. Dies ist der Markt für Unternehmen. In der Tat ist einem Eigenkapitalgeber erlaubt, die Rechte (Entscheidung, Entnahme) auf eine andere Person zu übertragen, vor allem, an sie zu verkaufen. Oft sind die Rechte des Eigenkapitalgebers verbrieft, etwa durch Anteilscheine wie zum Beispiel Aktien. Selbstverständlich kommt es häufig vor, dass ein Finanzinvestor seine Aktien verkauft. Auf diese Weise gibt es einen Markt für Unternehmen: Einzelne Eigenkapitalgeber verkaufen ihre Anteile oder, alle Eigenkapitalgeber finden sich und verkaufen gemeinsam alle ihre Anteile an einen Interessen.

Auch in diesem Markt für Unternehmen können wir den Wert definieren. Der Markt, an dem diese Käufe und Verkäufe von Anteilen stattfinden, wird als **Sekundärmarkt** bezeichnet (weil er sich die Erstausgabe von Anteilen an die Gründer einer Unternehmung anschließt).

Für den Sekundärmarkt ist die Aktienbörse das Sinnbild. Doch es finden neben dem börslichen Handel immer wieder Transfers von Anteilspaketen statt. Für diese Transfers treten die kaufende

---

[2] Mit den Methoden kann auch der Wert zuhanden des Fiskus (als Summe aller diskontierten Steuern) berechnet werden. Des weiteren liegen diese Methoden beispielsweise auch einer Kundenbewertung zugrunde.

und die verkaufende Parteien in direkte Verbindung, meist unter Hilfestellung einer Investment-bank, die als Makler fungiert.

Funktioniert der Sekundärmarkt für Anteile perfekt, dann ist der dort zustande kommende Preis gleich dem Wert.

> Definition nach Weg 1: Der **Unternehmenswert** ist jener Geldbetrag, zu dem alle Anteile der Eigenkapitalgeber der Unternehmung gekauft und verkauft werden könnten, wobei wiederum angenommen wird, der Markt für Anteile würde perfekt funktionieren.

Für den zweiten Weg wird (gedanklich) die Unternehmung genutzt und gefragt, zu welchen Rückflüssen an die Eigenkapitalgeber die Nutzung führt. Dabei wird eine Nutzung unterstellt, die von allgemeinen Informationen ausgeht und der Best-Practice folgt.

In Sondersituationen kann sich nach der allgemeinen Sicht eine **Liquidation** der Unternehmung aufdrängen. Dann würde sich der Wert aus dem Liquidationserlös errechnen. Doch im Regelfall ist nach der allgemeinen Sicht die **Fortführung** der Unternehmung das Beste. Bei Fortführung ergibt sich der Unternehmenswert für die Eigenkapitalgeber maßgeblich aus den Entnahmen oder Ausschüttungen (sowie selbstverständlich aus Lasten und eventuellen Verkaufsperspektiven).

> Definition nach Weg 2: Der **Unternehmenswert** leitet sich aus den Rückflüssen ab, denen die Eigenkapitalgeber für ihre Anteile entgegensehen können, wobei die Strategie der Un-ternehmung, die Rückflüsse und die Diskontierung aus einer **allgemeinen Marktsicht** heraus beurteilt werden. Diese Definition zeigt, durch welches Vorgehen der Unterneh-menswert berechnet werden kann.[3]

Beispiel 1-7: Ein neuer Sportclub in München öffnet sich für Mitgliedschaften. Der Manager möchte einen Preisvorschlag für die Aufnahme erarbeiten. Zunächst nimmt er eine Bewertung nach Definition 1 vor. Er vergleicht den Club mit zahlreichen anderen Sportclubs in München und in anderen Städten. Hierzu bringt er die Merkmale der Vergleichsobjekte, wie zum Beispiel die jeweilige Anzahl der Tennisplätze, durch Kennziffern in Relationen. Anschließend nimmt er eine Bewertung nach Definition 2 vor. In einer Planrechnung stellt er die Clubleistungen (wie das Buchen von Spielstunden, verbilligte Restaurantleistungen) zusammen, die von einem „typi-schen" Clubmitglied über einige Jahre hinweg in Anspruch genommen werden dürften. Diese Clubleistungen werden finanziell bewertet, diskontiert und addiert. ■

1.2.2   Substanzwertverfahren

Beide Definitionen eignen sich infolgedessen für eine Wertermittlung. Wird der ersten Definition gefolgt, dann muss der Markt idealisiert werden, in dem direkte Transfers der Objekte stattfinden.

---

[3] Methode: 1. Bestimme den aufgrund allgemeiner Informationen als Best-Practice einzuschlagenden Geschäftsplan. 2. Leite die finanziellen Rückflüsse (Zahlungsüberschüsse) ab und diskontiere sie. 3. Berücksichtige Lasten, die auf den Eigenkapitalgeber zukommen dürften. 4. Beziehe einen allfälligen Verkaufserlös/Abbruchkosten mit ein.

Das kann in der Praxis dadurch geschehen, dass man die Beobachtung der Preisbildung von den augenblicklichen und lokalen Besonderheiten löst, historische Preisbildungen einfließen lässt und benachbarte Märkte mit in die Betrachtung einbezieht. Auf diese Weise kann man sich ein Bild von typischen Bedingungen für eine Transaktion machen. Je breiter der Markt ist, desto mehr werden Unterschiede deutlich, die zum Vergleich herangezogene Objekte aufweisen. Die Unterschiede werden oftmals durch **Äquivalenzziffern** berücksichtigt.

Beispiel 1-8: Beispielsweise wird der Preis einer Wohnung mit 60 qm Grundfläche mit dem Preis einer Wohnung mit 90 qm Fläche verglichen, wozu berücksichtigt wird, dass die zweite Wohnung 1 ½ mal so groß ist. Oder: Der Kurs einer Aktie einer ersten Gesellschaft, auf die € 60 Gewinn entfallen, kann durch eine Äquivalenzziffer mit dem Kurs einer Aktie verglichen werden, auf die € 90 Gewinn entfallen. Solche Vergleiche, wenn sie nur breit abgestützt sind, führen dann auf einen für einen Markt typisches Kurs-Gewinn-Verhältnis KGV. ∎

Wird der Kreis immer weiter gezogen, müssen eventuell auch andere Merkmale der Objekte durch weitere Kennzahlen vergleichbar gemacht werden. Auf diese Weise entstehen **hedonische Wertmodelle**. Die erste Definition des Werts und der ihr entsprechende Weg zur Bewertung eines Objekts steht auch im Mittelpunkt der **Substanzbewertung** eines Unternehmens — das in Definition 1 angesprochene und zu bewertende „Objekt" ist eine Unternehmung. Wir wollen an dieser Stelle kurz die Substanzbewertung skizzieren. Bei Substanzwertverfahren werden die verschiedenen Vermögenspositionen betrachtet, die sich im Eigentum der Unternehmung befinden. Es wird unterstellt, dass diese Vermögenspositionen *einzeln* (auf jeweiligen Märkten) gekauft oder verkauft werden könnten. Der Gesamtwert der Unternehmung wird mit der Summe der Werte der einzelnen Vermögenspositionen gleichgesetzt.

Zur Bewertung einer einzelnen Vermögensposition werden die Wiederbeschaffungskosten oder der Liquidationserlös der einzelnen Vermögensposition herangezogen. Auch dabei kommt es nicht so sehr auf konkrete Preise an, die in konkreten Umständen tatsächlich zustande kommen. Vielmehr verlangt die Ermittlung des Werts der einzelnen Vermögensposition einen Blick, der wieder das Langfristige und das Typische in den Mittelpunkt rückt.

So wird bei den Wiederbeschaffungskosten gelegentlich auf **Modern Equivalent Assets (MEA)** abgestellt. Es wird gefragt, wie hoch die Wiederbeschaffungskosten wären, wenn eine technisch aktuelle Vermögensposition für den Ersatz gewählt würde, die ähnliche Funktionen erfüllt wie die das zu bewertende Objekt. Anschließend an die Schätzung der MEA wird eine so genannte **Optimization** unterstellt, bei der verschiedene Anpassungen vorgenommen werden, beispielsweise eine Korrektur für das Alter und die Abnutzung der zu bewertenden Vermögensposition.

Auch bei diesen „Abschreibungen" werden „typische" Verhältnisse unterstellt, um zu einem Wert der Position zu gelangen. Die Summe der Werte aller Vermögenspositionen ergibt dann den **Gesamtwert** des Unternehmens. Wenn die Unternehmung Verpflichtungen hat — das können Bankschulden sein, gesetzliche Ansprüche aus Sozialplänen oder auch spätere Abbruchkosten —

dann werden diese Verpflichtungen ebenso bewertet und vom Gesamtwert abgezogen. So entsteht der Wert zugunsten der Eigenkapitalgeber.

Bei Substanzbewertungen wird immer wieder gefragt, in welchem Umfang sich die Summe der Werte der einzelnen Vermögenspositionen auch auf immaterielle Vermögenspositionen bezieht. Diese Frage ist zweifellos wichtig. Für eine grobe Schätzung unterstellen wir, dass der „Buchwert" einer bilanzierten Vermögensposition ihrem eben besprochenen Wert (Ersatzbeschaffung, MEA, Optimization,...) entspricht. Bei vielen Aktiengesellschaften kann festgestellt werden, dass die Relation zwischen dem typischen Aktienkurs und dem Buchwert des Eigenkapitals in etwa bei 2 liegt. Demnach wären in etwa, bezogen auf den Unternehmenswert zugunsten der Eigenkapitalgeber, die Hälfte in der Bilanz erfasst, die andere Hälfte nicht. Das immaterielle Vermögen hat wirtschaftlich gesehen einen großen Wert.

1.2.3 Ertragswertverfahren

Ertragswertverfahren folgen der zweiten Wertdefinition (Sektion 1.1.4). Sie konzentrieren sich auf die wirtschaftlichen Ergebnisse oder auf die Rückflüsse, die unter einem Geschäftsplan in den zukünftigen Jahren wohl erzielt werden können, wenn das Unternehmen weitergeführt wird. Ist das zu bewertende Objekt wieder ein Unternehmen, dann werden die Ergebnisse des wirtschaftlichen Einsatzes — der Fortführung des Unternehmens — durch die Gewinne, Dividenden oder Zahlungen (Cashflows) beschrieben, die wohl erwirtschaftet und in den Entscheidungsbereich der Berechtigten gebracht werden können.

Die zukünftigen und offensichtlich unsicheren Ergebnisse werden auf den heutigen Zeitpunkt bezogen (diskontiert). Der Unternehmenswert ist die Summe der Barwerte der zukünftigen, unsicheren Ergebnisse. Dieser Gesamtwert oder Entity-Value ist zu unterscheiden vom Wert zugunsten der Eigenkapitalgeber (Equity-Value). Zieht man vom Entity-Value Schulden und Verpflichtungen ab, entsteht der Equity-Value.

> Allgemein wird bei einer Ertragsbewertung (2. Definition) so vorgegangen:
>
> 1. Schritt: Aus einem Verwendungsplan für das Objekt, der sich *allgemein* anbietet und Best-Practices unterstellt, sowie unter Verwendung *allgemein zugänglicher Informationen* werden jene Leistungen prognostiziert, die das Objekt in Zukunft abgibt.
>
> 2. Schritt: Sodann werden diese Leistungen in dem (möglicherweise nur angenommenen) Markt durch entsprechende *Erlöse* ersetzt, so dass ein Geldbetrag oder eine Reihe von Geldbeträgen entsteht. Diese Geldbeträge sind später fällige Zahlungen, die dem Eigentümer des Objekts oder den sonstwie Berechtigten zufließen werden.

3. Schritt: Weiter wird gefragt, wie diese Geldbeträge auf den heutigen Zeitpunkt zu diskontieren sind, wobei als Grundlage wieder ein gut funktionierender Markt, ein perfekter Kapitalmarkt dient beziehungsweise angenommen wird. Hierzu werden beispielsweise Diskontsätze herangezogen, die bei einer Langfristbetrachtung als
marktüblich anzusehen sind.

4. Schritt: Ebenso wird verfahren, wenn es Lasten aus dem Eigentum des Objekts gibt.
Beispielsweise kann Mitarbeit verlangt sein oder eine besonderer Kontrollaufwand
entstehen. Lasten können sich auch daraus ergeben, dass Sicherheitsbestimmungen
oder Auflagen des Umweltschutzes zu beachten sind. Auch die Lasten werden in Geld
ausgedrückt und die Zahlungen werden auf den Gegenwartszeitpunkt (der Bewertung)
diskontiert.

5. Schritt: Schließlich wird berücksichtigt, mit welchen Erlösen oder welchen Abbruchkosten typischerweise (aus einer allgemeinen im Markt getragenen Sicht) bei einer
Beendigung des wirtschaftlichen Einsatzes des Objekts zu rechnen ist.

Dass der so erklärte Wert genau so im Wirtschaftsleben umgesetzt wird, zeigen die Worte eines
Praktikers:[4] „Der faire Wert entspricht dem Preis, den gut informierte Unternehmer für eine Gesellschaft zu zahlen bereit sind. Basis der Berechnung sollten die Erträge über einen Konjunktur-
beziehungsweise Industriezyklus hinweg sein und nicht die Gewinne in einem besonders guten
oder schlechten Jahr. Auf diese Gewinne respektive Cashflows sind dann die üblichen Methoden
der Unternehmensbewertung wie diskontierte Cashflows … und so weiter anzuwenden."

1.2.4   Vergleich zwischen Substanz- und Ertragswert

Substanzwertverfahren (Wertdefinition 1) und Ertragswertverfahren (Wertdefinition 2)
dürfen nicht als konkurrierende oder widersprüchliche Bewertungsverfahren angesehen
werden. Jedes Bewertungsverfahren betont gewisse Aspekte, und je nach Situation kann
das eine oder das andere Verfahren als geeigneter angesehen werden.

Bei Substanzwertverfahren bleiben vielfach immaterielle Vermögenswerte im Hintergrund, und
die Betonung liegt auf den konkreten Gegenständen des Vermögens.

Auch ein Geschäftsplan bleibt im Hintergrund, und es spielt deshalb beim Vermögen keine Rolle,
ob es (im Hinblick auf einen Plan) betriebsnotwendig ist oder nicht. Es werden einfach alle konkreten und sich im Eigentum befindlichen Vermögenspositionen einzeln bewertet.

Substanzwertverfahren werden deshalb bevorzugt, wenn sich die Unternehmung in der
Gründung oder in der Liquidation befindet.

---

[4] So ausgedrückt von THOMAS BRAUN, der zusammen mit GEORG VON WYSS den Classic Global Equity Fund ver-
waltet, zitiert nach *Finanz und Wirtschaft*, Nr. 25 vom 29. März 2003, p. 27.

Bei jedem Substanzwertverfahren sind diese Fragen zu klären:

1. Welche Vermögenspositionen sind in die Bewertung einzubeziehen? Soll diese Liste auf Gruppen von Vermögenspositionen abheben, etwa auf ganze Betriebsstätten, oder auf die Detailstufe einzelner Gegenstände gehen?

2. Sollen die einzelnen Vermögenspositionen eher anhand ihrer Wiederbeschaffungskosten bewertet werden oder anhand eines Liquidationserlöses?

Für Situationen, in denen die Fortführung der Unternehmung (aufgrund der allgemeinen Informationen) nicht bezweifelt wird, werden Ertragswertverfahren als geeignet angesehen. Hier wird ein Plan zugrunde gelegt und eine Prognose vorgenommen, welche „Erträge" unter diesem Plan in Zukunft wohl generiert werden können. Deshalb spielt die *Qualität des Geschäftsplans* bei jeder Ertragsbewertung eine zentrale Rolle.[5]

Gleichermaßen drücken sich bei jedem Ertragswertverfahren immaterielle Vermögenspositionen aus: das in Forschung und Entwicklung Erreichte, das prozessuale Know-how der Unternehmung, ihr Ansehen bei Kunden, und so fort. All das beeinflusst die Höhe der „Erträge".

Dagegen hat die Frage, ob nicht-betriebsnotwendiges Vermögen vorhanden ist oder nicht, wenig Einfluß auf die (mit dem Betrieb) in Zukunft erzeugten Erträge.

Für jedes Ertragswertverfahren sind diese Fragen zu klären:

1. Ist der Plan der Fortführung realistisch? Sind alle für diesen Plan erforderlichen Ressourcen vorhanden oder müssen noch gewisse Investitionen getätigt werden? Sind allenfalls Ressourcen vorhanden, die für den Plan nicht benötigt werden und getrennt verwertet werden können?

2. Werden die Erträge durch die Gewinne, die Ausschüttungen (Dividenden) oder durch Cashflows bestimmt? Wenn es sich um Cashflows handelt, wie sind sie definiert? Wie können sie aus Größen ermittelt werden, die das Rechnungswesen liefert? Etwa: wie hängen sie mit der gebräuchlichen Größe *EBIT* zusammen?

3. Wenn dann der Begriff „Ertrag" präzisiert und operativ zugänglich ist, muß ein Blick auf die Methode geworfen werden, die für die Diskontierung verwendet wird.

1.2.5   Adjustierungen für den Wert

Eventuell schließt sich an die Bewertung noch ein weiterer Schritt an, in dem der Wert *adjustiert* wird, um ihn von den getroffenen Idealisierungen des perfekten Marktes zu befreien und wieder an die konkreten Umstände heranzuführen. Dabei sind Adjustierungen für vier Besonderheiten angebracht:

---

[5] 1. JOCHEN DRUKARCZYK und DIETMAR ERNST: *Branchenorientierte Unternehmensbewertung*, 3. Auflage. Verlag Vahlen, München, 2010. 2. DIETMAR ERNST, SONJA SCHNEIDER, BJOERN THIELEN: *Unternehmensbewertungen erstellen und nachvollziehen: Ein Praxisleitfaden*, 4. Auflage. Verlag Vahlen, München, 2010.

Erstens kann es in der augenblicklichen konjunkturellen Lage schwierig (oder eben auch besonders leicht) sein, das Objekt selbst oder die vom Objekt abgegebenen Leistungen zu verkaufen. Beispielsweise könnte sich eine Rezession abzeichnen (oder auch ein kraftvoller Wirtschaftsaufschwung).

Die zweite Adjustierung betrifft die Definition 2, bei der der Wert als Barwert der Ergebnisse oder der Rückflüsse verstanden wird. Durch die augenblickliche Situation am Kapitalmarkt kann die Diskontierung — die Umrechnung später fälliger Zahlungen auf den heutigen Zeitpunkt — anders aussehen, als im Ideal des perfekten Kapitalmarkts unterstellt wird.

Immerhin gibt es immer wieder Zeiten besonders hoher und solche besonders geringer Zinssätze, es gibt Phasen mit Kursaufschwüngen am Kapitalmarkt und solche mit Kurskorrekturen. Die am Börsengeschehen Teilnehmenden sind manchmal überschwenglich, ein andermal pessimistisch. Niemand würde übersehen, dass es an den Kapitalmärkten immer wieder zu Einbrüchen, zu ausbleibender Liquidität und zu regelrechten Finanzkrisen kam.

> Von daher müssen wir erklären, was unter einem „gut funktionierenden" oder „perfekten" Kapitalmarkt überhaupt zu verstehen ist. Wir werden diese Frage in Kapitel 7 eingehender behandeln. Jetzt soll genügen, dass für die Bewertung **langfristige Verhältnisse** unterstellt werden, die in der weit zurück reichenden Vergangenheit am Kapitalmarkt zu beobachten waren. Der Wert geht also für die Diskontierung in Zukunft anfallender Zahlen, sofern diese sicher sind, von einem „langfristigen" Zinssatz aus.
>
> Der modellierte, perfekte Kapitalmarkt unterstellt weiterhin eine **mittlere Entwicklung** zwischen Hausse und Baisse. Ein Wert, der von Extremsituationen absieht, ist natürlich wenig aussagekräftig für eine Person, die just in einer Baisse verkaufen möchte, wenn alle Interessenten vielleicht sogar Schwierigkeiten haben, den Kauf mit einem Bankkredit zu finanzieren.

Drittens sind eventuell Adjustierungen für die Besonderheiten einer konkreten Transaktion angebracht. Dazu kann die Größenordnung gehören oder auch in der Person von Käufer beziehungsweise Verkäufer liegende Besonderheiten.

Selbstverständlich macht es im konkreten Umfeld viel aus, ob jemand vom Bauträger eine Wohnung oder gleich 5 Wohnungen zu kaufen beabsichtigt, auch wenn in einem „ideal funktionierenden Markt" der Preis für 5 Einheiten eines dort gehandelten Guts genau 5 mal der Preis für ein Gut ist (**Proportionalität**).

Bei einem Unternehmen hat die Größe des Anteils an der Unternehmung, der übertragen wird, einen deutlichen Einfluss auf den *Preis*, der im konkreten Sekundärmarkt gezahlt wird. Der Grund liegt in der Frage, ob sich der Käufer nur beteiligt oder ob er die Entscheidungsrechte ausüben möchte. In konkreten Sekundärmärkten kann deshalb ein geringer Anteil vielleicht noch zu einem moderaten Preis erhalten werden, während der Preis bei größeren Anteilen steigt, sobald diese Pakete eine Ausübung der Entscheidungsrechte ermöglichen (Sperrminorität, Mehrheit).

Doch im unterstellten perfekten Markt gilt die Proportionalität: 100% einer Sache kosten 25 mal so viel wie 4% (und nicht mehr). Beim Wert des Unternehmens wird von der Frage abstrahiert, wie hoch in der Praxis **Paketzuschläge** sind.

Viertens ist eine Adjustierung angezeigt, wenn den Parteien *strategische* Positionen und Schachzüge möglich sind. Strategisches Verhalten widerspricht dem Modell vom perfekten Markt, in dem alle Parteien Preisnehmer sind. Strategisches Verhalten widerspricht auch der Annahme, die Unternehmung verfolge einen aufgrund der allgemeinen Informationen als Best-Practice angesehenen Geschäftsplan. Dennoch gibt es immer wieder strategisches Verhalten beim Kauf von Paketen von Anteilen.

- Zu solchen strategischen Verhaltensweisen gehört beispielsweise der Kauf einer Unternehmung, um einen unliebsamen Konkurrenten im Produktmarkt auszuschalten.

- Oder der Käufer beabsichtigt, die Unternehmung vollkommen neu auszurichten. Das ist vielfach der Fall, wenn ein Hedge-Fund die Anteile kauft. Ebenso kommt es in der Realität vor, dass jemand eine wesentliche Beteiligung erwirbt, um die Unternehmung aus eigener Sicht umzugestalten, hierbei also persönlichen Informationen folgt, die von der Marktsicht abweichen können. Beispielsweise kann ein CEO mit Synergien argumentieren (und kauft deshalb eine andere Unternehmung), auch wenn dies andere Sachverständige nicht nachvollziehen können.

> Dennoch dient der Unternehmenswert als Ausgangspunkt für die Adjustierung, um den verschiedensten Abweichungen zwischen dem perfekten Markt und dem konkreten Umfeld gerecht zu werden. Durch **Adjustierungen** ergibt sich aus dem Wert eine Prognose für den Preis, der in einem konkreten Umfeld zustande kommen sollte.

1.3 Warum Unternehmensbewertung wichtig ist

1.3.1 Preisprognose und Erfolgsmessung

Geschäftliche Vorhaben, Vermögenspositionen, Beteiligungen an Unternehmen und ganze Unternehmen zu *bewerten,* ist zu einer wichtigen Grundaufgabe im Wirtschaftsleben geworden. Die Bewertung von Unternehmen bildet eine Kernaufgabe im Consulting, in der Finanzanalyse, in der Wirtschaftsprüfung und in der Unternehmensplanung. Der Unternehmenswert soll eine Grundinformation liefern, mit der die zwei Fragen beantwortet werden:

- **Preisprognose**: Wenn es zu einer Übertragung der Rechte der Eigenkapitalgeber einer Unternehmung kommt, zu welchem Preis wird sie dann wohl erfolgen?

- **Erfolgsmessung**: Wie hat sich der Wert der Unternehmung in einem Wirtschaftsjahr verändert?

Auf die erste Frage sind wir bereits eingegangen. Die Aufgabe der Preisprognose ist übrigens nicht nur, den Preis vorherzusehen, zu dem eine Transaktion in einem konkreten Umfeld wohl erfolgen dürfte. Die Frage wird oft in Varianten gestellt.

> Eine erste Variante lautet, welcher Preis als **fair** angesehen werden darf. Wenn zwei Interessenten zu einer Transaktion bereit sind, aber wenig Anhaltspunkte über die Höhe des zu vereinbarenden Entgeltes haben, dann liefert die Wertermittlung einen fairen Vorschlag, denn dieser ist aufgrund der Marktperspektive breit abgestützt. Wenn die Parteien dann doch von diesem Preisvorschlag abweichen, werden sie ihre jeweiligen Gründe haben und nennen können. In diesem Sinn hat der Wert **normativen** Charakter.

Eine zweite Variante betrifft eine **Beratungsaufgabe**. Sie lautet, welche Preisgrenze (bei einem Kauf oder Verkauf) eine konkrete Partei beachten sollte, damit sie sich nicht selbst schadet.

* Bei der Beratungsaufgabe werden vielfach Informationen verwendet, über die *nur* die Person verfügt, die sich beraten lässt.

* Auch wird bei der Beratung auf die konkrete Situation dieser Person eingegangen.

* Des weiteren können bei der Beratungsaufgabe auch Synergien in Betracht gezogen werden, die weder allgemein gesehen werden noch genau dokumentiert sind, sondern lediglich der Vorstellung der den Rat suchenden Partei entspricht.

Bei der Beratung wird deshalb eigentlich kein Wert berechnet, weil dieser allgemeine Informationen und allgemeine Verhältnisse zugrunde legt. Statt dessen wird bei für ein Vorhaben ein **Entscheidungswert** ermittelt, mit dem die Person, die sich beraten lässt, zwischen den Alternativen wählen kann. Die Berechnung der Entscheidungswerte für konkrete Situationen folgt indes einer Methodik, die sich an die der Bewertung anlehnt — nur werden eben statt der allgemeinen konkrete Informationen verwendet und statt der allgemeinen Verhältnisse „im Markt" die konkreten Umstände der zu beratenden Person.

Die Verbindungen zwischen der ersten Aufgabe der Preisprognose und der zweiten Aufgabe der Erfolgsmessung sind seit je her bekannt. So drückt sich das Wirtschaftsergebnis eines Jahres darin aus, 1) welche Ergebnisse in dem Jahr ausgeschüttet wurden und 2) welche Wertänderung in dem Jahr eingetreten sind. Der Unternehmenswert beantwortet diese beiden Fragen jedoch nicht unmittelbar. Wir haben Adjustierungen erwähnt, um aus einem Wert den Preis für eine konkrete Transaktion abzuleiten. Ebenso können Adjustierungen angezeigt sein, um in einem konkreten Umfeld aus dem Unterschied der Werte zu Ende und zu Beginn des Jahres den Erfolgsbeitrag zu gewinnen.

1.3.2   Warum viele Transaktionen stattfinden

Noch vor wenigen Jahrzehnten wurden Unternehmensbewertungen nur in *Sondersituationen* vorgenommen. Dazu gehörten diese Situationen: Ein Gesellschafter wollte ausscheiden, es kam zu

Erbschaften und Auseinandersetzungen. Denn die unternehmerischen Aktivitäten wurden früher hauptsächlich von Familienunternehmungen ausgeführt. Die Familienmitglieder konnten dann zwar die Entscheidungen treffen, Kontrollen ausüben und Ergebnisse beanspruchen. Doch die Möglichkeiten, Anteile zu verkaufen, blieben begrenzt. Meistens waren die Familienmitglieder sogar vertraglich gebunden, ihre Anteile zu behalten. Übertragungen verlangten die ausdrückliche Zustimmung anderer Familienmitglieder. Auch war, wenn es doch zu einer Weitergabe von Anteilen kam, der zu zahlende Preis durch Statuten festgelegt. Die Anteile standen folglich früher nur einem beschränkten Kreis von Personen offen, die sie auf Dauer hielten.

Mittlerweile haben sich regelrechte Märkte für Anteile/Aktien gebildet, praktisch für alle Unternehmen gibt es Sekundärmärkte. Die Offenheit der Kapitalmärkte (an denen Anteile/Aktien gehandelt werden) wird von mehreren Parteien genutzt.

Zum einen haben heute deutlich mehr Personen Finanzmittel, die sie anlegen wollen. Diese Personen verhalten sich wie **Portfolioinvestoren**. Sie wollen sich nicht allein an eine einzige Unternehmung binden. Sie diversifizieren und verteilen dazu ihr Finanzvermögen auf mehrere Engagements. Außerdem achten sie überwiegend auf rein finanzielle Aspekte wie Rendite und Risiko. Für Portfolioinvestoren ist die Liquidität der gehaltenen Wertpapiere wichtig. Aufgrund der Liquidität können sie sich bei Bedarf schnell mit Geld versorgen, wenn es die private Lebensplanung oder wenn Ereignisse dies verlangen. Verkäufe von Wertpapieren werden von Portfolioinvestoren indes auch getätigt, um Käufe anderer Wertpapiere bezahlen zu können. Die Liquidität erlaubt, das Portfolio an neue Informationen anzupassen.

Grundlage für die Entscheidungen über Käufe und Verkäufe von Beteiligungen oder von Aktien sind natürlich die Preise, zu denen die Beteiligungen oder Aktien gehandelt werden. Sie bestimmen sich aus den Konditionen des konkreten Kapitalmarktes, aus der Marktstimmung aller Marktteilnehmenden und anderen Umständen. Im Regelfall orientieren sich die in einem konkreten Markt verlangten und gezahlten Preise ebenso wie die Kursbildung an einer Börse an Werten.

> Da Unternehmenswerte eine Orientierung für die Preisfindung und Kursbildung bieten, werden immer wieder Bewertungen von transaktionsbereiten Finanzinvestoren verlangt.

Ein zweiter Grund für die heutige Bedeutung der Unternehmensbewertung liegt in der deutlichen **Wertorientierung**. Unternehmen verfolgen immer deutlicher das Ziel, Werte zu schaffen. Während früher inhaltliche oder auch strategische Ziele im Vordergrund standen, gelegentlich auch die Vorgaben des Gründers, ist heute eine wirtschaftlich-finanzielle Zielausrichtung dominant. Dieses Ziel wird meist so definiert, dass es auf das ausgeschüttete Ergebnis eines Wirtschaftsjahres ankommt plus die im Jahr erzielte Wertänderung. Somit verlangt die Zielsetzung von Unternehmen und die Messung der Zielerreichung eine periodische Feststellung des Unternehmenswerts. Wie gesagt müssen auch für die Aufgabe der Erfolgsmessung die Werte adjustiert werden.

Angesichts dieses wirtschaftlich-finanziellen Ziels müssen die für eine Unternehmung handelnden Geschäftsführer, Manager und Gremien immer wieder fragen, welche Vorhaben wohl zur Wertschöpfung beitragen werden und welche nicht. Die Entscheidung über Investitionen und über sonstige Maßnahmen ist daher eng an die Unternehmensbewertung gekoppelt. Hier wird erkennbar, dass die Marktperspektive auf die Unternehmensbewertung und auf Investitionsentscheidungen ausstrahlt.

Beispiel 1-9: John Davis ist der neue CEO der XY AG und gibt sich gern als „visionärer Querdenker" aus. So hat er die Akquisition der Z AG im Auge, weil er persönlich an Synergien glaubt, auch wenn gelegentlich angesprochene Finanzanalysten ihm dabei nicht folgen. Er lässt zwei Wertrechnungen ausführen: 1) Für seine Beratung möchte er den Entscheidungswert erfahren, der unter Annahme der Synergien die Vorteilhaftigkeit der Akquisition der Z AG beurteilt. 2) Für die Kommunikation den Aktionären gegenüber möchte John Davis eine Bewertung der Z AG erhalten. Diese Bewertung, so John Davis, soll „allgemein für den Markt gedacht" sein und die Synergien „nicht berücksichtigen". ■

In der Folge wird auch die Zusammensetzung des Unternehmensportfolios aus Tätigkeitsfeldern, Bereichen oder Divisionen immer wieder unter dem Aspekt beurteilt, ob neue Bereiche hinzukommen und vorhandene Unternehmensteile ausgebaut werden sollten. Eventuell sollten auch einzelne Tätigkeitsfelder aufgelöst werden, um die Wertschöpfung zu stärken. Solche Änderungen des Unternehmensportfolios sind nötig, etwa um Wachstumschancen schnell genug ergreifen zu können, um mit Ressourcen (eben auch mit Finanzmitteln) rentabler umzugehen, oder auch um die Unternehmung in angespannten Situationen zu restrukturieren.

Die entsprechenden Veränderungen des Unternehmensportfolios verlangen Akquisitionen — eine andere Unternehmung wird gekauft — oder Fusionen (Mergers). Gelegentlich verlangen sie auch die Ausgliederung eines Unternehmensteils und dessen Verkauf — im Unterschied zu einer Liquidation der Vermögensgegenstände, verbunden mit Entlassungen der Mitarbeiterschaft.

Auch wenn bei Mergers & Acquisitions (M&A) die Preise Verhandlungssache sind, spielen die Marktperspektive und die generellen Bewertungsansätze eine große Rolle, und zwar aus mehreren Gründen. Erstens müssen die Maßnahmen kommuniziert werden, wozu der allgemeine, aus Marktsicht ermittelte Wert dient. Zweitens müssen die beteiligten Parteien bei der Preisfindung beraten werden. Insbesondere muss für den Käufer eine Preisobergrenze (und für den Verkäufer eine Preisuntergrenze) bestimmt werden. Diese Beratungsaufgabe wird mit den gleichen Methoden angegangen, die zur Unternehmensbewertung dienen. Eventuell muss die Person, die Bewertungen und Beratungen vornimmt, auch als intendiert *neutraler Vermittler* auftreten und einen die Interessen ausgleichenden Preis vorschlagen. Für einen Vermittlungsvorschlag wird entweder der Wert (allgemeine Marktsicht) genommen oder das Mittel der beiden Entscheidungswerte, die bei der Beratung von Käufer und Verkäufer gefunden worden sind. Also das Mittel zwischen der Preisobergrenze des Käufers und der Preisuntergrenze des Verkäufers. Schließlich kommt es heute vermehrt dazu, dass junge Menschen eine eigene Firma gründen. Gerade anfangs, wenn die erhoffte Realisation von Erfolg noch nicht die Zweifler überzeugt hat, muss ein Geschäftsmodell vorgelegt werden und es wird geprüft, ob der Wert die Gründungskosten übersteigt.

Es sind also heute vier Gründe, aufgrund derer Unternehmensbewertungen Bedeutung haben und viel öfters vorgenommen werden müssen:

1. Der **Kauf und Verkauf von Beteiligungen / Aktien**, weil Finanzanleger ihre Portfolios von Zeit zu Zeit ändern, wobei die Werte eine Orientierung für die Preis- und Kursbildung bieten.

2. **Messung der Zielerreichung** und der Erfolgsbeurteilung einer Unternehmung durch Beobachtung der Wertänderung im Verlauf der Zeit.

3. **Entscheidungen über das Unternehmensportfolio**, Kauf und Verkauf von Unternehmensteilen für Wachstum, Wirtschaftlichkeit und eventuell für die Restrukturierung.

4. **Neugründungen** und Bewertung des Geschäftsmodells, um die Zustimmung und Mitwirkung anderer Stakeholder (Mitarbeitende, Banken, Kunden, Staat) zu erhalten.

1.3.3   Finanzen versus Unternehmensverantwortung

Die Orientierung an der Wertschöpfung bedeutet nicht, dass eine Unternehmung *einzig* die Ziele ihrer Finanzinvestoren verfolgen sollte und sich ansonsten ziemlich rücksichtslos verhalten kann.

> Gerade im Hinblick auf die in einer Unternehmung tätigen Menschen, die Kunden, den Staat, die Gesellschaft als Ganzes und die Umwelt wird jede Unternehmung die Forderungen beachten, die von diesen Seiten erhoben werden. Unternehmen haben eine deutliche Verantwortung gegenüber Gesellschaft und Umwelt. Bekannte Beispiele für **Corporate Social Responsibility** (CSR) zeigen zudem, dass eine vorbildliche Haltung die Unternehmung letztlich sogar begünstigt.

Die Verantwortung gegenüber den Anspruchsgruppen verlangt eine um **Ausgleich** bemühte Führung der Geschäfte. Indessen setzt jeder Ausgleich voraus, dass jede Seite zunächst einmal ihre eigene Position vorträgt und durch Zahlen und Fakten unterstreicht. Die Unternehmensbewertung bietet insofern eine Basis für die Bestimmung einer zwischen den Interessensgruppen ausgeglichenen Strategie der Unternehmung, als die Eigenkapitalgeber und allgemein die Finanzinvestoren ihre Zielsetzung vortragen: Sie werden über Alternativen berichten, die ihnen der Kapitalmarkt bietet, und sie werden ihre Position durch Rechnungen belegen. Dazu dienen Wertrechnungen.

Folglich halten wir in diesem Buch kein Plädoyer für die Dominanz einer der Interessensgruppen, für die Kapitalgeber. Wir vertreten indessen, dass die Unternehmung *in jedem Fall* über Rechnungen und Instrumente verfügen muss, um den Kapitaleinsatz aus wirtschaftlicher Sicht beurteilen zu können. Ohne diese Beurteilung kann keine Balance zwischen diversen Ansprüchen gefunden werden.

Die Frage, ob ein Unternehmen für Investoren interessant ist oder nicht, wird allerdings gelegentlich so eingeschätzt, als ob die Antwort allein für Aktionäre, für Banken, aber ansonsten für niemanden Bedeutung hätte. Das ist so nicht richtig.

Die Sicht ist falsch, weil der Finanzbereich im Positiven wie im Negativen auf die Mitarbeiter, die Kunden und andere Gruppen *ausstrahlt*. Unternehmen, die für Kapitalgeber attraktiv sind, erfreuen sich einer steigenden Bewertung an den Finanzmärkten. Sie können wachsen. Das Wachstum drückt sich vielfach nicht einfach in Breite und Menge, sondern in Qualität und Innovationskraft aus. Das Wissen der Unternehmung wird gefördert. Finanziell erfolgreiche Unternehmen sind folglich für Arbeitnehmer und für Kunden attraktiv. Die Arbeitsplätze sind sicherer, der Absatz der Produkte stabiler. Nicht zuletzt zahlt die finanziell erfolgreiche Unternehmung Steuern und hilft dem Staat bei gesamtwirtschaftlichen Aufgaben.

Umgekehrt kommen Unternehmen, die immer wieder an marktüblichen Renditewünschen der Kapitalgeber vorbeigehen, irgendwann in einen Zustand finanzieller Enge (*Financial Distress*). Sie müssen dann oftmals Unternehmensteile verkaufen und Mitarbeiter entlassen. Die finanzielle Notlage bleibt niemandem verborgen. Kunden wenden sich ab, Service und Kulanz sind in Gefahr. Arbeitsplätze werden unsicher. Der Druck wächst, die Unternehmung zu restrukturieren und zu reorganisieren. Gelegentlich verfällt der Ort, in dem die Unternehmung mit ihren Betriebsstätten ansässig ist.

Rechnungen zur Beurteilung der Wirtschaftlichkeit des Kapitaleinsatzes dienen daher nur vordergründig dazu, die Wünsche der Finanzinvestoren „zu kalkulieren". Aufgrund der Ausstrahlung hat die Beurteilung der Wirtschaftlichkeit des Kapitaleinsatzes insgesamt Bedeutung und bildet folglich den Kern von Führung und Entscheidung der Unternehmung. Nicht grundlos wurde der Kapitalbereich als *Königsdisziplin* der Betriebswirtschaft bezeichnet.

1.4   Ergänzungen und Fragen

1.4.1   Echte und unechte Synergien

Auf Synergien zurückkommend:

Synergien sind die Veränderung finanzieller Überschüsse, die durch den wirtschaftlichen Verbund zweier oder mehrerer Unternehmen oder durch zusätzliches Einbringen besonderer Ressourcen (wie Wissen) entstehen, soweit sie „von der Summe der isoliert entstehenden Überschüsse abweichen" (IDW ES 1 n.F. 44).

Man spricht von **unechten Synergien**, wenn die Verbesserungsmöglichkeiten selbst aus der generellen Marktsicht erkannt werden. Hingegen sind **echte Synergien** solche Verbesserungen, die das Wissen oder die Ressourcen einer konkreten Partei verlangen und daher über jene Synergien hinausgehen, die der Markt als Ganzes für möglich ansieht. Unechte Synergien werden bei der Bestimmung des Marktwerts einer Unternehmung berücksichtigt, echte Synergien werden bei einer Unternehmensbewertung nicht beachtet. Das IDW ist etwas vorsichtiger und empfiehlt, unechte Synergien bei einer Unternehmensbewertung nur insoweit zu berücksichtigen, als die entsprechenden „Maßnahmen bereits eingeleitet oder im Unternehmenskonzept dokumentiert sind" (IDW ES 1 n.F. 45). Folglich müssen wir drei Arten von Synergien unterscheiden:

1. Die Synergien sind unecht, sie entsprechen also der allgemeinen Marktsicht. Zudem sind entsprechende Maßnahmen bereits eingeleitet oder wenigstens im Geschäftsplan dokumentiert. Solche Synergien werden bei Bewertungen berücksichtigt.

2. Die Synergien sind zwar unecht, sie entsprechen also der allgemeinen Marktsicht. Allerdings sind entsprechende Maßnahmen weder eingeleitet oder noch im Geschäftsplan dokumentiert. Solche Synergien werden bei Bewertungen nicht berücksichtigt.

3. Die Synergien sind echt, stellen also Verbesserungen dar, die das Wissen oder die Ressourcen einer konkreten Partei verlangen. Echte Synergien bleiben bei einer Wertermittlung ausgeklammert. Allerdings werden sie in der Beratung zur Unterstützung der Entscheidungen der konkreten Partei verwendet.

1.4.2 Ergänzung: Zum Transfer von Anteilscheinen

Um den Markt für Anteile/Unternehmen näher zu charakterisieren, gehen wir noch auf die Wege ein, mit denen ein Interessent die genannten Rechte (Entscheidung, Entnahme) der Eigenkapitalgeber einer Unternehmung erhalten kann. Drei Wege sind zu unterscheiden:

1. Durch **Gründung** der Unternehmung: Die (ersten) Eigenkapitalgeber sind jene Personen, die eine Unternehmung gegründet haben. Beim Gründungsvorgang leisten sie Einlagen und klären, wer von ihnen welchen Anteil erhält.

2. Durch **Kauf**: Ein (neuer) Eigenkapitalgeber kauft die Rechte/Anteile von einem (alten) Eigenkapitalgeber oder mehreren Eigenkapitalgebern über den **Sekundärmarkt**.

3. Durch **Kapitalerhöhung**: Hier und da wird bei Wachstum einer Unternehmung (von den vorhandenen Eigenkapitalgebern) beschlossen, dass die Unternehmung den Kreis der Eigenkapitalgeber erweitert. Indessen werden die neuen Anteile zunächst den alten Eigenkapitalgebern angeboten, die ihre **Bezugsrechte** verkaufen können.

Wer sich für ein wirtschaftliches Vorhaben interessiert und Anteile erhalten möchte, kann infolgedessen 1) eine neue Unternehmung gründen oder 2) auf dem Sekundärmarkt Aktien kaufen. Vielleicht ist 3) auch eine Entscheidung zu treffen, ob eine Kapitalerhöhung gezeichnet oder ob Bezugsrechte verkauft werden sollten. Selbstverständlich ist in allen drei Entscheidungen (Unternehmensgründung, Kauf von Anteilen am Sekundärmarkt, Mitwirkung bei Kapitalerhöhung) wichtig, was für das Engagement gezahlt werden müsste — und was wohl die Rückflüsse wert sind.

Ein Gründer kann zwar immer seine persönliche Vision in den Vordergrund rücken, doch er ist nicht allein und bald mit anderen Parteien konfrontiert, so mit Mitarbeitenden, Banken, Kunden. Sie werden nur zur Zusammenarbeit bereit, wenn sie die dauerhafte Existenz der Neugründung erwarten.

Sie werden für ihre Beurteilung allgemeine Informationen heranziehen und sich vom visionären Glauben des Gründers kaum mitreissen lassen. Somit ist auch der Gründer letztlich gut beraten, die Gründung auf Basis allgemeiner Informationen, eben anhand einer Bewertung, vorzunehmen. Gleiches gilt für den Aktienkäufer. Besonders ein Portfoliomanager muss seine Börsentransaktionen dem Kunden gegenüber verantworten können. Dies verlangt, allgemeine Informationen zu verarbeiten und persönliche Überzeugungen auszuklammern.

Aus diesen Gründen wird für die Entscheidungen eines Eigenkapitalgebers wieder der Wert relevant. Da sich auch andere Eigenkapitalgeber und Außenstehende am Unternehmenswert orientieren, kommt es zu einer doppelten Konsequenz: Erstens werden nur Unternehmen gegründet, wenn die zur Gründung erforderlichen Finanzmittel nicht den Wert des geplanten Unternehmens übersteigen. Zweitens werden sich am Sekundärmarkt Preise einstellen, die sich am Wert der Unternehmung orientieren (und von ihm allenfalls aufgrund augenblicklicher Besonderheiten der Börsensituation abweichen).

Immer wieder wurde ein Spannungsfeld thematisiert: Was die Eigenkapitalgeber an ihrer Unternehmung haben, wird durch den Wert ausgedrückt. Doch was hat die Unternehmung davon, dass immer wieder die Eigenkapitalgeber mit Forderungen kommen? Immer wieder wurde kritisch bemerkt, dass eine Unternehmung zwar beim Gründungsvorgang und bei Kapitalerhöhungen Finanzmittel erhält, nicht aber wenn ein Eigenkapitalgeber seinen Anteil einem anderen Finanzinvestor verkauft.

Nun ist das letztere am sichtbarsten, wie die Berichterstattung von der Börse zeigt. So erklärt sich der Kommentar eines Managers, „seine" Unternehmung habe bereits das für die Geschäfte benötigte Kapital und brauche den Aktionär eigentlich nicht mehr.

Manager, Mitarbeitende und die Kunden einer Unternehmung scheinen unter den Stimmungen der Börsianer zu leiden, die Abhaltung von Hauptversammlungen ist teuer, und die Dividenden könnten in der Unternehmung gut investiert werden.

Das mag alles so stimmen, doch es unterstreicht den Grundvorgang der Finanzierung. Zu Beginn nimmt ein Schuldner gern den Kredit entgegen, doch dann möchte er sich an die Forderung des Gläubigers am liebsten nicht mehr erinnern. Bauern, die einmal vom Gutsherrn das Land zugewiesen bekommen haben, könnten später auch ohne den Pacht verlangenden Gutsherrn auskommen. Auch sie würden es begrüßen, wenn seine Rechte beschnitten würden.

1.4.3   Zusammenfassung des einführenden Kapitels 1

Im Unterschied zum persönlichen Nutzen, den ein Subjekt an einem Objekt haben kann, folgt der Wert einer Marktperspektive. Da der Markt offen und vom Grundsatz her alle daran teilnehmen können, orientiert sich der Wert somit an einer Sicht, welche die der Mehrheit widerspiegelt. Nicht ohne Grund definiert das Lexikon den Wert als Vorstellung über das Wünschenswerte, das sich im Entwicklungsprozeß herausgebildet hat und von der Mehrheit der Gesellschaftsmitglieder akzeptiert und verinnerlicht wurde. Die Bewertung abstrahiert daher von ganz persönlichen Umständen Einzelner und sie basiert auf einem allgemeinen Informationsstand.

- In den Wirtschaftswissenschaften ist der Wert eines Objekts jener Preis, den es in einem Markt hätte, wenn dieser perfekt wäre (Definition 1).

- Gleichermaßen kann der Wert eines Objekts über eine Bewertung der Rückflüsse ermittelt werden, die bei Verwendung des Objekts generiert werden (Definition 2). Die Bewertung abstrahiert von temporären Besonderheiten in den betreffenden Märkten und geht beispielsweise von Verhältnissen aus, die sich *langfristig* einstellen.

> Beide Definitionen führen — in der für eine Bewertung angenommenen Modellwelt — zu gleichen Werten. Der Wert einer Unternehmung ist daher einerseits gleich dem Geldbetrag, zu dem die Anteile im Sekundärmarkt gekauft und verkauft werden kann, sofern dieser „gut funktioniert". Andererseits ist der Unternehmenswert durch die diskontierten Rückflüsse bestimmt, die der Eigenkapitalgeber erhalten sollte.

Aufgrund der Unterstellung eines perfekten Marktes wirkt der Unternehmenswert gelegentlich abstrakt. Wozu kann der Wert dienen? Vor allem dient er der Prognose des Preises für einen Transfer in einem konkreten Umfeld, dann auch der Erfolgsbeurteilung. Für beides sind noch Adjustierungen angezeigt, mit denen die Besonderheiten des konkreten Umfelds und der konkreten Situation (gegenüber dem perfekten Markt) berücksichtigt werden. Wir erwähnten 1) die augenblickliche Konjunkturlage, 2) die Stimmung am Kapitalmarkt, 3) die Frage des Paketzuschlags und 4) das strategische Verhalten einzelner Akteure.

Der Unternehmenswert beurteilt die Unternehmung aus der Perspektive der Eigenkapitalgeber, er ist ein Equity-Value (auch wenn wir später noch auf den Entity-Value zu sprechen kommen).

Wird durch die Unternehmensbewertung nicht gesagt, der *Shareholder-Value* sei zu maximieren? Nein! Die Unternehmung verlangt ein koordiniertes Zusammenwirken verschiedener Ressourcen und verschiedener Gruppen von Personen. Eine Unternehmung kann nur wirtschaftliche Aktivitäten entfalten und fortführen, wenn ein Ausgleich der verschiedenen Ansprüche erreicht wird.

Um einen Ausgleich zu finden, wird (von allen Beteiligten) eine Grundinformation verlangt. Für jede Partei muss bestimmbar sein, welche anderen Möglichkeiten sie sonst noch hat. Mit dem Wert der Unternehmung zeigen die Eigenkapitalgeber, welche Rückflüsse marktgerecht sind. Kommen marktgerechte Rückflüsse nicht zustande, dann dürften sich die Eigenkapitalgeber anderen Investitionsmöglichkeiten zuwenden. Der Markt bietet immer Alternativen. Wenn die Investoren gehen, dann könnte ein Unternehmen im Wachstum keine Kapitalerhöhungen durchführen. Auch bleiben Neugründungen von Unternehmungen aus.

1.4.4 Fragen

1. Was ist unter dem *Wert* eines Objekts zu verstehen? Geben Sie zwei Definitionen!

2. Jemand spricht vom „Mietwert" einer Wohnung. Führen Sie aus, wie der Mietwert sich in Relation zu den Preisen verhält, die sich typischerweise und im allgemeinen betrachtet im Immobilienmarkt einstellen.

3. A) Unter welchen Bedingungen kann man davon ausgehen, dass für ein Wertpapier der Wert W und der Preis P, der sich als Kurs an einer Börse einstellt, übereinstimmen? B) In welchen Situationen kann es vorkommen, dass der Kurs P einer Aktie unter beziehungsweise über ihrem Wert W liegt.

4. A) Was passiert, wenn in einer konkreten Situation der Preis für ein Objekt *unter* den diskontierten Erlösen liegt, die mit einer wirtschaftlichen Nutzung erzielt werden könnten? B) Was passiert, wenn der Preis für ein Objekt *über* den diskontierten Erlösen liegt, die mit einer wirtschaftlichen Nutzung erzielt werden können?

5. Richtig oder falsch? A) Bei Substanzwertverfahren werden konkrete Gegenstände des Vermögens betont und immaterielle Vermögenswerte bleiben im Hintergrund. B) Auch der Geschäftsplan bleibt beim Substanzwert im Hintergrund. C) Beim Substanzwert spielt beim Vermögen keine Rolle, ob es (im Hinblick auf einen Plan) betriebsnotwendig ist oder nicht.

6. Richtig oder falsch? A) Wenn (aufgrund der allgemeinen Informationen) die Fortführung des Unternehmens nicht bezweifelt wird, dann sind Ertragswertverfahren geeignet. B) Bei Ertragswertverfahren wird ein Plan zugrunde gelegt und aus ihm eine Prognose abgeleitet, welche „Erträge" in Zukunft generiert werden können. C) Die Qualität des Geschäftsplans spielt bei jeder Ertragsbewertung eine zentrale Rolle. D) Ertragswertverfahren drücken immaterielle Vermögenspositionen insofern aus, als sie bestimmen, wie hoch die „Erträge" sein werden. E) Ob nicht-betriebsnotwendiges Vermögen vorhanden ist oder nicht, hat wenig Einfluß auf die (mit dem Betrieb) in Zukunft erzeugten Erträge.

7. Richtig oder falsch? A) Unechte Synergien liegen vor, wenn die Verbesserungsmöglichkeiten aus der generellen Marktsicht erkennbar sind. B) Echte Synergien sind Verbesserungen, die das Wissen oder die Ressourcen einer konkreten Partei verlangen. C) Echte Synergien gehen über jene Synergien hinaus, die der Markt als Ganzes erkennt.

8. Jemand behauptet, ein Diamant sei so viel wert, wie der Kohlenstoff, aus dem er besteht. Kommentieren Sie!

9. Kennen Sie für Ihnen bekannte Aktiengesellschaften die Relation zwischen dem „Marktwert" (gemeint ist hier P) und dem Buchwert B des Eigenkapitals?

2. Zahlungsreihe und Present-Value

Wir konkretisieren den Wert als Present-Value (PV) der Reihe von Zahlungsüberschüssen. Sodann wenden wir uns Bewertungen zu, die sich auf einen zukünftigen Zeitpunkt beziehen. Hier die Abschnitte des zweiten Kapitels:

2.1   Der Unternehmenswert als Present-Value

2.1.1   Diskontierung

Mit der Wertdefinition 2 haben wir gezeigt, wie sich der Wert berechnen läßt: Man muss für allgemein zugängliche Informationen und unter Annahme der Umsetzung von Best-Practice die *Reihe von Zahlungen* aufstellen, die auf einen typischen *Eigenkapitalgeber* zukommen wird.

- Das werden teils Rückflüsse sein wie Entnahmen oder Dividenden,

- zum Teil Erlöse aus Verkäufen,

- teils auch Zahlungen, die durch den Ausgleich von Lasten erforderlich sind oder die Entsorgung.

Wir nehmen an, diese Zahlungen wären jährlich zu erhalten oder zu leisten; z_1, die erste Zahlung, sei in 12 Monaten fällig. Wir bezeichnen die Zahlungen mit $z_1, z_2, ..., z_T$ wenn ihre Reihe typischerweise mit der letzten Zahlung von z_T im Zeitpunkt T abgeschlossen wird und wir schreiben $z_1, z_2, z_3, ...$ um anzudeuten, dass die Reihe der Zahlungen (für den typischen Eigenkapitalgeber) kein zeitliches Ende haben dürfte.

Der Sachverhalt, dass alle diese Zahlungen *zusammen* den wirtschaftlichen Einsatz der Unternehmung beschreiben, soll durch eine geschweifte Klammer ausgedrückt werden. Die **Zahlungsreihe** also ist $\{z_1, z_2, ..., z_T\}$ im endlichen und $\{z_1, z_2, z_3, ..\}$ im unendlichen Fall.

> Der Unternehmenswert ist gleich jenem Geldbetrag W heutiger Fälligkeit, der sich in einem perfekten Kapitalmarkt als Wert der Zahlungsreihe $\{z_1, z_2, ..., z_T\}$ beziehungsweise $\{z_1, z_2, z_3, ..\}$ einstellt.

Gleichsam geht der Eigenkapitalgeber in den Kapitalmarkt und sagt: „Ich möchte die Reihe $\{z_1, z_2, ..., z_T\}$ oder die Reihe $\{z_1, z_2, z_3, ..\}$ verkaufen, zu welchem Preis kann ich das tun?" Die Untersuchungen zu dieser Frage gehen unter anderem auf den amerikanischen Nationalökonomen IRVING FISHER (1867-1947) zurück, der die Rolle des **Kapitalwerts einer Zahlungsreihe** begründet hat.

Wenn es nur um eine einzelne, später fällige Zahlung, sagen wir um die in 12 Monaten fällige Zahlung z_1 geht, und wenn bekannt ist, dass diese Zahlung *sicher* erfolgt, dann kann sie durch **Diskontierung** auf den heutigen Zeitpunkt bezogen werden.

- Mit Anlagen oder Kreditaufnahmen kann beispielsweise der in einem Jahr fällige Geldbetrag z_1 in den heute fälligen Geldbetrag $b = z_1/(1+i_1)$ transformiert werden, wobei i_1 den Zinssatz für Transaktionen im Kapitalmarkt mit der Frist eines Jahres bezeichnet. Diese Transformation könnte der Eigenkapitalgeber, der z_1 erhalten wird, selbst vornehmen. Hierzu würde er, wenn z_1 positiv ist und für ihn eine Einzahlung darstellt, heute einen Kredit in Höhe von $b = z_1/(1+i_1)$ nehmen und diesen Kredit mit Zins in einem Jahr zurück zahlen, wozu der dann ihm zufließende Geldbetrag in Höhe z_1 dient.

- Der Eigenkapitalgeber würde daher z_1 nur dann im Kapitalmarkt verkaufen, wenn der Preis der später fälligen Zahlung gleich $b = z_1/(1+i_1)$ ist. Demnach ist der heute fällige Geldbetrag $b = z_1/(1+i_1)$ der Wert des Anrechts, in einem Jahr die Zahlung z_1 zu erhalten. Wenn der Kapitalmarkt gut funktioniert, dann ist dieser Preis b der *Wert* der in einem Jahr fälligen Zahlung z_1. Wer Symbolik liebt, würde für diesen Sachverhalt $b = W(z_1)$ schreiben.

Genauso kann der Eigenkapitalgeber die in t Jahren fällige Zahlung z_t, die ihm dann zufließen wird, in die heute fällige Zahlung in Höhe $c = z_t/(1+i_t)^t$ transformieren. Ist z_t tatsächlich eine Einzahlung, dann nimmt er heute einen Kredit in Höhe $c = z_t/(1+i_t)^t$ auf und kann den Kreditbetrag verwenden. Später erhält er z_t und zahlt den Kredit samt Zins und Zinseszins zurück. Ist z_t eine Auszahlung, die der Eigenkapitalgeber in t Jahren leisten muss (weil er durch seine Beteiligung beispielsweise Lasten des Unternehmens zu tragen hat), dann muss der Eigenkapitalgeber heute den Betrag $c = z_t/(1+i_t)^t$ von seinem Konsum abzweigen, legt ihn auf dem Kapitalmarkt auf t Jahre an und kann mit dem Ergebnis dann die ihm abverlangte Zahlung z_t leisten.

> Wieder zeigt sich: $c = z_t/(1+i_t)^t$ ist der Wert der zu t fälligen Zahlung in Höhe z_t und wieder könnte man dafür $c = W(z_t)$ schreiben. Der Zinssatz, mit dem diskontiert wird, ist zugleich die Rendite, die eine (sichere) Kapitalanlage hat.

An dieser Stelle wird zur Vereinfachung die Annahme getroffen, die Zinssätze seien für alle Fristen dieselben, $i_1 = i_2 = i_3 = ...$ und dieser einheitliche Zinssatz wird mit i bezeichnet.[1]

---

[1] Das Symbol i für den Zinssatz, das wir in diesem Buch wählen, verweist auf das angelsächsische Wort *interest*.

Dieser Zinssatz beschreibt die Diskontierung einer einzelnen, später fälligen sicheren Zahlung und er beschreibt die Kondition für die Kreditaufnahme im perfekten Kapitalmarkt sowie die Rendite für eine (sichere) Kapitalanlage.

Bild 2-1: IRVING FISHER (1867-1947), Mathematiker und Wirtschaftswissenschaftler (rechts), hier zusammen mit JOHN M. KEYNES (1883-1946) gezeichnet. FISHER hat erheblich zur volkswirtschaftlichen Kapitaltheorie beigetragen und dazu Mathematik und Statistik innovativ eingesetzt. So sind durch ihn die empirischen Methoden in der finanzwirtschaftlichen Forschung gefördert worden. FISHER studierte ab 1884 in Yale und lehrte dort von 1898 bis 1935 zunächst Mathematik und später Ökonomie. Die Hauptwerke: *Theory of Value and Prices* (1892), *Appreciation and Interest* (1896), *The Nature of Capital and Income* (1906), *The Rate of Interest* (1907), *Theory of Interest* (1930). FISHER war breit gebildet und wirkte auf Zeitgenossen als schillernde Persönlichkeit. Zudem betätigte er sich als Geschäftsmann und engagierte sich mit fortschreitendem Alter sozialpolitisch in einer Weise, die heute kritisch gesehen wird. Dennoch bleibt seine herausragende wissenschaftliche Leistung im Bereich der Kapitaltheorie.

Wir nehmen die Gelegenheit, gleich vom Zinssatz i als Diskontsatz abzurücken. Die Diskontrate wollen wir fortan mit r bezeichnen, weil sie auch vom Zinssatz verschieden sein könnte. Das ist der Fall, wenn die zukünftige Zahlung *unsicher* ist.

> Bei Unsicherheit ist eine zukünftige Zahlung weniger wert im Vergleich zu einer sicheren Zahlung (in Höhe des Erwartungswerts der unsicheren Zahlung). Denn die Marktteilnehmenden sind (in ihrer überwältigen Mehrheit) **risikoscheu**.

Deshalb muss eine unsichere Zahlung in der erwarteten Höhe z_t stärker diskontiert werden als nur mit dem Zinssatz. Entsprechend wollen wir

$$b = W(z_1) = z_1 / (1+r)$$

als Wert einer in einem Jahr fälligen Zahlung in (erwarteter) Höhe z_1 ansehen und

$$c = W(z_t) = z_t / (1+r)^t$$

als Wert einer in t Jahren fälligen Zahlung in (erwarteter) Höhe z_t.

> Die Diskontrate r hat dabei wieder die Bedeutung der **Rendite** einer Kapitalanlage: Sie bestimmt sich so: Wer den heutigen Betrag b auf ein Jahr anlegt, soll in einem Jahr $b \cdot (1+r)$ als Anlageergebnis haben, das in allen wesentlichen Merkmalen z_1 gleicht — also dieselbe erwartete Höhe und übereinstimmendes Risiko hat.

Wie den Risiken der Zahlungen und der Risikoaversion der Marktteilnehmenden entsprechend die Diskontrate r bestimmt werden kann, wird eines unserer nächsten Themen sein. Wir behandeln es in Kapitel 7. In jedem Fall sprechen wir von **Diskontierung**, wenn für eine spätere Zahlung, sei sie sicher oder unsicher, der Wert ermittelt wird, also der Preis, den sie im perfekten Kapitalmarkt hat.

2.1.2 Proportionalität und Wertadditivität

Zur Unternehmensbewertung müssen eigentlich nicht einzelne Zahlungen wie z_1 oder z_t bewertet werden. Denn gesucht ist der Wert der endlichen Zahlungsreihe $\{z_1, z_2, ..., z_T\}$ beziehungsweise der unendlichen Zahlungsreihe $\{z_1, z_2, z_3, ..\}$. Hierbei hilft eine Eigenschaft, die der perfekte Markt aufweist. Sie heißt **Wertadditivität**.[2]

> Allgemein ist in einem gut funktionierenden Markt der Preis / Wert, der für ein Güterbündel zu zahlen ist, gleich der Summe der Einzelpreise / Werte. Der Wert einer Zahlungsreihe ist daher gleich der Summe der durch Diskontierung bestimmten Werte der einzelnen Zahlungen der Reihe:

$$(2\text{-}1) \qquad W(\{z_1, z_2, ..., z_T\}) \;=\; W(z_1) + W(z_2) + ... + W(z_T)$$

Wegen $W(z_t) = z_t / (1+r)^t$, $t = 1, 2, ..., T$, lässt der Wert der Zahlungsreihe aufgrund der Wertadditivität explizit so darstellen:

$$(2\text{-}2) \qquad W \;=\; W(\{z_1, z_2, ..., z_T\}) \;=\; \frac{z_1}{1+r} + \frac{z_2}{(1+r)^2} + \frac{z_3}{(1+r)^3} + ... + \frac{z_T}{(1+r)^T}$$

Der Wert der Zahlungsreihe und damit der Unternehmenswert ist aufgrund der Wertadditivität gleich der Summe der diskontierten Einzelzahlungen. Die Formel (2-2) unterstreicht übrigens die bereits erwähnte **Proportionalität**. Da der Diskontsatz r (im perfekten Kapitalmarkt) unabhängig von der Höhe des Betrags ist, wird für die Bewertung unerheblich, ob sich die Zahlungsreihe $z_1, z_2, ..., z_T$ auf einen Anteil am Unternehmen von vielleicht 1% bezieht oder ob die Zahlungsreihe das Total der Zahlungsüberschüsse für alle Eigenkapitalgeber bezeichnet.

Die Summe und damit der Wert der Zahlungsreihe (2-1) wird bekanntlich auch als **Present-Value** bezeichnet und meist mit PV abgekürzt. Gelegentlich wird neben den Zahlungen $z_1, z_2, ..., z_T$ und ihrem Present-Value eine weitere Zahlung z_0 betrachtet, die sofort fällig ist. Dann wird $z_0 + PV$ als Net-Present-Value bezeichnet und meist mit NPV abgekürzt.

---

[2] Das Wertadditivitätsprinzip hat LAWRENCE D. SCHALL 1972 in einem Aufsatz über „Asset Valuation, Firm Investment, and Firm Diversification" herausgearbeitet.

$$PV \;=\; \frac{z_1}{1+r} + \frac{z_2}{(1+r)^2} + ... + \frac{z_T}{(1+r)^T} \;=\; \sum_{t=1}^{T} \frac{z_t}{(1+r)^t}$$

(2-3)

$$NPV \;=\; z_0 + PV$$

> Die Summe der Werte aller *in der Zukunft* liegenden diskontierten Geldbeträge $z_1, z_2, z_3,...$ einer Zahlungsreihe ist der *Present-Value*. Die Summe aller diskontierten Zahlungen unter Einschluß von z_0 ist der *Net-Present-Value*.

Beispiel 2-1: A) Doris könnte ein wirtschaftliches Vorhaben übernehmen. Es sollte dann allgemein möglich sein, Rückflüsse $z_1 = 10$, $z_2 = 20$, $z_3 = 30$, $z_4 = 40$ zu erhalten sowie für $T = 5$ eine letzte Zahlung in Höhe von $z_5 = 50$. Sie bewertet das Vorhaben bei einem Diskontsatz von Zinssatz $r = 6\%$ mit $PV = 121{,}47$ Geldeinheiten. B) Doch dann wird ihr klar, dass die Fortführung nur möglich wird, wenn gleich nach Übernahme gewisse Verbesserungen (Betriebssicherheit, Umweltschutz) vorgenommen werden, die als Standard gelten und auch in ähnlichen Fällen verlangt waren. Diese Sofortmaßnahmen werden durch eine neben dem Kaufpreis erforderliche Anfangsauszahlung von $z_0 = -90$ berücksichtigt. Der Net-Present-Value ist $NPV = 31{,}47$ und dies ist der Unternehmenswert.■

2.2 Zwei einfache Fälle für unendlich laufende Zahlungen

2.2.1 Zahlungen in gleichbleibender Höhe

Die Definition des Werts ist in (2-1) für eine Zahlungsreihe zu finden, die mit dem Jahr T endet. Im Fall einer unendlich laufenden Zahlungsreihe $\{z_1, z_2, z_3,..\}$ würde man den Wert durch

(2-4)
$$W \;=\; \sum_{t=1}^{\infty} \frac{z_t}{(1+r)^t} \;=\; \lim_{T \to \infty} \sum_{t=1}^{T} \frac{z_T}{(1+r)^T}$$

definieren wollen. Dazu müsste man jedoch untersuchen, ob der Grenzwert existiert.

> Bedingungen, die sichern, dass der Grenzwert (2-4) existiert, werden bei der Unternehmensbewertung als **Transversalität** bezeichnet.

Hier ist ein einfaches Beispiel, bei dem der Grenzwert existiert, die Transversalität also erfüllt ist: Die bis in die Unendlichkeit fließenden Zahlungen haben immer dieselbe, gleichbleibende Höhe. In diesem Fall $z_1 = z$, $z_2 = z$, $z_3 = z,...$ gilt bekanntlich:

(2-5) $\qquad W \;=\; \dfrac{z}{1+r} + \dfrac{z}{(1+r)^2} + \ldots + \dfrac{z}{(1+r)^T} + \ldots \;=\; \lim_{T \to \infty} \sum_{t=1}^{T} \dfrac{z}{(1+r)^t} \;=\; \dfrac{z}{r}$

Beispiel 2-2: Eine Kapitalanlage wirft jährliche Zahlungen in gleichbleibender Höhe $z = 100$ ab, und zwar ohne zeitliche Begrenzung. Die erste Zahlung erfolgt in 12 Monaten. Die Zahlungen werden mit $r = 6\%$ diskontiert, einer Rate also, die angesichts gewisser Risiken als marktgerecht angesehen wird. Ergebnis: Der Wert der Zahlungen beträgt $W = 1.667$. ∎

Allerdings ist nicht in jedem Fall Transversalität, also die Existenz des Grenzwertes (2-5) gegeben. Man nehme einmal an, die Zahlungen würden im Verlauf der Jahre nicht konstant bleiben, sondern ansehnlich wachsen. Wenn ihre Wachstumsrate die Diskontrate sogar übertrifft, dann nehmen auch die diskontierten Zahlungen im Verlauf der Zeit zu. Die bis T gebildeten Summen wachsen und wachsen dann mit größer werdendem T immer weiter. In solchen Fällen würde der Grenzwert (2-3) nicht existieren — man könnte auch sagen, der Wert sei „unendlich groß".

Aus der Formel für den Wert einer unendlich laufenden Reihe von Zahlungen in konstanter Höhe (2-6) kann leicht der Wert einer nur endlich laufenden Zahlungsreihe (konstanter Höhe) ermittelt werden:

> Die *endliche* Reihe mit den Zahlungen $z_1 = z$, $z_2 = z, \ldots, z_T = z$ entsteht, wenn eine sofort beginnende *unendliche* Zahlungsreihe $z_1 = z$, $z_2 = z$, $z_3 = z, \ldots$ vorhanden ist und von ihr eine *später beginnende*, *unendliche* Reihe mit Zahlungen $z_{T+1} = z$, $z_{T+2} = z$, $z_{T+3} = z, \ldots$ abgezogen wird.

Letztere hat, bezogen auf den Stichtag T, den Wert z/r. Auf den heutigen Zeitpunkt bezogen ist ihr Wert $(z/r)/(1+r)^T$.

Nach dem Prinzip der Wertadditivität hat die endliche Zahlungsreihe daher diesen Wert:

(2-6) $\qquad W \;=\; \dfrac{z}{1+r} + \dfrac{z}{(1+r)^2} + \dfrac{z}{(1+r)^3} + \ldots + \dfrac{z}{(1+r)^T} \;=\; \dfrac{z}{r} \cdot \left(1 - \dfrac{1}{(1+r)^T} \right)$

Beispiel 2-3: Eine Beteiligung kann für die anfängliche Auszahlung von $z_0 = -500$ erworben werden. Sie bietet für die kommenden fünf Jahre Rückflüsse in Höhe $z = 100$. Die Diskontrate sei $r = 6\%$. Der Present-Value ist $PV = (100/r) \cdot (1 - 1/(1+r)^5) = 1.667 \cdot 0{,}253 = 421{,}67$. Der Wert der Rückflüsse ist geringer als der Kaufpreis für die Beteiligung. Der Net-Present-Value ist negativ, $NPV = -500 + PV = -78{,}33$. Es ist nicht vorteilhaft, die Beteiligung zu erwerben. Wer würde auch für 500 Geldeinheiten etwas kaufen, das nur 421 wert ist? Warum ist der Wert relevant? Die Rückflüsse, welche die Beteiligung generiert, könnten mit Hilfe des Kapitalmarkts erzeugt werden, indem der Geldbetrag 421 in Tranchen aufgeteilt wird, die dann für ein Jahr, für zwei Jahre, und so fort angelegt werden. Jemand, der unbedingt Zahlungen so haben möchte, wie sie als Rückflüsse von der Beteiligung kommen würden, der kann sie im Markt *anders erzeugen* und zu einem Geldeinsatz erhalten, der geringer ist als der für die Beteiligung geforderte Preis. ■

Beispiel 2-4: Carola kann eine Unternehmung übernehmen, die ihr jährliche Rückflüsse bis in die Unendlichkeit von 100.000 Euro sichert. Sie sollen mit dem Satz $r = 8\%$ diskontiert werden. Allerdings weist ein Berater vor Kaufabschluss noch darauf hin, dass im Betrieb unbedingt gesetzlich verlangte Sicherungsmaßnahmen verwirklicht werden müssen. Sie ändern zwar nichts an den Rückflüssen, verlangen aber sofort 400.000 Euro. Wie hoch ist der Unternehmenswert? Antwort: $NPV = -400.000 + 100.000 / 0,08 = 850.000$ Euro. ■

2.2.2 Gleichförmiges Wachstum

Ein weiterer Fall, für den der Wert einer unendlichen Reihe von Zahlungen (2-5) in einer Grenzbetrachtung gewonnen werden kann (Transversalität ist erfüllt), ist der gleichförmig wachsender Zahlungen. Die Zahlungen sollen sich nach

(2-7)
$$
\begin{aligned}
z_2 &= (1+g) \cdot z_1 \\
z_3 &= (1+g) \cdot z_2 = (1+g)^2 \cdot z_1 \\
z_4 &= (1+g) \cdot z_3 = (1+g)^3 \cdot z_1 \\
&\ldots
\end{aligned}
$$

entwickeln. Die Wachstumsrate ist mit g bezeichnet.

Bei den meisten Anwendungen ist g positiv. Es darf aber nicht zu groß sein, weil der Grenzwert (2-4) nur existiert, wenn die Wachstumsrate g geringer ist als die Diskontrate r. Allerdings kann $g = 0$ sein und dieser Fall zeigt, dass Zahlungen in gleichbleibender Höhe einen Spezialfall von (2-7) darstellen. Des weiteren kann die Rate des „Wachstums" g negativ sein, wobei aber der Wachstumsfaktor $1+g$ positiv bleiben soll. Solche Entwicklungen treten in schrumpfenden Projekten oder schrumpfenden Unternehmungen auf. Insgesamt soll

(2-8) $-1 \; < \; g \; < \; r$

vorausgesetzt werden. Dann existiert der Wert (2-4) und für ihn gilt die Formel:

(2-9) $W \;=\; \dfrac{z_1}{1+r} + \dfrac{z_1 \cdot (1+g)}{(1+r)^2} + \ldots + \dfrac{z_1 \cdot (1+g)^{T-1}}{(1+r)^T} + \ldots \;=\; \lim\limits_{T \to \infty} \sum\limits_{t=1}^{T} \dfrac{z_1 \cdot (1+g)^{T-1}}{(1+r)^t} \;=\; \dfrac{z_1}{r-g}$

Beispiel 2-5: A) Ein Meister überträgt seinen Handwerksbetrieb einem Nachfolger und erklärt: Er habe vom Geschäft immer gut leben können, auch wenn er selbst stets habe mitarbeiten müssen, was ihn „mit Glück erfüllt" habe. Das Geschäft sei zwar nicht gewachsen, was Anzahl und Umfang der Aufträge betrifft. Doch seine Entnahmen sind im Verlauf der Jahre mit der Inflationsrate gestiegen, die im langjährigen Durchschnitt $g = 3\%$ beträgt. Als nächste Entnahme wären in zwölf Monaten $z_1 = 100.000$ Euro möglich. Es soll mit einem Satz von $r = 8\%$ diskontiert werden. Dies in (2-9) eingesetzt, folgt € 2.000.000 als Wert der zukünftigen Entnahmen. Diesen Betrag verlangt der Meister für die Geschäftsübergabe (und damit den Verzicht auf diese Zahlungsüberschüsse). B) Der Kaufinteressent wirft ein, man müsse die eigene Arbeitszeit heraus rechnen, sie sei wie eine „Last" zu behandeln. Er nimmt eine Schätzung vor: Die (nächste) Entnahme $z_1 = 100.000$ Euro gehe zur Hälfte auf den Betrieb und zur anderen Hälfte auf den Arbeitseinsatz zurück, weshalb der Handwerksbetrieb auch nur halb so viel wert sei. Deshalb müsse man den Betrieb mit € 1.000.000 bewerten. Das erscheint dem Meister etwas wenig zu sein. Wie denken Sie, liebe Leserin, lieber Leser? ■

Wie schon zuvor kann aus der Formel (2-9) für den Wert einer unendlich laufenden (und gleichförmig wachsenden) Reihe von Zahlungen der Wert einer nur endlich laufenden Zahlungsreihe abgeleitet werden. Wiederum entsteht die *endliche* und gleichförmig wachsende Reihe mit den Zahlungen $z_1, z_2 = z_1 \cdot (1+g), z_3 = z_1 \cdot (1+g)^2 ..., z_T = z_1 \cdot (1+g)^T$, wenn eine *unendliche* Zahlungsreihe vorhanden ist und von ihr eine *später beginnende, unendliche* Reihe mit Zahlungen $z_{T+1} = z_1 \cdot (1+g)^T$, $z_{T+2} = z_1 \cdot (1+g)^{T+1}$, $z_{T+3} = z_1 \cdot (1+g)^{T+2}, ...$ abgezogen wird. Der Wert der ersten unendlichen Zahlungsreihe ist z_1 / r. Der auf den Zeitpunkt T bezogene Wert der zweiten Zahlungsreihe ist $(1+g)^T \cdot z_1 / r$. Ihr auf den heutigen Zeitpunkt bezogener Wert ist folglich gleich $(1/(1+r)^T) \cdot (1+g)^T \cdot z_1 / r$.

Die endliche Zahlungsreihe hat somit diesen Wert:

$$(2\text{-}10) \quad W \;=\; \frac{z_1}{1+r} + \frac{z_1 \cdot (1+g)}{(1+r)^2} + ... + \frac{z_1 \cdot (1+g)^{T-1}}{(1+r)^T} + ... \;=\; \frac{z_1}{r-g} \cdot \left(1 - \frac{(1+g)^T}{(1+r)^T} \right)$$

Beispiel 2-6: Das letzte Beispiel 2-5 fortführend, stimmen der Meister des Betriebs und der Kaufinteressent darin überein, dass für die Bewertung anhand von Zahlungen erfolgen sollte, die erstmalig in 12 Monaten eben nur 50.000 Euro beträgt und in nominaler Betrachtung gleichförmig mit der Rate $g = 3\%$ Jahr um Jahr wachsen. Die Diskontrate sei wieder $r = 8\%$. Zusätzlich wird in die Verhandlungen gebracht, dass die Zahlungen nur für die nächsten $T = 25$ Jahre geleistet werden; danach sei der Betrieb veraltet und wertlos. Nach (2-9) ist der Wert 694.000 Euro. ■

Beispiel 2-7: Eine Unternehmung schrumpft. Die Eigenkapitalgeber entnehmen vergleichsweise viel, auch weil sie denken, das Geschäftsfeld sei veraltet und selbst Ersatzinvestitionen sollte man nur selektiv tätigen. Das sagen auch Unternehmensberater, ist also allgemeine Marktsicht. Nach Plan wird in 12 Monaten eine Ausschüttung von 10 Millionen Euro vorgenommen, die in den Folgejahren sich jeweils um 25% reduzieren wird. Die letzte Ausschüttung wird heute in zehn Jahren geleistet. Zu diesem Zeitpunkt wird die Unternehmung liquidiert, und nach allgemeinen

Informationen sollte der Liquidationserlös 30 betragen (die Geldeinheit „Millionen Euro" wird nicht mehr erwähnt). Der Unternehmenswert beträgt:

$$W = \frac{10}{1+r} + \frac{10 \cdot 0{,}75}{(1+r)^2} + ... + \frac{10 \cdot 0{,}75^9}{(1+r)^{10}} + \frac{30}{(1+r)^{10}}$$

Es soll mit $r = 8\%$ gerechnet werden. Das Ergebnis nach Formel (2-10) ist:

$$W = \frac{10}{0{,}08 + 0{,}25} \cdot \left(1 - \frac{0{,}75^{10}}{1{,}08^{10}}\right) + \frac{30}{1{,}08^{10}} = 30{,}3030 \cdot (1 - 0{,}02608) + 13{,}8958 = 43{,}4084$$

Danach beträgt der Wert ungefähr das vierfache der nächstfolgenden Ausschüttung. ■

2.3 Wertänderungen in der Zeit

2.3.1 Was mit der Zeit anders wird

Investoren, die Kapitalanlagen getätigt haben und die von Entnahmen leben, müssen sich regelmäßig vergegenwärtigen, ob ihre Entnahmen nicht vielleicht „zu hoch" sind und das Vermögen dadurch möglicherweise aufgezehrt wird. Gleichermaßen muss eine Unternehmung prüfen, ob sie nicht zu hohe Ausschüttungen tätigt. Dahinter steht nicht ein ökonomisches Gebot, sondern ein uns angeborenes Verlangen, zwischen Kapitalerträgen, die das Wirtschaftsergebnis des Jahres sind, sowie Einnahmen aus einer Veräußerung von Kapitalanlagen zu unterscheiden. Viele Personen sehen es zwar als moralisch erlaubt an, einen „wohlverdienten Ertrag" zu entnehmen, während sie bei der „Aufzehrung des Vermögens" ein Fehlverhalten sehen. Die Unterscheidung von **Wirtschaftsergebnis** und **Wertverzehr** wurde auch in der *Behavioral Finance* beschrieben.[3]

Für eine formale Diskussion nehmen wir an, dass im Verlauf der Vermögensnutzung oder im Verlauf eines unternehmerischen Vorhabens die Zahlungen wie ursprünglich geplant anfallen. Die Rückflüsse oder Entnahmen sind $z_1, z_2, z_3, ...$.

> Die Frage lautet dann, ob die in dem betreffenden Jahr getätigten Entnahmen erwirtschaftet wurden oder ob mit der Entnahme (vielleicht unerkannt) ein Kapitalverzehr stattfindet. Der Kapitalverzehr wird als eine Reduktion des Werts verstanden.

Diese Frage kann anders so formuliert werden: Sind die Zahlungen $z_1, z_2, z_3, ...$, mit denen im Verlauf der Zeit gerechnet wird, als Investition oder als Desinvestition zu sehen?

---

[3] Es versteht sich von selbst, dass es in vielen Fällen nicht angebracht ist, so zu verfahren. Wenn ein Mensch in den Ruhestand geht und vielleicht nur noch einige Jahrzehnte zu leben hat, könnte durchaus mit den Kapitalanlagen so verfahren werden, dass sich ihr Wert über diese Zeitspanne reduziert.

> Eine **Investition** liegt vor, wenn der Eigenkapitalgeber eine so geringe Einzahlung erhält, dass sich der Wert der Unternehmung *erhöht*. Eine **Desinvestition** liegt vor, wenn der Eigenkapitalgeber so hohe Entnahmen tätigt, dass sich der Wert der Kapitalanlage *reduziert*.

Die Antwort, in welchen Jahren eine Investition und wann eine Desinvestition vorliegt, verlangt eine Ermittlung der Werte, die das Projekt im Verlauf seiner Lebenszeit hat. Zu Beginn, zum Zeitpunkt $t = 0$, wo die Zahlungen Rückflüsse $z_1, z_2, z_3,...$ ausstehen, sei der Wert W_0:

$$(2\text{-}11) \qquad W_0 = \frac{z_1}{1+r} + \frac{z_2}{(1+r)^2} + \frac{z_3}{(1+r)^3} + ...$$

Wenn dann die Jahre vergehen, lassen sich immer wieder die Werte der jeweils *dann noch ausstehenden* Zahlungen berechnen. Der auf den Zeitpunkt t bezogene Wert der dann noch folgenden Zahlungen $z_{t+1}, z_{t+2},...$ sei mit W_t bezeichnet, also:

$$(2\text{-}12) \qquad \begin{aligned} W_0 &= \frac{z_1}{1+r} + \frac{z_2}{(1+r)^2} + \frac{z_3}{(1+r)^3} + ... \\[1em] W_1 &= \frac{z_2}{1+r} + \frac{z_3}{(1+r)^2} + ... \\[1em] &\quad ... \\[1em] W_t &= \frac{z_{t+1}}{1+r} + \frac{z_{t+2}}{(1+r)^2} + ... \end{aligned}$$

Wie unterscheiden sich beispielsweise der Wert W_1, den die Kapitalanlage in einem Jahr haben wird, und der heutige Wert W_0?

1. Ein erster Unterschied zwischen dem heutigen Wert W_0 und dem Wert W_1 in einem Jahr besteht darin, dass der erste Zahlungsüberschuss zwar bei W_0 berücksichtigt ist, nicht aber mehr bei W_1. Denn diese Zahlung / Entnahme ist ein Jahr später passé.

2. Ein zweiter Unterschied: Nachdem ein Jahr vergangen ist, sind alle weiteren, noch ausstehenden Zahlungen um ein Jahr näher an den Bewertungszeitpunkt gerückt. Sie werden schwächer diskontiert, wodurch sich die Barwerte erhöhen.

Beispiel 2-8: Jemand hält eine Anleihe mit einer Restlaufzeit von drei Jahren. In einem Jahr und in zwei Jahren beträgt der Kupon $c_1 = c_2 = 6$ und in drei Jahren gibt es nochmals diesen Kupon und die Rückzahlung des Nominalbetrags, $c_3 = 106$. Der Marktzinssatz betrage (für alle Laufzeiten) $i = 5\%$. Diese Daten sollen sicher sein und es soll feststehen, dass es keine andere Information geben wird. Der Wert der Anleihe ist $W_0 = 6 / 1,05 + 6 / 1,05^2 + 106 / 1,05^3 = 102,72$. Weil auch in einem Jahr keine anderen Informationen vorliegen werden, kann schon jetzt der Wert der Anleihe berechnet werden, die sie heute in einem Jahr haben wird.

Dann ist zwar die erste Kuponzahlung passé aber es gibt noch zwei weitere Kuponzahlungen und die Rückzahlung. Diese Zahlungen sind zeitlich um ein Jahr näher gerückt. Somit gilt, wo sich der Zinssatz nicht verändert, $W_1 = 6/1{,}05 + 106/1{,}05^2 = 101{,}86$. ■

2.3.2   Ertrag oder Wertverzehr?

Die Zeit von 0 bis 1 ist eine Periode der *Investition*, sofern $W_1 > W_0$ gilt. Im Fall $W_1 < W_0$ würde hingegen ein Jahr der Desinvestition vorliegen. Genauso würde das Folgejahr als eine Phase der Investition angesehen werden, wenn $W_2 > W_1$ gilt und als Desinvestition, wenn $W_2 < W_1$ gilt.

Wir wollen nun die Wertunterschiede $W_1 - W_0$, $W_2 - W_1$, $W_3 - W_2$,... berechnen. Dazu beginnen wir mit $W_1 - W_0$ und bemerken: Wenn W_0 mit $1+i$ multipliziert wird und dann die Zahlung z_1 abgezogen wird, ergibt sich W_1. Als Formel: $W_0 \cdot (1+r) - z_1 = W_1$.

Für die gesuchte Differenz $W_1 - W_0$ gilt also:

$$(2\text{-}13) \qquad W_1 - W_0 = W_0 \cdot (1+r) - z_1 - W_0 = W_0 \cdot r - z_1$$

Der Wertunterschied ist demnach positiv, $W_1 > W_0$, falls $W_0 \cdot r > z_1$ gilt. Es liegt im ersten Jahr eine Investition vor, wenn der auf den Wert zu Beginn des Jahres berechnete Zins größer ist als die „Entnahme" z_1 zu Jahresende. Wir haben hier das Wort „Entnahme" in Anführungszeichen gesetzt, weil es sich natürlich nur im Fall $z_1 > 0$ um eine Zahlung handelt, die der Eigenkapitalgeber erhält. Die eben getroffene Aussage gilt indessen auch im Fall $z_1 \leq 0$.

Beispiel 2-9: Hans ist Eigentümer eines unbebauten Grundstücks. Es ist heute € 100.000 wert. Hans hat es verpachtet, doch die Pacht ist gering und beträgt jährlich € 500, die Hans konsumiert. Ein Jahr später — und das läuft sicher und vorhersehbar ab wie ein Uhrwerk — hat das Grundstück bereits den Wert € 103.000. Hans denkt: Eigentlich habe ich nicht über meine Verhältnisse gelebt, denn ich habe nur € 500 entnommen. In der Tat kann er sogar auf eine (nominale) Wertsteigerung zurückblicken. Formal betrachtet, hat er investiert. ■

Beispiel 2-10: Maria hält ein Mietshaus, es ist heute € 1.000.000 wert. Der Zins beträgt $i = 3\%$ und genau — so ihre Überlegung — das möchte sie an Mieteinnahmen erzielen. Sie hat für das Objekt Mieter gefunden, die zusammen € 30.000 Miete zahlen. Maria entnimmt die Miete für Konsumzwecke. Maria denkt, sie habe nicht über ihre Verhältnisse gelebt. Doch leider gibt es Abnutzungen und Obsoleszenz: Das Haus ist ein Jahr später nur noch € 980.000 wert. Maria hat desinvestiert und über ihre Verhältnisse gelebt. ■

Diese Betrachtung gilt genauso für die Folgeperioden. Allgemein gilt: Ob in der Periode von t bis $t+1$, also im Jahr t, eine Investition getätigt wird (weil eine Werterhöhung vorliegt) oder ob eine Desinvestition (Wertreduktion) vorliegt, hängt allein ab von drei Größen: (1) dem Wert W_t

zu Beginn des Jahres, (2) der für die Diskontierung herangezogenen Rendite r sowie (3) der Entnahme z_{t+1} zum Jahresende.

(2-14)
$$W_t \cdot r \begin{cases} > z_{t+1} & \Leftrightarrow \quad Investition \\ < z_{t+1} & \Leftrightarrow \quad Wertverzehr \end{cases}$$

> Tätigt der Eigentümer entweder eine Auszahlung oder eine Entnahme, die geringer ist als das Produkt aus Wert und der für die Diskontierung herangezogenen Rendite, dann liegt eine Investition vor. Tätigt er eine Entnahme, welche die Diskontrate übersteigt, dann liegt eine Desinvestition oder ein Wertverzehr in dem betreffenden Jahr vor.

2.3.3 Variable Information

In der Realität hat man es allerdings immer mit Unsicherheit und mit unvollständiger Information zu tun. In diesen Fällen wird die Klärung der Frage komplexer, wie sich der Wert W_1, den die Kapitalanlage in einem Jahr haben wird, und der heutige Wert W_0 unterscheiden.

Die Unsicherheit kann sich auf Marktgrößen wie den Zinssatz beziehen, die in die Bewertung einfließen. Solche Größen können sich natürlich mit der Zeit ändern und man weiß zu Beginn nicht immer, welche Richtung die Entwicklung nehmen wird. Beispielsweise ist der (für eine zukünftige Periode relevante) Zinssatz dann nicht sicher, sondern unsicher. Die Unsicherheit kann sich ebenso auf die Zahlungsüberschüsse beziehen.

> Wenn ein Jahr vergeht, dürften sich gewisse Einflussfaktoren, die zum Zeitpunkt 0 als unsichere Größe oder als Zufallsvariable betrachtet worden sind, konkretisiert haben. Zum Zeitpunkt 1 sind dann die Realisationen dieser Zufallsvariablen bekannt. Weiter ändern sich aufgrund neuer Informationen im Zeitverlauf die Wahrscheinlichkeiten, die man nachfolgenden unsicheren Entwicklungen zuordnet. Was zu Beginn vage ist, weiß man später (vielleicht noch nicht genau doch zumindest) etwas konkreter. Eine Bewertung, die erst zu einem späteren Zeitpunkt vorgenommen wird, bezieht sich daher auf einen anderen Informationsstand. Im Fall von Unsicherheit und variabler Information geht folglich der Unterschied zwischen dem heutigen Wert W_0 und W_1, dem Wert ein Jahr später, auf mehrere Ursachen zurück: Erstens gibt es die oben beschriebene Zeitverschiebung der Zahlungen. Zweitens liegt ein Jahr später ein neuer Informationsstand vor.

Beispiel 2-11: Jemand hält eine Anleihe mit einer Restlaufzeit von drei Jahren. In einem Jahr und in zwei Jahren wird der Kupon $c_1 = c_2 = 6$ gezahlt und in drei Jahren gibt es nochmals diesen Kupon sowie die Rückzahlung des Nominalbetrags, $c_3 = 106$. Der Marktzinssatz beträgt (für alle Laufzeiten) $i = 5\%$. Der Wert W_0 ist gleich $W_0 = 6/1{,}05 + 6/1{,}05^2 + 106/1{,}05^3 = 102{,}72$. Ein Jahr später hat sich der Zinssatz geändert. Er beträgt nicht mehr 5%, sondern für alle Laufzeiten $i = 4\%$. Es folgt $W_1 = 6/1{,}04 + 106/1{,}04^2 = 103{,}77$. ■

Der heutige Wert W_0 wird als eine *Zahl* bestimmt. Sie bezieht sich auf den heutigen Informationsstand. Man könnte ein Jahr zuwarten und dann erneut den Wert der Kapitalanlage kalkulieren. Auch dieser Wert W_1 kann *dann* als konkrete Zahl bestimmt werden, aber erst dann. Der (spätere) Wert W_1 kann zum heutigen Zeitpunkt 0 noch nicht als konkrete Zahl ermittelt werden.

2.3.4 Der zukünftige Wert aus heutiger Sicht

So entsteht die Frage, was zum Zeitpunkt 0 über diesen späteren Wert W_1 bekannt ist. Die zum Zeitpunkt 0 verfügbaren Informationen über den Wert des Projektes, den es zum Zeitpunkt 1 haben wird, sind noch unsicher. Sie hängen davon ab, wie sich Zufallsgrößen realisieren und welche Informationen eintreffen.

Folglich ist zum Zeitpunkt 0 der auf den Zeitpunkt 1 bezogene Wert eine unsichere Größe, und wenn Wahrscheinlichkeiten angegeben werden können, eine *Zufallsvariable*: $\widetilde{W}_1$ bezeichne den zum Zeitpunkt 0 noch unsicheren Wert, der in einem Jahr aufgrund des *dann vorliegenden neuen Informationsstandes* als konkrete Zahl W_1 berechenbar sein wird. Gleichsam wird zum Zeitpunkt 1 eine Ziehung vorgenommen. Dabei wird W_1 aus der Verteilung $\widetilde{W}_1$ gezogen.

Welche von mehreren möglichen Informationen zum Zeitpunkt 1 eintritt, ist zum Zeitpunkt 0 noch unsicher. Doch man kann zum Zeitpunkt 0 durchaus gewisse Erwartungen dahingehend bilden, welche Informationen zum Zeitpunkt 1 eintreffen können und welche nicht. Im Regelfall gibt es also eine Wahrscheinlichkeitsverteilung, die besagt, mit welcher Wahrscheinlichkeit die denkbaren oder möglichen Informationen eintreffen werden.

Die auf einen zukünftigen Zeitpunkt bezogene Bewertung liefert angesichts der Zufälligkeit neuer Information daher selbst nur eine Zufallsvariable, aber keinen konkreten Zahlenwert. Um das zu unterstreichen, trägt die Bezeichnung für diesen Wert $\widetilde{W}_1$ eine Tilde.

Beispiel 2-12: Jemand hält eine Anleihe mit einer Restlaufzeit von drei Jahren. In einem Jahr und in zwei Jahren beträgt der Kupon $c_1 = c_2 = 6$ und in drei Jahren gibt es nochmals diesen Kupon und die Rückzahlung des Nominalbetrags, $c_3 = 106$. Der heutige Marktzinssatz, mit dem zu diskontieren ist, beträgt (für alle Laufzeiten) $i = 5\%$.

1. Die Anleihe ist vorzeitig kündbar. Ob sie gekündigt wird oder nicht, soll in einem Jahr bekannt werden. Die Entscheidung wird per Los getroffen. Die Wahrscheinlichkeit einer Kündigung beträgt ½, und eben ½ ist die Wahrscheinlichkeit keiner Kündigung. Wenn in einem Jahr die Kündigung bekannt wird, erhält der Inhaber nicht erst zum Zeitpunkt 3 sondern bereits zum Zeitpunkt 2 die letzte Zahlung in Höhe von 106.

2. Den heutigen Wert W_0 der Anleihe zu berechnen, ist für uns schon anspruchsvoll, weil dazu die Bewertung einer Lotterie verlangt wird. Denn entweder wird die Anleihe nicht gekündigt und hat dann den Wert $6/1{,}05 + 6/1{,}05^2 + 106/1{,}05^3 = 102{,}72$ oder sie wird gekündigt und hat dann den Wert $6/1{,}05 + 106/1{,}05^2 = 101{,}86$. Nun können wir im Vorgriff auf später sagen, dass die mit dieser Lotterie verbundene Unsicherheit *kein systematisches Risiko* darstellt, für dessen Tragen im Markt eine Prämie erwartet werden kann. Die Ziehung des Loses ist ein unsystematisches Risiko. Die damit verbundene Unsicherheit wird im Markt mit ihrem Erwartungswert bewertet — auch wenn der konkrete Investor vielleicht schlaflose Nächte hat. Folglich ist der heutige Wert der Anleihe $W_0 = (1/2) \cdot 102{,}72 + (1/2) \cdot 101{,}86 = 102{,}29$.

3. Wird zum Zeitpunkt 0 bereits eine Kalkulation des Werts in einem Jahr verlangt, so wird wie folgt vorgegangen: Falls die Anleihe nicht gekündigt werden sollte, wird ihr Wert $6/1{,}05 + 106/1{,}05^2 = 101{,}86$ sein. Falls sie gekündigt wird, hat sie dann den Wert $106/1{,}05 = 100{,}95$. Aufgrund der zum Zeitpunkt 0 verfügbaren Information kann der Wert zum Zeitpunkt 1 folglich nur als eine Zufallsvariable $\widetilde{W}_1$ aufgestellt werden. Sie kann jeweils mit Wahrscheinlichkeit ½ den Zahlenwert 101,86 beziehungsweise 100,95 annehmen. ∎

Angenommen, in einem konkreten Fall wird die Verteilung $\widetilde{W}_1$ tatsächlich aufgestellt. Es geht um eine auf heute in einem Jahr bezogene Bewertung aufgrund der Informationen, die in einem Jahr vorliegen. Jemand hat sich also die Mühe gemacht, verschiedene Möglichkeiten oder Szenerien hinsichtlich der wertrelevanten Informationen aufzustellen, die innerhalb eines Jahres eintreffen könnten. Wenn dann innerhalb der kommenden zwölf Monate diese Informationen eintreffen, dann kommt dies einer Ziehung aus der Verteilung $\widetilde{W}_1$ gleich.

> Der *heutige* Wert W_0 einer Kapitalanlage oder Unternehmung spielt in der Praxis die größte Rolle.
>
> Praktiker stellen kaum die Wahrscheinlichkeitsverteilungen $\widetilde{W}_1$, $\widetilde{W}_2$,... auf, doch sie haben ein Interesse daran, diese Verteilungen durch Szenarien zu erfassen. Einige Praktiker fragen dann nach dem wahrscheinlichsten oder nach dem erwarteten Szenario für die Wertentwicklung. Sie möchten also die Mediane oder die Erwartungswerte der Wahrscheinlichkeitsverteilungen $\widetilde{W}_1$, $\widetilde{W}_2$,... kennen.
>
> Wird nach der erwarteten Wertentwicklung im Laufe der Jahre gefragt, so wie sie sich aufgrund der heutigen Information darbietet, dann geben die Erwartungswerte $E\left[\widetilde{W}_1\right]$, $E\left[\widetilde{W}_2\right]$, ... die Antwort.

2.4 Ergänzungen und Fragen

2.4.1 Ergänzung: Geld stinkt nicht

FISHER verlangt vom „gut funktionierenden" Kapitalmarkt verschiedene Eigenschaften. Jeder kennt sie: Es soll keine Transaktionskosten geben, der Zinssatz soll für alle Personen übereinstimmen, der Zinssatz hängt nicht von der Betragshöhe ab und der Zinssatz sollte auch für Anlagen und Kreditaufnahmen übereinstimmen.

Diese letzte Annahme ist in den Märkten für kleinere Kunden sofort als nicht erfüllt erkennbar, doch im Bereich des Geldhandels großer Banken gilt sie ziemlich genau. Die Frage ist eben, was jemand untersuchen möchte. Geht es um Fragen, die Unterschiede zwischen Einzelhandel und Großhandel thematisieren? Oder geht es um Fragen, die sich aus der Existenz von Transaktionsmöglichkeiten ergeben? Im zweiten Fall nimmt man den Markt gleich als „perfekt" an und klammert andere Effekte aus. Das ist für das Untersuchungsziel förderlich. Bei der Bewertung geht es um Erscheinungen, die bei Existenz von Transaktionsmöglichkeiten eintreten. Deshalb geht die Bewertung von einem perfekten Markt aus.

Indessen soll noch eine der Eigenschaften erwähnt werden, die ein perfekter Kapitalmarkt aufweist. Beim Geld und bei Zahlungen ist die **Entstehungsgeschichte** ohne Bedeutung. Der zu einem Zeitpunkt t fällige Geldbetrag z_t ist *vollkommen* durch seine Höhe beschrieben — beziehungsweise, wenn er unsicher ist, durch die Wahrscheinlichkeitsverteilung. Weitere Informationen sind nicht verlangt. Um den Wert der späteren Zahlung zu finden, kommt es nicht darauf an, wie der Geldbetrag zustande kommt.[4] Unwichtig ist auch beim Zahlungsvorgang an den Berechtigten der Weg, den das Geld zuvor genommen hat, bevor es dem Berechtigten zufließt. Geld trägt keine Geschichte mit sich herum. „Geld stinkt nicht" meinte der Römer SENECA. Geld ist **unbedingtes Zahlungsmittel**, seine Verwendung ist nicht noch an weitere Voraussetzungen geknüpft.

2.4.2 Eine historische Notiz

Die Feststellung, dass (von Lasten und Verkäufen abgesehen) allein die zukünftigen „Ausschüttungen an die Eigenkapitalgeber" den Wert einer Unternehmung bestimmen sollten, hat immer wieder Mühe bereitet.

1. Um 1920 wurde allgemein gedacht, der Wert einer Unternehmung sei durch das vorhandene Sachkapital festgelegt, also durch die **Substanz**. Für die Bewertung wurde damals vorgeschlagen, von den Werten der einzelnen Vermögensgegenstände der Unternehmung auszugehen und diese zu addieren (Einzelbewertung). Die Werte der Gegenstände

---

[4] Selbstverständlich greifen hier Gesetze und schränken den „grenzenlosen" Markt ein. Erträge, die aus gewissen Aktivitäten stammen (Glücksspiel, Prostitution) oder aus Betrug, werden geahndet. Geldwäsche ist überall auf der Welt ein schweres Verbrechen und wird entsprechend bekämpft.

des Sachkapitals sollten anhand der Bilanz bestimmt werden. Da sich die Bilanzansätze aus den historischen Anschaffungskosten ableiteten, wurde die Unternehmung letztlich anhand ihrer *Vergangenheit* bewertet. Außerdem sah der Ansatz vom immateriellen Vermögen ab, wenn einmal vom **Goodwill** nach erfolgter Übernahme einer anderen Unternehmung abgesehen wird.

2. Ab 1925 argumentierte EDGAR L. SMITH in seinem Buch *Common Stocks as Long-Term Investments*, dass es eher auf die *Zukunft* denn auf die *Vergangenheit* ankomme, wenn eine Unternehmung bewertet wird. SMITH schlug vor, die Unternehmung anhand ihrer zukünftigen Erträge beziehungsweise Gewinne zu bewerten. Das war ein großer Erkenntnisfortschritt, führte er doch von der Substanz- zur Ertragsbewertung.

3. Wer allerdings dabei die Zukunft zu optimistisch skizziert, gelangt zu falschen und zu hohen Bewertungen. Das hat sich in der Wirtschaftskrise 1929 ebenso wie in der Finanz- und Wirtschaftskrise 2008/09 als verhängnisvoll herausgestellt. Die Finanzanalysten haben weder 1929 noch 2008 die zukünftigen Verkaufsmöglichkeiten von Finanzanlagen sachgerecht prognostiziert, sondern — aufgrund der positiven Entwicklungen vergangener Jahre — den Trend fortgeschrieben und eine euphorische Beurteilung abgegeben. Die wissenschaftliche Idee, A) eine Unternehmung anhand ihrer Zukunft zu bewerten und B) dazu eine Bewertung zukünftiger Erträge vorzunehmen (also von Substanz abzusehen) wurden während der Wirtschaftskrise von Praktikern als Irrlehre verworfen. So geriet EDGAR L. SMITH in Vergessenheit — ein Pionier, der seiner Zeit voraus war.

4. Wenig später, 1934, haben BENJAMIN GRAHAM und sein Mitautor und Kollege an der Universität in New York DAVID L. DODD — beide sind Verfasser der oft als Bibel für Investition in Value-Stocks titulierten *Security Analysis* — die Idee der Ertragsbewertung wiederbelebt, doch haben sie eine ausgesprochen konservative und vorsichtige Prognose der Erträge empfohlen. Um diese Zeit war man sich auf akademischer Seite einig, dass der Wert ein Ertragswert sein sollte. Indessen war man sich nicht im klaren, ob die Unternehmung anhand ihrer zukünftigen Gewinne oder anhand der zukünftigen Dividenden zu bewerten sei, auch wenn GRAHAM die **Bedeutung der Dividenden** betont hat.

5. Der erste, der ein starkes Plädoyer für die Verwendung der Dividenden oder Ausschüttungen — und nicht der (buchhalterisch festgestellten) Gewinne oder Erträge — aussprach, war ROBERT F. WIESE 1930: *The proper price of any security, whether a stock or bond, is the sum of all future income payments discounted at the current rate of interest in order to arrive at the present value* (Investing for True Values, *Barron's*, 8. September 1930, p. 5). Die Erkenntnis, dass eine Kapitalanlage genau soviel wert ist, wie sie an Geld in der Zukunft abwirft, darf also ROBERT F. WIESE zugesprochen werden.

6. Wenige Jahre später, 1938, bemerkt JOHN BURR WILLIAMS in seiner Dissertation: *A stock is worth only what you can get out of it* und zitiert ein Gedicht: Ein Farmer erklärt seinem Sohn, dass ein Obstgarten so viel Wert hat, wie das Obst, das er abgibt, und ein

Bienenstock soviel wert ist, wie er Honig liefert (pp. 57-58). Der Farmer, so WILLIAMS, begeht nicht den Fehler, seinem Sohn zu erklären, der Obstgarten solle anhand der Blütenpracht und der Bienenstock anhand des Summens der Bienen bewertet werden. Der Doktorvater von WILLIAMS, JOSEPH A. SCHUMPETER (1883-1950) hatte seinen Schüler beauftragt, den **intrinsischen Wert** der Unternehmung zu klären. Die Dissertation von JOHN BURR WILLIAMS, *The Theory of Investment Value*, wurde 1997 vom Verlagshaus Fraser in Burlington, Vermont, als Buch wieder aufgelegt.

7. Dennoch waren diese Erkenntnisse aus den Jahren 1930 bis 1938 allgemein als recht abstrakt angesehen worden. Erst in den Jahren des großen wirtschaftlichen Aufschwungs in der Welt, der mit Ende des zweiten Weltkriegs einsetzte und 1945 – 1975 hohe Wachstumsraten verhieß, kam der damals entwickelte Bewertungsansatz zur Geltung. Die Unternehmung sollte anhand der Ausschüttungen / Dividenden / Zahlungsüberschüsse bewertet werden und dabei sollte selbstverständlich auch das *Wachstum* der Dividenden Berücksichtigung finden. Das entsprechende Modell verdankt seine allgemeine Bekanntheit und Popularität dem kanadischen Professor MYRON J. GORDON.

2.4.3   Zusammenfassung des Kapitels

Unternehmungen erzeugen Zahlungsüberschüsse für Berechtigte (wobei wir uns jetzt auf Eigenkapitalgeber konzentrieren). Diese kaufen oder verkaufen ihre Berechtigungstitel in einem Markt, oder sie halten die Anteile und sehen Ausschüttungen entgegen. Im Kapitalmarkt werden letztlich Reihen von Zahlungen gehandelt.

Der Preis einer einzelnen, in Zukunft fälligen Zahlung wird durch Diskontierung ermittelt. Die Diskontierung führt auf den Barwert oder kurz Wert. Der Wert einer ganzen Zahlungsreihe kann über die *Wertadditivität* bestimmt werden: Er ist gleich der *Summe* der Werte / Barwerte der einzelnen Zahlungen.

Folglich ist der Unternehmenswert gleich dem *Present-Value der Zahlungsüberschüsse*. Sofern aber sofort noch Einzahlungen verlangt sind (zum Beispiel für die Erfüllung eines gesetzlichen Standards), ist der Unternehmenswert als Net-Present-Value zu verstehen.

Die Werte wurden sodann für einige spezielle Fälle hergeleitet, so für Zahlungen, die über die Zeit hinweg glcich bleiben und für solche, die gleichförmig wachsen oder schrumpfen.

Mit der Identifikation des Unternehmenswerts als Barwert von Zahlungsreihen kann untersucht werden, wie sich Unternehmenswerte mit der Zeit ändern. Bestimmend ist neben der Verzinsung oder der Rentabilität des anfänglichen Werts die Höhe der Ausschüttung. Geringe Ausschüttungen oder Entnahmen bewirken eine Investition (Werterhöhung), sehr hohe eine Desinvestition (Wertreduktion).

Der Wert, den eine Unternehmung zu einem zukünftigen Bewertungszeitpunkt haben wird, kann nur bei Sicherheit als eine Zahl angegeben werden. Bei Unsicherheit, insbesondere auch bei unvollkommener Information, die sich im Verlauf der Zeit durchaus auflösen dürfte, sind aus heutiger Sicht die zukünftigen Unternehmenswerte unsicher. Der Praktiker dürfte Szenarien betrachten oder hat ein Interesse an den erwarteten zukünftigen Unternehmenswerten.

2.4.4   Fragen

1. A) Erläutern Sie, was Proportionalität und Wertadditivität besagen. B) Gilt die Proportionalität auch in einem konkreten Sekundärmarkt für Anteile an Unternehmen?[5]

2. A) Ein Unternehmen schüttet seit Jahren real (nach Anpassung an Änderungen der Kaufkraft) pro Aktie € 10 aus, und die anzuwendende Diskontrate sei „Realzins" $r = 5\%$. Bestimmen Sie den Wert der Aktie. B) Nun wird bekannt, dass die Aktionäre immer wieder Bezugsrechte erhalten haben, und dies dürfte so auch in Zukunft weitergehen. Andererseits schreibt ein Analyst, die Aktien würden „verwässert". Muss der in zuvor A) bestimmte Wert aufgrund dieser Zusatzinformation erhöht oder reduziert werden, oder bleibt er unverändert?

3. Ein Hauseigentümer sieht als Alternative die Anlage in Rentenpapieren und sieht dafür eine mittleren Zins von 5% als sachgerecht an. Beim Haus sieht er, dass es im Verlauf der Jahre durch die Inflation an Wert gewinnt, hier rechnet er mit 2%. Allerdings ist dafür vorauszusetzen, dass er Jahr um Jahr etwa 3% des Werts für Instandhaltung und Schönheitsreparaturen verwendet. Fragen: A) In welcher prozentualen Höhe soll er seine Mietforderung stellen?[6] B) In welcher prozentualen Höhe kann er dem Vorhaben Zahlungen entnehmen?

4. Richtig oder falsch: Eine Desinvestition oder ein Wertverzehr liegt vor, wenn die Entnahmen das Ergebnis übersteigt, das durch Zins oder Rendite erzeugt wird. Dadurch verringert sich der Wert der Kapitalanlage.

5. In einem Jahr liegt ein Wertverzehr vor, sofern der Kapitalanlage mehr entnommen wird als die Rendite angewandt auf den Wert ausmacht. Wie ist diese Überlegung zu modifizieren, wenn es nicht um einen nominalen sondern um einen realen Wertverzehr geht?

6. Ist der Unternehmenswert eine sichere oder eine unsichere Größe?

---

[5] Nein, man denke an Paketzuschläge.

[6] Antwort: A) Es ist, als ob die Kapitalanlage sich nur mit 3% rentieren muss, weil sie durch die Inflation an Wert gewinnt. Hinzukommen aber die Aufwendungen für Instandhaltung, also: 6%, B) 3%, nämlich Miete abzüglich Auszahlungen für Instandhaltung.

3. Dividenden und Wachstum

In diesem dritten Kapitel werden das *Gordon-Shapiro-Modell*, das leicht allgemeinere *Dividend Discount Model* (DDM) sowie die *Ertragsbewertung* erläutert. Zwei Punkte verdienen Beachtung: Erstens weicht der Wert eines Unternehmens vom Barwert der Dividenden ab, wenn es Perlen oder Lasten gibt. Zweitens bewirkt die Irrelevanz der Dividendenpolitik, eine von MODIGLIANI und MILLER aufgestellte These, dass Unternehmen nicht nur anhand der *tatsächlichen* Rückflüsse an die Eigenkapitalgeber, sondern ebenso anhand fiktiver Zahlungen bewertet werden können.

3.1 Das Gordon-Shapiro-Modell

3.1.1 Die Formel und Beispiele

In einem 1956 erschienenen Fachaufsatz haben MYRON J. GORDON und ELY SHAPIRO gezeigt, wie man einige zentrale Fragen im Zusammenhang mit dem Unternehmenswert recht einfach klären kann. Im Grunde betrachten sie alle (derzeitigen) Aktionäre einer *Aktiengesellschaft* oder auch nur eine einzelne Aktie. Die Besonderheit gegenüber anderen wirtschaftlichen Vorhaben oder auch anderen Unternehmen und Rechtsformen besteht darin, dass der Eigenkapitalgeber einer *Aktiengesellschaft* weder mit Lasten konfrontiert ist noch mit Abbruchkosten und dergleichen. Vom Grundsatz her könnte die Aktie bis in die unendliche Zukunft gehalten werden. Für den Bewertungsansatz haben GORDON und SHAPIRO die beiden folgenden Annahmen getroffen.

1. Annahme: Der Aktionär erhält bis in die unendliche Zukunft Dividenden, wobei unter dieser Bezeichnung für die Ausschüttungen/Entnahmen auch Bezugsrechte subsumiert werden, die den Aktionären immer wieder (bei Kapitalerhöhungen) zugewiesen werden. Weitere Zahlungen oder Lasten werden nicht berücksichtigt.

2. Annahme: Die Dividenden sollen gleichförmig wachsen, wie in (2-7) dargestellt, und die Wachstumsrate erfüllt die Bedingung (2-8).

Damit ist der Wert einer Aktie beziehungsweise der Unternehmenswert durch die Formel (2-9) gegeben, die nachstehend in leicht variierter Schreibweise wiederholt sei.

$$(3\text{-}1) \qquad W_0 \;=\; \frac{d_1}{r-g}$$

Zur Verdeutlichung werden jetzt die Dividenden mit $d_1, d_2, d_3 \ldots$ bezeichnet, d_1 ist also die erste, in 12 Monaten fällige Dividende. Mit g als **Wachstumsrate der Dividenden** lautet die Voraussetzung des gleichförmigen Wachstums nun

$$(3\text{-}2) \qquad
\begin{aligned}
d_2 &= (1+g) \cdot d_1 \\
d_3 &= (1+g) \cdot z_2 = (1+g)^2 \cdot d_1 \\
d_4 &= (1+g) \cdot z_3 = (1+g)^3 \cdot d_1 \\
&\ldots
\end{aligned}$$

wobei auch hier

$$-1 < g < r$$

gelten soll, siehe (2-8). Die beiden Annahmen und Formel (3-1) bilden das **Gordon-Shapiro-Modell** der Unternehmensbewertung.

> Mit r ist wieder die marktgerechte Rendite bezeichnet, mit der diskontiert wird. Diese Rendite r ist jener Satz, zu dem ein Aktionär im Markt die erst später zu erwartenden Dividenden bereits vorher beziehen kann, in dem er zum Beispiel Aktien verkauft. Folglich ist r zugleich die Rendite des Eigenkapitals oder der Geldanlage in Aktien.

Beispiel 3-1: Eine Aktie lässt in einem Jahr eine Dividende von € 10 erwarten. Langfristig, so heißt es, sollte die Unternehmung mit einer Rate von $g = 4\%$ wachsen. Diese Wachstumsrate soll möglich sein, ohne dass Kapitalerhöhungen stattfinden und neue Aktien ausgegeben werden. Deshalb wird auch die Dividende mit dieser Rate wachsen. Es soll mit $r = 9\%$ diskontiert werden. Als Wert der Aktie folgt mit dem Gordon-Shapiro-Modell $W_0 = 10/(0{,}09 - 0{,}04) = 200$ Euro. Die Dividendenrendite sollte daher $d_1/W_0 = 10/200 = 5\%$ betragen. ∎

Beispiel 3-2: Der Eigentümer einer Immobilie rechnet so: Die Mieteinnahmen betragen derzeit € 170.000. Nach Verwaltungsgebühren und Aufwand für die laufende Renovierung stehen mir in 12 Monaten € 100.000 für eine Entnahme zur Verfügung. Die Immobilie wird aufgrund der Lage und angesichts meiner ständigen Renovierungen Jahr um Jahr 3% mehr wert, und das drückt sich auf lange Sicht auch in der Miethöhe aus. Würde ich mein Geld woanders anlegen, erhielte ich eine Rendite von 5% bei vergleichbarem Risiko. Daher hat die Immobilie einen Wert $W_0 = 100.000/(0{,}05 - 0{,}03) = 5.000.000$ Euro. ∎

Beispiel 3-3: Ein Unternehmer möchte sein Geschäft in Genf, einen Kiosk, verkaufen. Neben Zeitungen und Zeitschriften werden Dienstleistungen angeboten. Der Kiosk hat fünf Angestellte, die turnusmäßig eingesetzt sind. Der Unternehmer selbst, so erklärt er einem Kaufinteressenten, habe neben einem üblichen Lohn für die eigene Mitarbeit jährliche Entnahmen für den Kapitaleinsatz tätigen können. Die Entnahmen waren nur so hoch, dass er stets noch investieren konnte und der Kiosk sei auch immer wieder renoviert worden. Zwar habe sich das Geschäft nicht wesentlich erweitert, aber der Standort garantiere eine stabile Nachfrage. In nominalen Geldbeträgen ausgedrückt hat sich das Geschäftsvolumen Jahr um Jahr allein schon aufgrund der Geldentwertung ausgeweitet. Auch die Entnahmen des Unternehmers sind über die Jahre hinweg gestiegen. Der Unternehmer hat gut leben können, die letzte Entnahme betrug CHF 100.000. Eine Untersuchung der letzten Jahre zeigt: Umsatz, Gewinn und die Entnahmen sind nicht nur mit der Rate der allgemeinen Inflation gestiegen, die sich vor allem auf die Preisentwicklung für *Produkte* bezieht und (in der Schweiz) im langfristigen Durchschnitt 2,4% betrug. Vielmehr haben sich Preise, Umsatz, Gewinne und Entnahmen entsprechend der Preisentwicklung für *Dienstleistungen* erhöht. Die *Dienstleistungsinflation* lag höher und betrug 4,2%, denn die Preise für Dienstleistungen sind eng mit der Lohnentwicklung verbunden. Als Wachstumsrate der nominalen Entnahmen im Kiosk muss infolgedessen $g = 4,2\%$ unterstellt werden. Die Entnahmen in einem Jahr werden also $d_1 = 104.200$ Franken betragen. Zur Bewertung wird mit $r = 7\%$ gerechnet. Verkäufer und Käufer legen gemäß (3-1) den Wert in Höhe $W_0 = 104.200 / (0,07 - 0,042) = 3.721.429$ Franken fest. Anschließend kommen sie auf Besonderheiten des konkreten Geschäfts zu sprechen, die im Wert nicht berücksichtigt sind. Sie einigen sich auf einen Kaufpreis von 3 Millionen Franken. ∎

Beispiel 3-4: Für den Vorstand einer Aktiengesellschaft steht Wachstum an erster Stelle. Den Aktionären berichtet er immer über die gesamten Ausschüttungen, und die sind Jahr um Jahr tatsächlich mit 8% gestiegen. Allgemein wird mit $r = 10\%$ diskontiert. Der Vorstand rechnet so: Die nächste Dividende pro Aktie beträgt 3 Euro. Die Zahlen für Wachstum und Rendite führen auf den Wert einer Aktie von $3 / (0,10 - 0,08) = 150$ Euro. Ein Aktionär entgegnet: „Es kam zwar immer wieder zu Kapitalerhöhungen, doch über die Jahre hinweg muss festgehalten werden, dass die jährliche Rate der Neuaufnahme von Eigenmitteln und die Ausweitung der ausgegebenen Aktien mit 5% zu veranschlagen ist. Das Wachstum der *auf eine Aktie bezogenen* Dividende sei daher geringer als das Wachstum von 8% der Dividendensumme, es betrage nur etwa $g = 3\%$. Andererseits hat es immer Bezugsrechte gegeben, so dass mit kommenden Ausschüttungen pro Aktie von $d_1 = 4$ anstatt 3 Euro gerechnet werden kann. Der Wert einer Aktie beträgt folglich $W_0 = 4 / (0,10 - 0,03) = 57$ und nicht 150 Euro." Wem geben Sie recht? ∎

Beispiel 3-5: Der CEO einer Publikumsgesellschaft berichtete auf einem Analysten-Meeting: „Die Größe und der Wert des Konzerns haben sich in den vergangenen zehn Jahren verdoppelt, und dieses Tempo rechtfertigt angesichts der Dividende von 10 Euro, die in einem Jahr gezahlt wird, ein Kursziel für die Aktie von über 500 Euro." Aus der Angabe errechnet sich als Wachstumsrate der Unternehmung 7,18%, denn $(1 + 0,0718)^{10} = 2$. Für $r = 9\%$ folgt tatsächlich $10 / (0,09 - 0,0718) = 549$.

Die totale Dividendensumme, welche die Gesellschaft Jahr für Jahr ausgeschüttet hat, ist auf das Doppelte gestiegen. Allerdings fällt auf, dass auch die Anzahl der ausgegebenen Aktien größer geworden ist, denn die Gesellschaft hatte mit Kapitalerhöhungen neue Finanzinvestoren angesprochen. Während zu Beginn der Dekade noch 13 Millionen Aktien ausgegeben waren, sind es jetzt 19 Millionen Aktien. Der auf eine Aktie bezogene Teil der Unternehmung ist daher nicht um den Faktor 2 gestiegen sondern nur um den Faktor $2 \cdot 13 / 19 = 1{,}37$. Dieser Faktor führt auf ein jährliches Wachstum — bezogen auf die Ansprüche, die mit einer Aktie verbunden sind — von $g = 3{,}2\%$, denn $1{,}032^{10} = 1{,}37$. So errechnet sich als Wert für die Aktie nur $W_0 = 10/(0{,}09 - 0{,}032) = 172$ Euro. Auch diese Zahl ist vielleicht nicht ganz korrekt, weil die Aktionäre bei den Kapitalerhöhungen Bezugsrechte erhalten haben. Die Bezugsrechte können verkauft werden und erhöhen die Dividenden. Vielleicht müsste aufgrund der Bezugsrechte die nächste Zahlung pro Aktie nicht mit 10 sondern mit 20 Euro veranschlagt werden. Der Wert einer Aktie ist dann $w_0 = 20/(0{,}09 - 0{,}032) = 344$ Euro. Dies wäre ein Kursziel. ■

3.1.2   Nach der Wachstumsrate aufgelöst

Das Gordon-Shapiro-Modells (3-1) kann nach der Wachstumsrate g aufgelöst werden:

$$g \;=\; r - \frac{d_1}{W_0} \qquad oder \qquad r \;=\; \frac{d_1}{W_0} + g \tag{3-3}$$

Diese Auflösung bietet eine Einsicht (rechts) und eine praktisch nützliche Formel (links). Links in (3-3) ist ausgedrückt, dass Unterschiede zwischen der Rendite r und der Dividendenrendite d_1 / W_0 sich mit dem Wachstum g erklären.

Oft ist der Wert durch einen Preis oder einen Kurs gegeben. Die Frage lautet, welches nachhaltige Wachstum bei der gegebenen Kursbildung unterstellt wird. Bei solchen Aufgaben wird die Formel (3-3) links herangezogen.

Beispiel 3-6: Ein Bürger von St. Gallen fühlt sich der Kantonalbank verbunden und hält deren Aktien nicht nur aus patriotischen Gefühlen. Kantonalbanken haben stabile Dividenden geboten. Aufgrund der bisherigen Entwicklung — gerade letzte Woche wurde eine Dividende von 8 Franken pro Aktie ausbezahlt — erwartet der Bürger in 12 Monaten eine Dividende von CHF 8,50 pro Aktie, deren Kurs CHF 215 ist. Welches Wachstum rechtfertigt diesen Kurs? Der Aktionär wünscht Alternativrechnungen. A) Für $r = 6\%$ ergibt sich $g = 0{,}06 - (8{,}50 / 215) = 2\%$ und für B) $r = 8\%$ folgt $g = 0{,}08 - (8{,}50 / 215) = 4\%$. Ein Wachstum in dieser Größenordnung erscheint dem Aktionär realistisch. Denn die Geschäfte und Einnahmen der Bank — ausgedrückt als Nominalbeträge — nehmen im Verlauf der Zeit aufgrund von organischem Wachstum sowie aufgrund von Inflation zu. Außerdem ist die St. Galler Kantonalbank in der Vermögensverwaltung tätig, und selbst wenn keine neuen Kunden gewonnen werden, steigen die verwalteten Vermögen (und die Einnahmen der Bank). Die Aktie erscheint korrekt bewertet. ■

Bild 3-1: MYRON J. GORDON (geboren 1920). Zunächst Assistenz Professer an der der Carnegie-Mellon University (1947-1952) und Associate Professor am Massachusetts Institute of Technology (1952-1962), dann Professor an der University of California at Berkeley und der University of Rochester. Seit 1970 an der School of Management der University of Toronto. GORDON war 1975-1976 Präsident der American Finance Association. Zahlreiche Gastprofessuren, Verleihung des Ehrendoktors 1993. GORDON hat das heute nach ihm benannte Dividenden-Wachstums-Modell zu großer Bekanntheit gebracht.

Auf der rechten Seite von (3-3) ist diese Erkenntnis formuliert:

> Die Rendite (die für die Diskontierung der Dividenden herangezogen wird) setzt sich aus zwei Komponenten zusammensetzt. Eine ist die Dividendenrendite, die andere die Wachstumsrate. In der Tat ist das wirtschaftliche Ergebnis die Summe aus direkt zufließenden Zahlungen (Dividenden) und der Wertsteigerung (durch Wachstum).

Das Gordon-Shapiro-Modell unterstreicht dies: Unternehmen mit einer hohen Wachstumsrate, die zwar wie vorausgesetzt kleiner als die Diskontrate ist, jedoch sehr nahe an sie herankommt, haben einen sehr hohen Wert. Wenn in der Praxis bei einer Unternehmensbewertung mit dem Gordon-Shapiro-Modell Fehler begangen wurden, dann lagen sie oft in einer *Überschätzung der Rate des langfristig möglichen Wachstums*.

Ist dabei das Wachstum der Dividenden oder das des Unternehmens gemeint? In Formel (3-1) ist das Wachstum der Dividenden/Zahlungsüberschüsse angesprochen. Doch deren Wachstum ist mit dem Wachstum anderer Kenngrößen der Unternehmung verbunden (Umsatz, Anzahl der Mitarbeitenden, Bilanzsumme). Daher darf gesagt werden, g sei die Rate des Wachstums der Unternehmung schlechthin.

Selbstverständlich gibt es immer wieder Jahrzehnte in denen einige Sektoren schneller wachsen als andere. Wenn die Wirtschaft als Ganzes vielleicht mit einer Rate von 5% nominal wächst (2% reales Wachstum plus 3% Inflation), so kann es Unternehmen geben, die sich über einige Jahrzehnte hinweg einer Wachstumsrate von 10% erfreuen. Andere haben nur ein nominales Wachstum, das kaum die Geldentwertung übertrifft. Zudem gibt es immer wieder Unternehmen, die schrumpfen. Im Mittel über alle Unternehmen entsteht die Wachstumsrate der Gesamtwirtschaft. Wenn es aber auf Dauer bei der angegebenen Wachstumsrate von nominal 5% für die Wirtschaft als Ganzes bleibt, dann kann eine Unternehmung, die derzeit vielleicht mit 10% wächst, nicht für immer mit dieser Rate wachsen. Denn diese eine Unternehmung würde immer größer werden. Dass sie einmal 99% der Volkswirtschaft darstellen müsste, ist unrealistisch. So ist die Formel (3-1) zwar einfach und elegant, doch verlangt sie eine sorgfältige Bestimmung der Wachstumsrate.

3.2   Perlen und Lasten

3.2.1   Kaufen, Halten, Verkaufen

Wir haben bisher immer betont, die Unternehmung habe einen Wert, der sich an den Rückflüssen zugunsten eines *typischen*, die *Allgemeinheit* der Eigenkapitalgeber *repräsentierenden* Investor orientiere. Im Gordon-Shapiro-Modell sollte dieser *typische* Eigenkapitalgeber die Anteile *für immer halten* und somit der unendlichen Zahlungsreihe von Dividenden (und allfälligen Bezugsrechten) entgegensehen.

Das ist eine starke Annahme, denn die meisten Eigenkapitalgeber werden sich (angesichts der Tatsache, dass es einen gut funktionierenden Sekundärmarkt gibt) fragen, ob sie ihre Anteile besser nur für ein Jahr oder für ein paar Jahre halten und dann verkaufen sollten. In diesem Fall würden sie eine *endliche* Reihe von Zahlungen erhalten, und die letzte der Zahlungen wäre durch den Preis des Anteils oder den Aktienkurs gegeben, der bei Verkauf realisiert wird. Zur Prognose der (endlichen) Zahlungsreihe gehört, Vorstellungen über den späteren Verkaufspreis oder Kurs zu entwickeln. In einem perfekten Markt, im perfekten Sekundärmarkt handelt es sich um den *Wert*, den die Unternehmung zum (geplanten) Verkaufszeitpunkt haben dürfte.

Solche Eigenkapitalgeber werden dann den Wert W_0 nicht durch

$$(3\text{-}4) \qquad W_0 \;=\; \sum_{t=1}^{\infty} \frac{d_t}{(1+t)^t} \;=\; \frac{d_1}{1+r} + \frac{d_2}{(1+r)^2} + \frac{d_3}{(1+r)^T} + ...$$

festgelegt sehen, sondern durch:

$$(3\text{-}5) \qquad W_0 \;=\; \sum_{t=1}^{T} \frac{d_t}{(1+t)^t} + W_T \;=\; \frac{d_1}{1+r} + \frac{d_2}{(1+r)^2} + ... + \frac{d_T}{(1+r)^T} + W_T$$

Dabei ist T die in ihrem Verwendungsplan vorgesehene Haltedauer der Anteile und W_T der (aufgrund heutiger Informationen) zu erwartende Wert, den die Unternehmung zu T haben dürfte.

> In der Formel (3-4) ist eine Formulierung gewählt, die etwas allgemeiner als das Gordon-Shapiro-Modell ist. Der Unternehmenswert wird in (3-4) als Summe aller diskontierter Dividenden verstanden. Die Formulierung (3-4) setzt *nicht* voraus, dass die Dividenden gleichförmig wachsen. Die Wertformel (3-4) heißt **Dividend Discount Model** (DDM).

Die Frage lautet, ob die beiden Berechnungen (3-4) und (3-5) nicht auf unterschiedliche heutige Werte W_0 führen. Wäre das der Fall, dann müsste die Definition und Berechnung des Werts nach (3-4) als abgelehnt werden, weil sie nur einem speziellen Verwendungsplan der Anteile entspricht. Sie würde dann nicht die Preisbildung im Sekundärmarkt wiedergeben.

Um diese wichtige Frage zu klären, betrachten wir Investoren, die Anteile bereits nach einem Jahr verkaufen. Weiter betrachten wir Investoren, die nach zwei Jahren verkaufen und so fort. Die Bewertungen, die sie jeweils vornehmen, würden zu diesen Gleichungen führen:

$$W_0 \;=\; \frac{d_1}{1+r}+\frac{W_1}{1+r}$$

(3-6)

$$W_0 \;=\; \frac{d_1}{1+r}+\frac{d_2}{(1+r)^2}+\frac{W_2}{(1+r)^2}$$

$$W_0 \;=\; \frac{d_1}{1+r}+\frac{d_2}{(1+r)^2}+\frac{d_3}{(1+r)^3}+\frac{W_3}{(1+r)^3}$$

...

Bei diesen Gleichungen wollen wir die Dividenden als (aufgrund allgemeiner Informationen) gegeben ansehen und auch die Diskontrate soll feststehen. Dann bildet (3-6) ein Gleichungssystem für die unbekannte Reihenfolge von Werten $W_0, W_1, W_2,...$ Wir versuchen es zu lösen. Sollten sich die Gleichungen widersprechen, sollte es beispielsweise keine Zahl W_0 geben, die (zusammen mit Zahlen $W_1, W_2,...$) alle Gleichungen (3-6) erfüllt, dann müssten wir die Idee aufgeben, einen allgemeinen (heutigen) Wert bestimmen zu können. Das wäre dann nicht möglich.

3.2.2   Die Lösung

Aus mathematischen Gründen gibt es nur wenige Lösungen des Gleichungssystems (3-6). Wie gesagt betrachten wir die Marktwerte $W_0, W_1, W_2,...$ als *Unbekannte*. Die Dividenden $d_1, d_2, d_3,...$ sollen gegeben sein. Auch die Rendite r, mit der diskontiert wird, soll feststehen.

Eine Lösung von (3-6) lässt sich ohne tiefere Mathematik finden. Sie ist dadurch beschrieben, dass der auf den Zeitpunkt t bezogene Wert gleich der unendlichen Summe der Barwerte der dann noch folgenden Dividenden ist — ungeachtet der Frage, wie viele Eigenkapitalgeber planen, die Anteile für immer zu halten und deshalb die unendliche Summe für sich als relevant erachten. Diese eine Lösung des Gleichungssystems ist also formal so beschrieben:

$$W_0 \;=\; \frac{d_1}{1+r}+\frac{d_2}{(1+r)^2}+\frac{d_3}{(1+r)^3}+\frac{d_4}{(1+r)^4}+...$$

(3-7)

$$W_1 \;=\; \frac{d_2}{1+r}+\frac{d_3}{(1+r)^2}+\frac{d_4}{(1+r)^3}+...$$

$$W_2 \;=\; \frac{d_3}{1+r}+\frac{d_4}{(1+r)^2}+...$$

...

Dabei muss unterstellt werden, dass die unendlichen Summen (3-7) und die hinter ihnen stehenden Grenzwerte existieren (Transversalität). Das heißt, jede Zeile in (3-7) soll auf eine endliche Größe hinauslaufen; die Summen dürfen nicht unendlich groß werden. Damit das gesichert ist, muss eine Voraussetzung getroffen werden: Die Dividenden $d_t,...$ dürfen nicht auf Dauer schneller anwachsen, als die Diskontfaktoren $(1+r)^t,...$. Diese Bedingung ist zum Beispiel erfüllt, wenn die Dividenden gleichförmig wachsen und die Wachstumsrate geringer ist als die Diskontrate, so wie in $-1 < g < r$ angenommen wurde.

Dass (3-7) tatsächlich *eine Lösung* von (3-6) ist, kann leicht verifiziert werden, wenn (3-7) in das Gleichungssystem (3-6) eingesetzt wird. Alle Gleichungen in (3-6) erweisen sich als erfüllt. Damit könnte ein vorläufiges Ergebnis formuliert werden:

> Einer der aufgrund der Bedingungen (3-6) möglichen Werte einer Unternehmung ist gleich der Summe der Barwerte aller Dividenden.

Leider haben wir damit noch nicht alle Lösungen von (3-6) gefunden. Der nach (3-1), nach (3-4) oder (3-7) festgelegte Wert ist zwar *eine*, jedoch nicht die einzige Lösung von (3-6).

Die *allgemeine* mathematische Lösung unterscheidet sich von der speziellen Lösung (3-7) durch eine Konstante. Sie sei mit $W*$ bezeichnet. Die allgemeine Lösung lautet:

$$
\begin{aligned}
W_0 &= W* + \frac{d_1}{1+r} + \frac{d_2}{(1+r)^2} + \frac{d_3}{(1+r)^3} + \frac{d_4}{(1+r)^4} + ... \\[2mm]
W_1 &= (1+r) \cdot W* + \frac{d_2}{1+r} + \frac{d_3}{(1+r)^2} + \frac{d_4}{(1+r)^3} + ... \\[2mm]
W_2 &= (1+r)^3 \cdot W* + \frac{d_3}{1+r} + \frac{d_4}{(1+r)^2} + ... \\[2mm]
&...
\end{aligned}
$$

(3-8)

Wieder kann durch Einsetzen von (3-8) in das System (3-6) verifiziert werden, dass (3-8) eine Lösung ist, und zwar für jede Zahl $W*$, die positiv, gleich null, oder auch negativ sein kann. Im Fall $W* = 0$ liefert (3-8) die bereits zuvor betrachtete Lösung (3-7). Somit ist (3-8) eine echte Verallgemeinerung.[1]

Bleiben wir bei der Vorstellung, $W*$ sei positiv. Dann sagt die oberste Gleichung von (3-8) dies:

1. Die Unternehmung ist wie eine Maschine zu bewerten, die Dividenden erzeugt.

2. Zusätzlich gibt es aber eine Vermögensposition, die augenblicklich (zu $t = 0$) den Wert $W*$ besitzt. Diesen zusätzlichen Wert könnte der Eigenkapitalgeber beispielsweise durch Verkauf der Anteile realisieren.

---

[1] Allerdings treten wir hier nicht den Beweis an, dass durch (3-8) tatsächlich alle Lösungen von (3-6) gefunden sind.

3. Die unteren Zeilen in (3-8) zeigen, dass sich der Wert der Vermögensposition, die in den Folgejahren zum Barwert der Dividenden hinzugerechnet wird, erhöht. Die Position ist rentabel eingesetzt. Ihr Wert steige von Jahr zu Jahr mit dem Faktor $(1+r)$.

In diesem Fall $W^* > 0$ könnten wir den *Wertzuschlag* (im Vergleich zum Barwert der Dividenden) als **Perle** bezeichnen. Die Frage ist, ob sich solche Perlen in der Wirklichkeit finden lassen, oder ob es sich um eine rein mathematische Denkmöglichkeit handelt, die es im Wirtschaftsleben nicht gibt.

Beispiel 3-7: Das *Castello del Sole* ist ein einmalig schön gelegenes Hotel auf einem großen Grundstück direkt am Lago Maggiore. Man kann nicht behaupten, das überaus wertvolle Grundstück sei nicht betriebsnotwendig, denn viele Gäste schätzen die Weitläufigkeit des Parks und die Distanz zu anderen Gebäuden. Indessen wäre es wenig sachgerecht, das Hotel einzig anhand der Erträge zu bewerten, die es aus dem Betrieb erzielt. Man kann auch nicht sagen, das Grundstück solle als Ganzes oder zu einem Teil besser verkauft werden, denn das Geld ist mit dem Grundstück gut angelegt. Es wird Jahr um Jahr mit der den Risiken entsprechenden Rendite wertvoller. ◼

Beispiel 3-8: Der Immobilienverkäufer erklärt: „Sie können von mir eine Ferienwohnung in *Wildhaus* (Kanton St. Gallen) kaufen — der Preis ist marktgerecht und entspricht genau dem Barwert entsprechender Mieten. Als Alternative kann ich eine Ferienwohnung identischer Qualität in St. Moritz (Graubünden) anbieten. Die Wohnung in diesem noblen Ferienort ist einfach eine Million Franken teurer. Auch diese Wohnung hat einen marktgerechten Preis, und ihr Wert steigt, wie die Erfahrung lehrt, immer weiter an. Das, was Sie in St. Moritz mehr zahlen müssen, ist kein totes Kapital, weil es sich marktgerecht verzinst." ◼

Nun betrachten wir den Fall $W^* < 0$.

Wie eben erläutert ist mathematisch denkbar, dass eine Unternehmung einen Wert hat, der *unter* dem Barwert der Dividenden liegt. Ein Investor ist sich jedoch aufgrund der vorliegenden Informationen sicher, dass dies nicht mit einem „günstigen Preis zum Aufbau von Engagements" verwechselt werden darf. Denn der Wertabschlag $W^* < 0$ baut sich nicht mit der Zeit ab, sondern er vergrößert sich mit den Jahren, und zwar mit genau der Rate, mit der diskontiert wird. Deshalb ist der Wertabschlag auf eine **Last** zurückzuführen, die nicht einfach verschwindet. Für solche Lasten ist der Begriff **Weißer Elefant** üblich.[2]

Heute und zu jedem Zeitpunkt in der Zukunft, $t = 0, 1, 2, \ldots$, ist der Wert einer Unternehmung W_t gleich dem Barwert aller dann noch kommenden Dividendenzahlungen (bis in die unendliche Zukunft) *abzüglich* einer weiteren Größe, die im Verlauf der Zeit wächst, und zwar genau mit je-

---

[2] Ein *Weißer Elefant* (Chang Phueak), als heilig angesehen und Symbol für königliche Macht, verlangt viel Pflege. Deshalb wollte im früheren Thailand niemand einen solchen Elefanten als Geschenk erhalten. Immer wieder wird erzählt, dass der König solche Elefanten als Geschenk an jemanden übergab, der in Ungnade gefallen war. Der Beschenkte musste für den Unterhalt des Tieres aufkommen, das aufgrund der Heiligkeit nicht für die Arbeit eingesetzt werden durfte. Die Pflicht, das Geschenk des Königs zu pflegen, verursachte für den Beschenkten schwere finanzielle Einbußen bis hin zum Bankrott.

ner Rendite, mit der diskontiert wird. Die Frage ist wieder, ob sich Weiße Elefanten in der Wirklichkeit finden lassen, oder ob es sich um eine rein mathematische Denkmöglichkeit handelt, die es im Wirtschaftsleben nicht gibt.

Beispiel 3-9: Eine alte Fabrik in Ruritanien gestattet dem Eigentümer seit Jahren ansehnliche Entnahmen. Leider wurden auf dem Grundstück Gifte entdeckt, und die Gemeinde verlangt, dass eine Entsorgung vorgenommen wird. Die Gemeinde drängt zwar nicht auf einen Termin, vor allem weil für die Entsorgung der Gifte die Fabrikation eingestellt werden muss und Arbeitsplätze verloren gehen. Die Gemeinde verlangt statt dessen: Sollte (irgendwann) einmal der Betrieb eingestellt werden, dann muss der Boden entgiftet werden. Allen Beteiligten ist klar, dass die Entsorgung im Lauf der Jahre teurer wird. Wir nehmen an, die Kosten steigen mit der Rate, mit der auch die Ausschüttungen diskontiert werden. Der Wert der Unternehmung liegt unter dem Barwert der Ausschüttungen. ■

Beispiel 3-10: Der Rechtsanwalt erklärt dem Erben: „Die Hinterlassenschaft besteht aus einem Mehrfamilienhaus, und allein aufgrund der Mieteinnahmen sollte es einige Millionen wert sein. Allerdings gibt es da ein ungelöstes Problem mit Rechten, die Dritten übertragen worden sind, und die hinterlassen werden können. Die Erfüllung dieser Pflichten wurde vom Erblasser immer verschoben, und die Lösung wird Jahr um Jahr teurer. Der Wert des Objektes ist aufgrund dieses Weißen Elefanten negativ. Ich empfehle Ihnen, die Erbschaft abzulehnen." ■

> Insgesamt: Der heutige Wert einer Unternehmung ist gleich der Summe der Barwerte aller zukünftigen Dividenden plus einer Wertänderung, sofern es Perlen oder Lasten (Weiße Elefanten) gibt:

(3-9)
$$W_0 = W* + \frac{d_1}{1+r} + \frac{d_2}{(1+r)^2} + \frac{d_3}{(1+r)^3} + \frac{d_4}{(1+r)^4} + ...$$
$$= W* + \sum_{t=1}^{\infty} \frac{d_t}{(1+r)^t}$$

Mit (3-9) ist die erste Zeile von (3-8) zur Verdeutlichung nochmals eigens herausgestellt.

3.2.3   Fallunterscheidung

Die Prüfung, ob Perlen oder Lasten auf Zuschläge oder Abschläge im Vergleich zum Barwert der Dividenden führen, verlangt wirtschaftliche Argumente.

Beispielsweise kann bei einer Unternehmung Substanz vorhanden sein, deren Wert im Verlauf der Jahre mit der geforderten Rendite steigt. Dann ist eine Perle vorhanden. Man kann dann bei einer Bewertung diese Perle nicht einfach negieren und den Wert mit dem Barwert der Dividenden gleichsetzen. Bei der Unternehmensbewertung wird versucht, diese Problematik so zu lösen, dass die möglichen Perlen beim **nicht-betriebsnotwendigem Vermögen** gesucht werden.

- Gleichsam soll der Einsatz des als betriebsnotwendig klassifizierten Vermögens bewirken, dass die Dividenden erwirtschaftet werden. Das betriebsnotwendige Vermögen nimmt auch mit der Zeit etwas zu, weil nur ein Teil des Wirtschaftsergebnisses ausgeschüttet wird und der restliche, thesaurierte Teil so investiert wird, dass das Betriebsvermögen (etwas) ansteigen kann.

- Das nicht-betriebsnotwendige Vermögen wird hingegen nicht benötigt, um Ausschüttungen oder Dividenden zu ermöglichen. Es ist gleichsam als Vermögen anzusehen, dass sich zwar „rentiert". Doch es gibt keine Zahlungen ab. Statt dessen kommt es zu einer der Rendite entsprechenden Wertsteigerung des nicht-betriebsnotwendigen Vermögens.

> Der Wert der Unternehmung ist die Summe aus erstens dem Wert des betriebsnotwendigen (Dividenden erzeugenden) Vermögens, und dieser Wert ist gleich der Summe aller diskontierten Dividenden. Zweitens wird der Wert des nicht-betriebsnotwendigen Vermögens addiert. Dieser Wert muss aus der Preisbildung abgeleitet werden, die im Markt für die Objekte dieses Vermögens anzutreffen ist.

Ähnlich muss verfahren werden, um mögliche Weiße Elefanten aufzuspüren. Jedenfalls ist der Wert einer Kapitalanlage oder Unternehmung nur im Standardfall $W* = 0$ allein durch die Dividenden bestimmt. Wenn Perlen vorhanden sind, liegt er über dem Barwert der Dividenden. Wenn Lasten vorhanden sind, liegt der Wert unter dem Barwert der Dividenden.

So sind der Unternehmensbewertung fünf Fälle oder Zustände zu unterscheiden:

1. Der Standardfall — die Cash-Cow: Die Unternehmung wirft Dividenden ab, und ihr Wert steigt aus heutiger Sicht etwas langsamer an als die Rendite, mit der diskontiert wird — eben gerade deshalb, weil es immer wieder Ausschüttungen gibt und nicht das gesamte Wirtschaftsergebnis in der Unternehmung investiert wird. Der Wert der Kapitalanlage oder Unternehmung ist gleich der Summe der Barwerte der Dividenden.

2. Nur Perlen: Die Unternehmung zahlt überhaupt nie Dividenden und besitzt dennoch einen positiven Wert. Ihr Wert steigt aus heutiger Sicht langfristig mit der Rendite an, mit der diskontiert wird. Als Beispiel denke man an ein unbebautes Grundstück.

3. Die Cash-Cow mit Perlen: Die Unternehmung wirft Dividenden ab, und ihr Wert ist sogar größer als die Summe der Barwerte der Dividenden. Als Beispiel diene eine Unternehmung, die neben Betriebsstätten diverse Finanzanlagen hält.

4. Die Cash-Cow mit Lasten: Die Unternehmung wirft zwar Dividenden ab, doch ihr Wert ist geringer als die Summe der Barwerte der Dividenden. Man denke an einen Betrieb, der zwar operieren kann, jedoch irgendwann Auflagen erfüllen muss, was leider im Laufe der Zeit immer teurer wird.

5. Nur Lasten: Die Kapitalanlage oder Unternehmung wirft keine Dividenden ab. Ihr Wert ist negativ. Man denke an eine Mülldeponie.

Eine Unternehmung, noch dazu eine große Unternehmung, dürfte aus verschiedenen Teilen bestehen, die sich in unterschiedlichen der eben genannten fünf Zuständen befinden können. Vielfach wird versucht, die Unternehmung in *drei* Teile zu zerlegen, von denen der erste korrekt bewertet wird, indem der Barwert der Ausschüttungen beachtet wird. Der zweite Teil umfasst alle Perlen, der dritte alle Lasten:

$$(3\text{-}10) \qquad W_0 \;=\; \sum_{t=1}^{\infty} \frac{d_t}{(1+r)^t} \;+\; Perlen \;-\; Lasten$$

Selbstverständlich kann sich aufgrund neuer Informationen die Konstellation ändern. Beispielsweise kann eine Perle plötzlich an Glanz verlieren. Ebenso können, beispielsweise durch Verschärfung von Gesetzten, Lasten neu entstehen.

Beispiel 3-11: Zwischen 1995 und 1999 haben die meisten Investoren Technologieunternehmen hoch eingeschätzt. Zwar zahlten viele diese Firmen nur eine sehr geringe Dividende, doch wurde die Wachstumsrate als ebenso hoch eingestuft wie die Rendite, mit der diskontiert wurde. Jeder Wert $W_0 = W^* > 0$ war mathematisch gesehen für ein IT-Unternehmen gerechtfertigt. Zudem wäre es sehr teuer gewesen, statt einer Beteiligung die entsprechende Technologiefirma durch eine Neugründung ersetzen zu wollen. Die Ersatzwerte waren sehr hoch, denn die Zeit eilte, der Markt hat nicht gewartet, Spezialisten waren nicht zu bekommen. Im Jahr 2000 kam es zu einer völligen Neueinschätzung des Wachstums dieser Firmen. Wachstumsraten in Höhe der geforderten Rendite r schienen nicht mehr realistisch zu sein. Der Wert der Technologiefirmen ist auf den bloßen Barwert ihrer Dividenden gefallen, und da diese Firmen nur geringe Dividenden zahlten, ist ihr Kurs an der Börse eingebrochen. ■

3.3   Wachstum von Unternehmen

3.3.1   Warum wachsen Unternehmen?

Unternehmen wachsen aus drei Gründen: Erstens **Innenfinanziertes Wachstum**: Die meisten Unternehmen schütten nicht das gesamte Wirtschaftsergebnis aus. Sie bemessen die Ausschüttungen etwas geringer, so dass die restlichen Teile des Wirtschaftsergebnisses, wie immer es im Rechnungswesen gemessen wird, für eine Investition verwendet werden können. Das entsprechende Wachstum wird auch als *innenfinanziert* bezeichnet. Obwohl ein Teil des Wirtschaftsergebnisses nicht ausgeschüttet wird, ziehen die Eigenkapitalgeber daraus einen Vorteil. Denn durch die innenfinanzierten Investitionen — in der Modellbetrachtung wird von Verschwendung abgesehen und eine rentable Investition angenommen — wächst das Unternehmen und kann bald höhere Dividenden ausschütten.

Zweitens **Außenfinanziertes Wachstum**: Außerdem wachsen praktisch alle Unternehmen, indem sie zusätzliche Finanzmittel aufnehmen, beispielsweise Kredite. Damit die Relation zwischen Eigen- und Fremdkapital in akzeptierten Bandbreiten bleibt, verlangt dieses außenfinanzierte Wachstum indessen auch Kapitalerhöhungen durch Ausgabe neuer Aktien. Hierbei erhalten die Altaktionäre ein Bezugsrecht. Auch wenn sie dann die neuen Aktien nicht übernehmen, haben sie aufgrund der Bezugsrechte Vorteile. Daher verschafft ein Unternehmen — welches immer wieder durch außenfinanzierte (rentable) Investitionen wächst — den Altaktionären Vorteile, die über die traditionellen Ausschüttungen hinausgehen.

Drittens **Organisches Wachstum**: Viele Unternehmen können selbst dann ein gewisses Wachstum verzeichnen, wenn sie keine „größeren" Investitionen tätigen. Dieses Wachstum wird als *organisch* bezeichnet. Beispielsweise gibt es Steigerungen der Effizienz durch Erfahrung und Lernen. Das (nominal ausgedrückte) Umsatzvolumen erhöht sich, selbst bei gleichbleibender Quantität, durch die Preissteigerungen aufgrund der natürlichen Geldentwertung. Vielfach kann dieses organische Wachstum durch „kleine" Investitionen noch gestärkt werden. Oft sind das Investitionen, mit denen die Arbeitsmöglichkeiten verbessert werden. Auch das organische Wachstum zeigt sich für die Eigenkapitalgeber darin, dass die Ausschüttungen im Lauf der Zeit steigen.

Beispiel 3-12: Hubert ist Notar und beurkundet verschiedene Transaktionen, darunter Grundstückskäufe. Seine Leistungsfähigkeit, was die Anzahl der Geschäfte betrifft, ist über Jahrzehnte gleich. Dennoch wachsen die Beträge und ebenso die Honorare von Jahr zu Jahr ohne weiteres Zutun. ∎

Alle drei Formen des Wachstums sind demnach für den Eigenkapitalgeber interessant. Bei Unternehmensbewertungen spielt daher immer eine große Rolle, wie das Wachstum der Unternehmung und damit der Zahlungen, die zugunsten der Eigenkapitalgeber generiert werden können, eingeschätzt wird. Hier muss bei der Aufstellung einer Bewertungsrechnung eine pauschale Angabe der Wachstumsrate vermieden werden. Statt dessen muss gezeigt werden, wie das postulierte Wachstum aus den genannten drei Komponenten entstehen dürfte.

3.3.2 Eine Irrelevanzthese

Die Eigenkapitalgeber können aufgrund ihrer Entscheidungsrechte die Wachstumsrate beeinflussen. So können sie außenfinanziertes Wachstum, das sich beispielsweise in der Akquisition anderer Unternehmen manifestiert, beschleunigen oder auch verlangsamen. Ebenso können sie Maßnahmen zur Kräftigung des organischen Wachstums fördern oder auch nicht. Den größten Einfluss auf die Wachstumsrate dürfte indes die Entscheidung darüber haben, in welchem Umfang Wirtschaftsergebnisse ausgeschüttet werden sollen. Hohe Dividenden ausschütten und dennoch stark wachsen können, sind konkurrierende Ziele. Es liegt auf der Hand: Wenn eine Unternehmung ihre Wirtschaftsergebnisse zu einem hohen Teil ausschüttet, dann behält sie weniger ein, hat folglich weniger Mittel um „aus eigener Kraft" zu investieren. Das innenfinanzierte Wachstum ist geringer. Sind die Dividenden hingegen gering und kann die Unternehmung deshalb einen höheren Teil ihrer Wirtschaftsleistung einbehalten und investieren, dann kann sie stärker wachsen.

Das *Wirtschaftsergebnis* oder die angesprochene *Wirtschaftsleistung* kann man sich bei einer Perspektive, die das Rechnungswesen betont, als durch den **Gewinn** ausgedrückt vorstellen. Die Festlegung, welcher Teil des Gewinns einbehalten und welcher ausgeschüttet wird, ist die der **Ausschüttungsquote** (Payout-Ratio). Die Wahl der Ausschüttungsquote hat also eine doppelte Konsequenz.

- Eine geringere Ausschüttungsquote bedeutet anfänglich geringere, aufgrund des dadurch möglichen Wachstums indessen zugleich höhere Dividenden in der weiteren Zukunft.

- Eine höhere Ausschüttungsquote bewirkt anfänglich höhere Dividenden, aufgrund des dann geringeren Wachstums zugleich aber nur geringere Erhöhungen der Dividenden in der Zukunft.

> Unternehmen mit einer hohen Ausschüttungsquote sind für Eigenkapitalgeber interessant, weil die Dividendenzahlungen hoch sind. Unternehmen mit einer geringen Ausschüttungsquote sind *gleichermaßen* für die Eigenkapitalgeber interessant, weil die Dividenden im Laufe der Zeit stark wachsen.

Unter gewissen Prämissen *heben sich* beide Effekte *gegenseitig auf*. Die Ausschüttungsquote ist dann für den Wert der Unternehmung sogar *irrelevant*. Die Prämissen sind die eines perfekten Marktes. Unter dieser Annahme ist die Dividendenpolitik (die Festlegung der Ausschüttungsquote) für den Wert **irrelevant**. Die These der Irrelevanz wurde 1958 von FRANCO MODIGLIANI und MERTON H. MILLER (MM) postuliert und (in der Modellwelt eines perfekten Kapitalmarktes) bewiesen.[3] MM zeigen generell: Finanzpolitische Maßnahmen haben keine Auswirkung auf den Wert der Unternehmung, wenn durch sie die real erwirtschafteten Ergebnisse nicht verändert, sondern lediglich anders mit Finanzkontrakten „verpackt" werden. Der Wert der Unternehmung wird demnach zwar durch die Höhe der realwirtschaftlichen Ergebnisse bestimmt, die letztlich für Ausschüttung und Reinvestition zur Verfügung stehen. Keine Rolle aber spielt, welcher Teil ausgeschüttet und welcher reinvestiert wird.

Mit diesem Irrelevanztheorem von MM wird das Dividenden-Discount-Modell (3-4) beziehungsweise (3-9) *nicht* ungültig.

> Nach wie vor ist der Wert der Unternehmung als Barwert der Dividenden bestimmt (wir sparen uns die permanente Wiederholung der Möglichkeit von Perlen und Lasten). Das Irrelevanztheorem besagt indessen: Das Management kann den Barwert der Dividenden (Wert der Unternehmung) *nicht* dadurch beeinflussen, dass die Ausschüttungsquote verändert wird.

---

[3] MODIGLIANI und MILLER: The Cost of Capital, Corporation Finance, and the Theory of Investment. *American Economic Review* 48 (1958), 3, pp. 261-297. Später gab es noch eine Ergänzung, betitelt mit: Corporate Income Taxes and the Cost of Capital: A Correction. *American Economic Review* 53 (1963), pp. 433-443.

Jede Veränderung der Höhe der Dividenden — bei unveränderten Ergebnissen realwirtschaftlicher Tätigkeit — hat eine entgegengesetzte Wirkung auf das Dividendenwachstum. Höhere Dividenden bedeuten geringeres Dividendenwachstum, höheres Dividendenwachstum setzt ein geringeres Ausgangsniveau für die Dividende voraus. *Die Effekte heben sich gegenseitig auf.*

Die **Irrelevanz der Dividendenpolitik** hat immer wieder Kopfschmerzen bereitet. Es wird vorgebracht: „Die Theorie sagt, der Wert werde allein von der Dividende bestimmt und dann heißt es, die Dividende hätte doch keinen Einfluss auf den Wert." Diese Formulierung ist aber inkorrekt. Richtig muss es lauten: Der Wert hängt zwar allein von der Reihe der Dividenden ab, doch verschiedene Reihen führen auf denselben Wert. Es kommt eben nur auf den *Barwert* der Reihe der Dividenden an. Wenn Dividenden anfangs klein sind aber stark steigen, können sie denselben Wert haben wie Dividenden, die anfangs hoch sind aber schwächer steigen.

3.3.3 Zur praktischen Bedeutung der Irrelevanzthese

Die Irrelevanz der Dividendenpolitik hat nicht allein theoretische Bedeutung. Die Irrelevanzthese eröffnet neue Möglichkeiten für die Aufstellung von Bewertungsmodellen hoher praktischer Nützlichkeit. Denn einerseits kann eine Unternehmung anhand jener Ausschüttungen (Dividenden) bewertet werden, die sie in Zukunft tatsächlich vornehmen dürfte. Andererseits kann eine Unternehmung anhand einer fiktiven Ausschüttungspolitik bewertet werden, die sie in Wirklichkeit gar nicht praktiziert, die aber — in der Modellwelt für die zu bewertende Unternehmung — angenommen werden kann. Die Unternehmung wird bewertet, als ob sie diese oder jene Ausschüttungen vornehme.

Aufgrund der Irrelevanz der Dividendenpolitik führt diese **fiktive Dividende** ebenso wie die **tatsächliche Dividende** auf den gesuchten Unternehmenswert. Die jeweils getroffenen Annahmen müssen lediglich konsistent sein: Wird eine gewisse Ausschüttungspolitik angenommen, so muss diejenige Wachstumsrate für die Unternehmung verwendet werden, die möglich ist, wenn die angenommenen Dividenden tatsächlich abfließen (und nicht doch noch investiert werden).

Folglich muss sich eine Bewertung *nicht* an die tatsächlichen Dividenden klammern, die eine Unternehmung in realistischer Prognose in der Zukunft zahlt. Die Unternehmensbewertung kann eine andere Reihe von Ausschüttungen annehmen. Die Irrelevanzthese zur Dividendenpolitik besagt, dass die beiden Unternehmenswerte — erstens für die tatsächlichen Dividenden und das tatsächliche Wachstum der Unternehmung, zweitens für fiktive Dividenden und das ihnen entsprechende Wachstum — übereinstimmen.

So wurden Unternehmensbewertungen entwickelt, bei denen angenommen wird, die Unternehmung würde Jahr um Jahr die Gewinne ausschütten (**Ertragsbewertung**). In dieser Fiktion hat die Unternehmung kein innenfinanziertes Wachstum mehr, wohl aber noch *organisches* Wachstum (und eventuell außenfinanziertes Wachstum). Hohe praktische Bedeutung hat die Fiktion, die

Unternehmung würde Jahr um Jahr die *Cashflows* beziehungsweise die so genannten **Freien Cashflows** ausschütten. So entstehen DCF-Bewertungen, bei denen der Unternehmenswert über die *discounted cash flows* bestimmt wird.

Dieser wichtige Sachverhalt soll durch eine Formel illustriert werden. Eine Unternehmung soll *tatsächlich* die Dividenden ausschütten (die unter den Gewinnen der entsprechenden Jahre liegen). Bei dieser Ausschüttungspolitik wachsen die Unternehmung und ihre Dividenden. Die Rate sei $g > 0$. Mit r sei wieder die Rendite bezeichnet, mit der diskontiert wird. Der Unternehmenswert W_0 ist bei dieser tatsächlichen Ausschüttungspolitik nach dem Gordon-Shapiro-Modell durch die mehrfach gebrachte Formel (3-1) gegeben. Von Perlen oder Lasten sehen wir ab:

$$W_0 \;=\; \frac{d_1}{1+r} + \frac{d_1 \cdot (1+g)}{(1+r)^2} + \frac{d_1 \cdot (1+g)^2}{(1+r)^3} + ... \;=\; \frac{d_1}{r-g}$$

Für diesen Wert kann (3-3) verifiziert werden: Die Wachstumsrate g ist die Differenz zwischen der Rendite r und der Dividendenrendite d_1 / W_0.

Nun nehmen wir an, gleichsam in einem Sandkastenspiel, die Unternehmung würde die Gewinne vollständig ausschütten. Der in einem Jahr festgestellte und sogleich ausgeschüttete Gewinn sei mit e_1 bezeichnet. Selbstverständlich ist der Gewinn im ersten Jahr größer als die tatsächliche Dividende, $d_1 < e_1$, über die wir gerade sagten, dass nur ein Teil ausgeschüttet wird. Doch wie geht es dann weiter? In dieser Fiktion gibt es kein innenfinanziertes Wachstum mehr. Es gäbe zwar noch organisches Wachstum, doch wollen wir von ihm zur Vereinfachung absehen. Das heißt, die Unternehmung wächst in der Fiktion nicht mehr, die Gewinne bleiben über die Zeit hinweg immer unverändert: $e_2 = e_1$, $e_3 = e_1$, $e_4 = e_1$,... Der als **Ertragswert** bezeichnete Unternehmenswert errechnet sich für die Fiktion gemäß (2-5) so:

$$W_0 \;=\; \frac{e_1}{1+r} + \frac{e_1}{(1+r)^2} + \frac{e_1}{(1+r)^3} + ... \;=\; \frac{e_1}{r}$$

Nach der Irrelevanzthese von MM stimmen beide Werte überein:

(3-11)
$$W_0 \;=\; \frac{d_1}{1+r} + \frac{d_1 \cdot (1+g)}{(1+r)^2} + \frac{d_1 \cdot (1+g)^2}{(1+r)^3} + ... \;=\; \frac{d_1}{r-g}$$
$$\;=\; \frac{e_1}{1+r} + \frac{e_1}{(1+r)^2} + \frac{e_1}{(1+r)^3} + ... \;=\; \frac{e_1}{r}$$

Beispiel 3-13: Eine Unternehmung betreibt eine Geldanlage. Die Gründer legen € 1.000.000 ein und können eine Rendite von $r = 10\%$ erwarten. Nach dem ersten Wirtschaftsjahr ist mit dem Ergebnis € 100.000 zu rechnen. Die Eigenkapitalgeber entscheiden sich für Ausschüttungen von 60% dieser Erträge. Sie entnehmen also am Ende des ersten Jahres € 60.000, während € 40.000 in der Unternehmung verbleiben und wieder angelegt werden. Das zweite Geschäftsjahr wird folglich mit einem Kapital von € 1.040.000 begonnen und am Ende ist mit dem Ergebnis oder dem

Ertrag in Höhe € 104.000 zu rechnen. Wieder werden 60% ausgeschüttet, was eine Entnahme von € 62.400 bedeutet. Folglich werden am Ende des zweiten Jahres € 41.600 einbehalten und wieder angelegt. Das geht so weiter, beispielsweise werden am Ende des dritten Jahres € 64.896 entnommen. Die Ausschüttungen (und die Unternehmung, das heisst ihr Kapital) wachsen mit der Rate $g = 4\%$. Der Unternehmenswert nach dem Gordon-Shapiro-Modell:

$$\frac{60.000}{1,10} + \frac{62.400}{1,10^2} + \frac{64.896}{1,10^3}... = \frac{60.000}{0,10 - 0,04} = 1.000.000$$

Dieser Wert ist aufgrund der Rückflüsse bestimmt, und wie in Kapitel 1 ausgeführt ist dies gleich dem Wert, der sich als Preis bei einem direkten Handel mit den Anteilen ergibt, der offensichtlich gleich der Anfangseinlage von € 1.000.000 sein muss.

Die Eigenkapitalgeber bewerten die Rückflüsse nun noch in einer Fiktion. Sie nehmen an, Jahr um Jahr würden die Ergebnisse oder Erträge zu 100% (und nicht nur zu 60%, wie es den tatsächlichen Verhältnissen entspricht). Ende des ersten Jahres werden in der Fiktion € 100.000 entnommen. Das Kapital wächst in dieser Fiktion nicht. Ende des zweiten Jahres ist wieder mit dem Ertrag in Höhe € 100.000 zu rechnen, der in der Fiktion vollständig entnommen wird und so fort. Der Unternehmenswert in dieser Fiktion:

$$\frac{100.000}{1,10} + \frac{100.000}{1,10^2} + \frac{100.000}{1,10^3}... = \frac{100.000}{0,10} = 1.000.000$$

Der Barwert der tatsächlichen Dividenden und der Barwert der Erträge, mit denen aufgrund der fiktiven Unternehmensentwicklung zu rechnen ist, stimmen überein. ■

Schließlich kann auch der Fiktion gefolgt werden, die Unternehmung würde **Cashflows** ausschütten (vereinfacht: Gewinne plus Abschreibungen). In dieser Fiktion würden die Gelder (als Teile der Umsatzerlöse), die den Abschreibungen entsprechen, die Unternehmung verlassen. Sie könnte dann ausgediente und abgeschriebene Anlagen nicht mehr ersetzten. Eine solche Unternehmung würde vermutlich sogar schrumpfen. Das hieße natürlich, dass im Sandkastenspiel auch die Cashflows eher geringer würden.

$$W_0 =$$

(3-12)
$$\begin{aligned}
\overset{Gordon-Shapiro-Modell}{=} \quad & \frac{d_1}{1+r} + \frac{d_1 \cdot (1+g)}{(1+r)^2} + \frac{d_1 \cdot (1+g)^2}{(1+r)^3} + ... = \frac{d_1}{r-g} \\[2ex]
\overset{Ertragsbewertung}{=} \quad & \frac{e_1}{1+r} + \frac{e_1}{(1+r)^2} + \frac{e_1}{(1+r)^3} + ... = \frac{e_1}{r} \\[2ex]
\overset{Discounted\ Cash\ Flows}{=} \quad & \frac{f_1}{1+r} + \frac{f_1 \cdot (1-s)}{(1+r)^2} + \frac{f_1 \cdot (1-s)^2}{(1+r)^3} + ... = \frac{d_1}{r+s}
\end{aligned}$$

Bezeichnen wir den Cashflow am Ende des ersten Jahres mit f_1 und die Rate, mit der die Unternehmung schrumpft, sofern die Cashflows in der Fiktion wie eine Dividende abfließen mit s (dies sei eine positive Größe, also $s > 0$), dann würde dieses Sandkastenspiel auf $f_2 = f_1 \cdot (1 - s)$, $f_3 = f_1 \cdot (1 - s)^2$,... hinauslaufen. Insgesamt können wir (3-11) erweitern und erhalten (3-12).

3.4   Ergänzungen und Fragen

3.4.1   Ergänzung 1: Multiplikatorenansätze

Die Wertformel des Gordon-Shapiro-Modells kann auf die Gestalt des Multiplikators gebracht werden:

$$W_0 \;=\; d_1 \cdot Multiple$$

(3-13)

$$Multiple \;=\; \frac{1}{r-g}$$

Danach wird der Wert der Zahlungsreihe gefunden, indem die erste (in 12 Monaten fällige) Dividende mit einem **Multiplikator** versehen wird.[4] Der Multiplikator, auch als **Multiple** bezeichnet, ergibt sich aus der Rendite r sowie der Wachstumsrate g.

Die Idee des Multiplikators ist auch auf andere Bezugsgrößen übertragen worden, so auf den Gewinn, den Umsatz und sogar auf Größen, die nicht aus dem Rechnungswesen stammen, wie beispielsweise die Anzahl von Fachkräften in Forschung und Entwicklung. In der Praxis werden Multiplikatoren kommuniziert, mit denen der Gewinn, der Umsatz oder eine andere Größe zu multiplizieren sei, um den Wert zu erhalten. Das Multiple für den Gewinn ist weithin bekannt. Es ist das branchenübliche **Kurs-Gewinn-Verhältnis** (KGV).

Überhaupt können Bewertungsmodelle formuliert werden, bei denen eine Bezugsgröße mit einem Multiplikator versehen wird und so der Wert ermittelt wird.

Multiplikatorenansätze für die Bewertung wirken auf den ersten Blick recht einfach. Aber sie haben einen theoretischen Hintergrund, der in der Wertformel besteht. Die gewählte Bezugsgröße

---

[4] Literatur: 1. MERTON H. MILLER und FRANCO MODIGLIANI: Dividend Policy, Growth, and the Valuation of Shares. *The Journal of Business*, Vol. 34, No. 4. (Oct., 1961), pp. 411-433. 2. KEVIN COLE, JEAN HELWEGE und DAVID LASTER: Stock Market Valuation Indicators: Is This Time Different? *Financial Analysts Journal*, May/Jun96, Vol. 52 Issue 3, 1996, pp. 56-64.

repräsentiert die Zahlung oder ist ein Indiz für sie, so dass ein Vielfaches den Wert liefert. Von der Theorie her gesehen dürfen die Multiplikatorenansätze daher nicht (aufgrund der einfachen Gestalt) abgetan werden.

In der Praxis der Anwendung kann sich sogar herausstellen, dass Multiplikatorenansätze am Ende „exakter" als kompliziertere Bewertungsmodelle sind. Dies ist so zu verstehen: Der mit einem Multiple bestimmte Unternehmenswert trifft gut den Aktienkurs, der sich als Preis an einer Börse herausgestellt hat.

Um den Grad dieser „Exaktheit" zu prüfen, sind empirische Studien publiziert worden, mit denen für Aktiengesellschaften die Abweichungen zwischen den anhand von Multiplikatorenansätze errechneten Werten und den an der Börse beobachtbaren Kursen beziehungsweise Marktkapitalisierungen untersucht wurden. In diesen Studien wird unterstellt, dass die leicht beobachtbare Marktkapitalisierung P im Mittel über alle einbezogenen Aktiengesellschaften dem korrekten Wert W entspricht, $P \approx W$ — eine Annahme, die auch als **Markteffizienz** bezeichnet wird. So wird P als Annäherung an den wahren (aber nicht beobachtbaren) Wert verwendet. Sodann wird gefragt, wie genau die Produkte aus Basisgröße und Multiple mit der Marktkapitalisierung P übereinstimmen. Im Fall einer genauen Übereinstimmung hätte man wegen $P \approx W$ ein gutes Bewertungsmodell gefunden. Aufgrund der inzwischen für verschiedene Länder vorliegenden empirischen Studien verdichtet sich dieses Bild:[5]

> Unternehmensbewertungen aufgrund von Multiplikatoren sind im Vergleich zu komplizierteren Modellen nicht ungenauer. Eine gute Übereinstimmung des mit dem Multiplikatorenansatz bestimmten Werts und der an der Börse bestimmten Marktkapitalisierung liefern die Basisgrößen heutiger Gewinn und erwarteter zukünftiger Gewinn. Gewinnprognosen für das kommende Jahr haben sich als besser erwiesen als der Gewinn des letzten Jahres. Wird als Bezugsgröße der Gewinn verwendet, resultieren genauere Bewertungen als wenn der *Cashflow* verwendet wird — dem, wie wir sehen werden, in der Bewertungspraxis als Basisgröße der Vorzug gegeben wird. Schlechtere Ergebnisse liefert der *Absatz* als Basisgröße.

3.4.2 Ergänzung 2: Das Gordon-Shapiro-Modell mit endlicher Zahlungsreihe

Ohne Zweifel ist die im Gordon-Shapiro-Modell getroffene Annahme einer unendlichen Reihe von Dividenden von *theoretischer* Natur. Die Welt wandelt sich, und mit dem Wandel gehen Unternehmen auch wieder unter — selbst wenn es fünftausend Jahre dauern sollte. Zudem ist der

---

[5] 1. Jing Liu, Doron Nissim und Jacob Thomas: Equity valuation using multiples. *Journal of Accounting Research* 40 (2002), pp. 135-172. 2. S. Bhojraj und C. M. C. Lee: Who is my peer? A valuation-based approach to the selection of comparable firms. Journal of Accounting Research 40 (2002), pp. 407-439. 3. Jing Liu, Doron Nissim und Jacob Thomas: Price multiples based on forecasts and reported values of earnings, dividends, sales, and cash flows: an international analysis. *Working Paper* September 2003.

Wertunterschied zwischen einer endlichen und unendlichen Zahlungsreihe nicht groß, sofern die Wachstumsrate nicht zu nahe am Diskontsatz ist. Wird der Wert der endlichen (2-10) in Relation zum Wert (2-9) der unendlichen Zahlungsreihe gesetzt,

$$(3\text{-}14) \qquad \frac{\displaystyle\sum_{t=1}^{T} \frac{d_1 \cdot (1+g)^{t-1}}{(1+r)^t}}{\displaystyle\sum_{t=1}^{\infty} \frac{d_1 \cdot (1+g)^{t-1}}{(1+i)^t}} \;=\; 1 - \frac{(1+g)^T}{(1+r)^T}$$

so zeigt sich, dass er für praktisch relevante Daten nahe bei 1 liegt. Das soll eine Tabelle illustrieren (Bild 3-1).

Wird beispielsweise eine Unternehmung nach dem Gordon-Shapiro-Modell nur aufgrund der Zahlungen bewertet, die in den kommenden 50 Jahren an den Investor ausbezahlt werden, so liegt je nach Wachstumsrate der Barwert der ersten 50 Jahresdividenden bei 85% ($g = 3\%$, $r = 7\%$) beziehungsweise bei 97% ($g = 0\%$, $r = 7\%$) des Werts aller Dividenden.

	T = 5	T = 10	T = 25	T = 50	T = 100
g = 0%	29%	49%	82%	97%	100%
g = 3%	17%	32%	61%	85%	98%
g = 6%	5%	9%	21%	37%	61%

Bild 3-1: Der Wert der endlichen, bis T laufenden Zahlungsreihe als Prozentzahl des Werts der unendlichen Zahlungsreihe. Als Zinssatz wurde mit $i = 7\%$ gerechnet. Wenn die Wachstumsrate nicht sehr nahe an der Diskontrate ist, sondern ein paar Prozentpunkte beträgt, dann erklären die Zahlungen der ersten Hundert Jahre für die Praxis bereits hinlänglich genau, was in allen Jahren bis in die unendliche Zukunft passiert.

Selbstverständlich kann Zweifel aufkommen, ob bei einer Unternehmungsbewertung wirklich mit Zahlungen oder Ausschüttungen gerechnet werden sollte, die erst in 100, 500 oder gar in 10.000 Jahren anfallen.

Aufgrund dieser Überlegung wäre es eigentlich zu empfehlen, doch nicht mit der Formel (3-1) beziehungsweise (2-9) zu arbeiten, sondern mit der Formel (2-10) für die endliche Zahlungsreihe. Das verlangt natürlich die Bestimmung eines Zeitpunkts T, ab dem dann keine Zahlungen mehr stattfinden. Diese Bestimmung ist nicht immer leicht. In diesem Sinn ist die Einfachheit der Formeln (2-9) und (3-1) ein Pluspunkt für die praktische Bewertung.

3.4.3 Zusammenfassung

In Kern dieses Kapitels steht das Gordon-Shapiro-Modell, das eigentlich schon im letzten Kapitel in Formel (2-9) vorbereitet wurde. Indessen sagen wir jetzt klar, dass es um eine Aktie oder eine Aktiengesellschaft gehen möge, so dass die Annahme gleichförmigen Wachstums der Dividenden die Position des Aktionärs gut beschreibt.

Die Formel des Gordon-Shapiro-Modells (3-1) kann nach der Wachstumsrate aufgelöst werden, wobei (3-3) entsteht. Danach erklären sich Unterschiede zwischen der Rendite r und der Dividendenrendite d_1/W_0 mit dem Wachstum g. Auch wird klar: Die Rendite setzt sich aus zwei Komponenten zusammen. Eine ist die Dividendenrendite, die andere die Wachstumsrate. In der Tat ist das wirtschaftliche Ergebnis die Summe aus direkt zufließenden Zahlungen (Dividenden) und der Wertsteigerung (durch Wachstum).

Danach hat das Kapitel zwei Hauptpunkte dargelegt:

Erstens die Rolle von Perlen und Weißen Elefanten (Lasten). Ihre Werte kommen allenfalls zum Barwert der Dividenden hinzu oder müssen von diesem abgezogen werden. In der Praxis wird, um allfällige Perlen oder Weiße Elefanten zu entdecken, betriebsnotwendiges von nicht-betriebsnotwendigem Vermögen unterschieden.

Zweitens die Irrelevanzthese von MODIGLIANI und MILLER: Der Unternehmenswert hängt allein von der Reihe der Dividenden ab, doch verschiedene Reihen führen auf denselben Wert. Es kommt nur auf den *Barwert* der Reihe der Dividenden an. Wenn Dividenden anfangs klein sind, aber stark steigen, können sie denselben Wert haben wie Dividenden, die anfangs hoch sind aber schwächer steigen.

Die Irrelevanzthese eröffnet neue Möglichkeiten für die Aufstellung von Bewertungsmodellen hoher praktischer Nützlichkeit. Denn einerseits kann eine Unternehmung anhand jener Ausschüttungen (Dividenden) bewertet werden, die sie in Zukunft tatsächlich vornehmen dürfte. Andererseits kann eine Unternehmung anhand einer fiktiven Ausschüttungspolitik bewertet werden, die sie in Wirklichkeit gar nicht praktiziert, die aber — in der Modellwelt für die zu bewertende Unternehmung — angenommen werden kann. Die Unternehmung wird bewertet, als ob sie diese oder jene Ausschüttungen vornehme. Wir skizzierten den Ertragswert und den DCF (Discounted Cash Flow), dem die beiden folgenden Kapitel 4 und 5 gewidmet sind.

3.4.4 Fragen

1. A) Welche Annahmen werden im Gordon-Shapiro-Modell getroffen? B) Welche Formel beschreibt in diesem Modell den Unternehmenswert? C) Könnte, selbst wenn die Dividenden gleichförmig wachsen, der Unternehmenswert von der durch diese Formel gegebenen Größe abweichen?

2. A) Was ist eine Perle? B) Geben Sie ein konkretes Beispiel für eine Unternehmung, die keine oder nur sehr geringe Dividenden ausschüttet (vermuten Sie, dass dies immer so bleiben dürfte) und dennoch eine ansehnliche Bewertung erfährt.

3. Jemand möchte eine Immobilie bewerten, für die eine Jahresmiete von € 20.000 als marktüblich angesehen werden soll. Allerdings sind davon € 5.000 für die immer wieder verlangten Renovationen abzuziehen. Beide Größen dürften wachsen, und zwar mit einer Rate von $g = 3\%$. Aufgrund gewisser Risiken wird nicht mit dem Zinssatz diskontiert, sondern mit einer Rate, die leicht darüber liegt. Bewerten Sie die Immobilie für A) $r = 5\%$ und B) $r = 6\%$.

4. Eine Aktie hat heute den Kurs $P_0 = 60$ Euro und als Dividende ist in 12 Monaten mit $d_1 = 2{,}40$ zu rechnen, was eine vergleichsweise hohe Dividendenrendite von 4% bedeutet. Die Diskontrate sei $r = 9\%$. Welche Wachstumsrate erwarten die Marktteilnehmer?

5. Eine Unternehmung soll bewertet werden, und die nächste, in einem Jahr fällige Dividende beträgt $z_1 = 100$. Sie dürfte bis zum Jahr $T = 10$ mit einer Rate von $g_A = 8\%$ wachsen, ab dann sollte sie nur noch mit $g_B = 5\%$ wachsen. Es soll mit $i = 12\%$ diskontiert werden. Drei Fragen sollen geklärt werden: A) Wie hoch ist der Wert? B) Wie hoch wäre der Wert, wenn die Dividende nur bis $T = 10$ einschließlich gezahlt wird und ab dann keine Ausschüttungen mehr erfolgen? C) Wie hoch wäre der Wert, wenn die Dividende für immer mit 8% wachsen und für immer gezahlt würde?

6. A) Was wird unter organischem Wachstum verstanden? B) Könnte man sich die Regeln für die Rechnungslegung so verändert vorstellen, dass die Wirkung organischen Wachstums als Gewinn ausgewiesen wird?

7. Welche Aussagen haben MODIGLIANI und MILLER zur Abhängigkeit des Unternehmenswerts von der Ausschüttungsquote getroffen?

8. Wer die Wirtschaftsnachrichten und Jahresberichte liest ist sich bewusst, dass praktisch alle Unternehmen (nichts oder) nur einen Teil des Gewinns als Dividende ausschütten. Erklären Sie, weshalb eine Bewertung anhand der Dividenden (Dividend Discount Model, Gordon-Shapiro-Modell) auf die selbe Zahl als Wert führen kann wie eine Ertragsbewertung, also eine Bewertung anhand der Gewinne!

4. DCF und Equity-Value

Die Darstellung des DCF-Ansatzes beginnt mit grundlegenden Formeln. Dann wenden wir uns diesen Fragen zu: Warum werden einmal die Dividenden, ein andermal Freie Cashflows diskontiert? Wie sind Cashflows und Freie Cashflows definiert? Sodann die (anschauliche) direkte und die (praxisnähere) indirekte Berechnung der Cashflows.

In Abschnitt 3.3.3 sind wir darauf eingegangen, dass eine Unternehmung auch anhand ihrer **Cashflows** bewertet werden kann. In der Modellbetrachtung, die ohnehin für Bewertungen verlangt ist, wird ein Sandkastenspiel durchgeführt: Es wird die Fiktion untersucht, dass die Unternehmung Jahr um Jahr ihre Cashflows ausschüttet, diese also wie eine Dividende abfließen.

Der Wert aufgrund dieser fiktiven Zahlungen an die Eigenkapitalgeber, wenn die Reihe der Cashflows mit $f_1 f_2, f_3,...$ bezeichnet wird, lautet dann so:

$$(4\text{-}1) \qquad W_0 \;=\; \frac{f_1}{(1+r)} + \frac{f_2}{(1+r)^2} + \frac{f_3}{(1+r)^3} + ...$$

Selbstverständlich müssen wir wieder prüfen, ob es Perlen oder Weiße Elefanten gibt. Doch zur Vereinfachung werden wir das nicht immer tun. Wir zerlegen die Unternehmung gedanklich in zwei Teile. Der eine dient dazu, die Cashflows zu erzeugen. Der andere enthält Positionen, die zwar keine laufenden Zahlungen zur Folge haben, die dennoch aber nicht verschwinden und deren positiver (bei Perlen) oder negativer Wert (bei Lasten) sich mit der Rendite r verändert. Ist ein solcher zweiter Unternehmensteil vorhanden, muss er separat bewertet werden.

Dieses vierte Kapitel ist ganz der praktischen Konkretisierung dieser Wertformel (4-1) gewidmet, die kurz als DCF (**Discounted Cash Flow**) bezeichnet wird. Im Folgekapitel werden wir den DCF-Ansatz dann weiter ausbauen, um Bewertungen zuhanden aller Kapitalgeber zu bestimmen, also den Entity-Value. Deshalb ist dieses Kapitel 4 auch mit **DCF-Equity-Ansatz** überschrieben, während das Kapitel 5 die Überschrift **DCF-Entity-Ansatz** trägt.

4.1   Diskontierte Cashflows

4.1.1   Wie der DCF-Ansatz entstand

Die Zeit nach dem zweiten Weltkrieg hatte in allen Ländern einen beachtlichen Wirtschaftsaufschwung gebracht, der hier und da als Wirtschaftswunder bezeichnet wurde und weltweit in eine Phase des *Wachstums* mündete. Dabei sind sehr große Unternehmen entstanden, besonders in den USA. Dem Umsatz und dem Umsatzwachstum sowie der „Eroberung von Märkten" wurde vom Management in jenen Jahren Priorität eingeräumt. Allerdings wurden dabei Ertrag und Rentabilität immer weniger beachtet. Das war früher auch möglich, denn die Unternehmen hatten ihr Kapital schon — die Gründung lag Jahre oder Jahrzehnte zurück — und die Aktionäre blieben still. Sie gaben sich mit den Dividenden zufrieden, die das Management ihnen vorschlug. Die Aktionäre haben praktisch auf die Ausübung ihrer Entscheidungsrechte verzichtet.

Doch dann begannen die Aktionäre, ihren Wunsch nach Rendite zu formulieren und zu artikulieren. Eine Verbesserung der Rentabilität sollte letztlich die Unternehmung dazu bringen, den Aktionären höhere Ausschüttungen zu bieten oder eben Wertsteigerungen — die ein Eigenkapitalgeber bei Geldbedarf durch Verkauf der Anteile realisieren kann. Denn das Versagen der staatlichen Altersversorgung wurde evident und die Menschen mussten private Vorsorge treffen. Sie erfuhren, dass eine Anlage in Aktien über lange Zeiträume von 30 Jahren rentabler gewesen ist als eine in Anleihen.[1] Die neuen Aktionäre sahen die Unternehmen als Kapitalanlagen, die möglichst viel rentieren sollten. So haben sie begonnen, ihre Entscheidungsrechte auszuüben. Investoren und ihre Vertreter meldeten sich auf Hauptversammlungen zu Wort. Großaktionäre drohten, das Management auszuwechseln. Heute werden Änderungen von Management und Personen vielfach von Hedge-Funds bewirkt, und nicht wenige Kapitalanleger halten neben Aktien und Anleihen auch Hedge-Funds und unterstützen so deren Aktivitäten.

Etwa um 1980 wurde für viele Manager von Unternehmen fühlbar, dass sie das Kapital (das die Unternehmung bereits hatte) rentabel einsetzen müssen. Statt Wachstum und Ausbreitung waren auf einmal Effizienz in Produktion und Absatz verlangt. Hier und da waren Restrukturierungen erforderlich. Die Manager sollten weiter die Zusammensetzung der Unternehmen aus Bereichen hinterfragen. Des weiteren sollten sie prüfen, ob gewisse Unternehmensteile verkauft werden sollten. Andererseits boten sich durchaus hier und da Akquisitionen an.

> Bei allen diesen Maßnahmen handelte es sich um Investitionen oder Desinvestitionen, und die Frage ihrer Vorteilhaftigkeit verlangte geeignete Recheninstrumente. Die Manager suchten dazu nicht nur „allgemeine" Bewertungen. Die Manager suchten nach Wertrechnungen und Entscheidungsrechnungen, die auf der Grundlage von Informationen vorgenommen werden konnten, über die sie, nicht aber externe Marktteilnehmer verfügten.

---

[1] Eines der Bücher *Stocks for the Long Run*, stammt von JEREMY J. SIEGEL.

Bild 4-1: ALFRED RAPPAPORT, geboren 1932, Professor of Managerial Accounting, hat zwischen 1980 und 1990 die Grundlagen für die DCF-Methode geschaffen. Nach seinem Studium an der University of Illinois (M.S. 1961, Ph.D. 1963) war RAPPAPORT von 1979 bis *1990 Leonard Spacek Distinguished Professor* und ab 1990 Adjunct Professor an der *J.L. Kellog Graduate School of Management* der *Northwestern University*. Nebenbei gründete er 1979 — zusammen mit CARL M. NOBLE, JR. — eine Beratungsgesellschaft.

Eben um diese Zeit hat der amerikanische Unternehmensberater ALFRED RAPPAPORT in verschiedenen Publikationen darauf aufmerksam gemacht, dass die traditionelle Rechnungslegung mit ihrem Fokus auf Buchgewinne und Buchwerte wenig geeignet ist, die Vorteilhaftigkeit von Investitionen zu klären. Die anstehenden Entscheidungen dürfen *nicht* danach beurteilt werden, welche Auswirkungen sie auf die *Bücher* haben. RAPPAPORT trat für eine Beurteilung aus der Perspektive des Kapitalmarktes ein.

Zwar bieten die Zahlen des Rechnungswesens Vorteile: Das Denken in Buchgrößen ist dem Management vertraut und die Zahlen sind geprüft. Sie bilden eine verständliche und verlässliche Basis. Doch Buchgrößen haben auch Nachteile: Erstens sind sie vergangenheitsorientiert, wogegen die Beurteilung von Investitionen den Blick in die *Zukunft* verlangt. Zweitens spiegeln Größen wie Ertrag und Aufwand nicht unmittelbar Zahlungen wider, die sich für Ausschüttungen eignen. Immerhin war um 1980 klar, dass sich der Wert einer Investition aus den *Zahlungen* ableitet, die mit ihr verbunden sind — siehe auch die historische Notiz in Sektion 2.4.2.[2]

RAPPAPORT hat eine Lehre entwickelt, die zum **Standardansatz für die Bewertung von unternehmerischen Vorhaben** und von Investitionen geworden ist. Das Herausragende bestand in der *Kombination* dreier Denkrichtungen, die jeweils für sich auch von anderen Forschern diskutiert worden sind. RAPPAPORT war derjenige, der sie kombinierte:

1. Geschäftspläne und Budgets können für die kommenden Jahre fortgeschrieben werden, und aus ihnen können die Cashflows und auch „freie" Cashflows der kommenden Jahre ermittelt werden — diejenigen Zahlungen, die den Unternehmenswert begründen.

2. Für die Bewertung nach (4-1) wird die Rendite benötigt, die als Diskontrate dient. Für deren Bestimmung hat RAPPAPORT das **Capital Asset Pricing Model** (CAPM) herange-

---

[2] Literatur: 1. ALFRED RAPPAPORT: Selecting Strategies that create shareholder value, *Harvard Business Review*, 59 (Mai - Juni 1981), pp. 139-149. 2. ALFRED RAPPAPORT: *Creating Shareholder Value: The New Standard for Business Performance.* Free Press, New York 1986. 3. ALFRED RAPPAPORT: *Creating Shareholder Value: A Guide for Managers and Investors. Free Press*, New York 1998. 4. EUGENE M. LERNER und ALFRED RAPPAPORT: Limit DCF in capital budgeting. *Harvard Business Review* 46 (1968) 5, pp. 133-139.

zogen, das um 1960 aufkam und zeigt, welche Rendite bei welchen Risiken erwartet werden kann — wir werden darauf in Kapitel 7 eingehen.

3. RAPPAPORT hat zudem die Faktoren aufgezeigt, die letztlich den Unternehmenswert beeinflussen und verändern. Das sind die sogenannten **Werttreiber** (*Value Driver*). Der Wert bleibt durch die Denkrichtung der Werttreiber nicht einfach ein zahlenmäßiges Urteil über eine Unternehmung oder ein wirtschaftliches Vorhaben. Werttreiber verdeutlichen, wie und wodurch der Wert eines Vorhabens verändert werden kann, und wie stark der Wert auf die *Werttreiber* reagiert. So kann das Management beraten werden, wenn Maßnahmen gestaltet werden.

4.1.2   Wie wird Wachstum in der DCF-Methode behandelt?

Im Vergleich mit dem Gordon-Shapiro-Modell (3-1) zeigt der DCF-Ansatz (4-1) zwei Unterschiede: Erstens wird beim DCF *nicht* vorausgesetzt, dass die zu diskontierenden Zahlungen gleichförmig wachsen. Zweitens werden als zu diskontierende Ertragsgröße nicht Dividenden, sondern Cashflows verwendet. Genauer werden **Freie Cashflows** verwendet, die wir mit **FCF** bezeichnen. Wie die Freien Cashflows aus den Cashflows abgeleitet werden, ist einer der nächsten Punkte.

Wir beginnen mit dem ersten Unterschied. Der erste Unterschied zwischen dem DCF und dem Gordon-Shapiro-Modell ist, dass kein gleichförmiges Wachstum vorausgesetzt wird. Wie geschildert, ging es um 1980 nicht um die Bewertung einer Unternehmung, die sich in einer Phase des gleichmäßigen Wachstums befindet. Es ging um Unternehmen, die tiefgreifende Veränderungen einleiten mussten. Bei einer *Restrukturierung* darf nicht davon ausgegangen werden, dass die Cashflows bereits von Anfang an *gleichmäßig* wachsen. Gleiches gilt, wenn das Unternehmensportfolio geändert wird.

> Deshalb war eine Wertformel gesucht, die es erlaubt, die in den ersten fünf oder den ersten zehn Jahren mit einer Maßnahme (Restrukturierung, Änderung des Unternehmensportfolios) verbundenen Zahlungen für jedes Jahr im einzelnen zu planen. Dies ist in (4-1) vorgesehen.
>
> Andererseits können die zu diskontierenden Zahlungen — die Freien Cashflows — nicht bis in die unendliche Zukunft im einzelnen geplant werden. Wenn nach fünf oder nach zehn Jahren die Restrukturierung oder die Änderung abgeschlossen ist, kann wohl mit gleichmäßigem Wachstum (der Unternehmung und ihrer Cashflows) gerechnet werden.

Deshalb wird die Wertformel (4-1) umgeschrieben, so dass die Freien Cashflows der ersten Jahre — sagen wir der ersten fünf Jahre — einzeln aufgestellt und bewertet werden, während für die Zeit nach Abschluß der unternehmerischen Veränderungen der dann zu verzeichnende Wert — es handelt sich in unserer Notation um W_5 — mit einem anderen Ansatz bestimmt wird.

(4-2)

$$W_0 = \frac{FCF_1}{1+r} + \frac{FCF_2}{(1+r)^2} + \frac{FCF_3}{(1+r)^3} + \frac{FCF_4}{(1+r)^4} + \frac{FCF_5}{(1+r)^5} + \frac{W_5}{(1+r)^5}$$

$$W_5 = \frac{FCF_6}{1+r} + \frac{FCF_7}{(1+r)^2} + \dots$$

> Der Wert W_5 heißt **Fortführungswert (Continuing Value)**.

Der Fortführungswert wird teils pauschal geschätzt, während die Freien Cashflows der ersten Jahre anhand eines Geschäftsplans im einzelnen prognostiziert werden. In der überwiegenden Anzahl von Bewertungen wird der Fortführungswert indes mit dem Gordon-Shapiro-Modell ermittelt insofern, als dann gleichförmiges Wachstum der Freien Cashflows unterstellt wird. Dazu müssen der Freie Cashflow für das sechste Jahr FCF_6 prognostiziert und die Wachstumsrate g bestimmt werden, mit der die Freien Cashflows ab dann wachsen:

(4-3)

$$W_5 = \frac{FCF_6}{1+r} + \frac{FCF_6 \cdot (1+g)}{(1+r)^2} + \frac{FCF_6 \cdot (1+g)^2}{(1+r)^3} + \dots = \frac{FCF_6}{r-g}$$

Wie zuvor betont, beschreibt die Planrechnung die Fiktion, dass alle Freien Cashflows abfließen. Deshalb könnte es auch sein, dass die Freien Cashflows nicht wachsen, sondern schrumpfen. In diesen Fällen wäre g negativ.

Wird (4-3) in (4-2) berücksichtigt, entsteht diese bekannt Version der Formel für den DCF:

(4-4)

$$W_0 = \frac{FCF_1}{1+r} + \frac{FCF_2}{(1+r)^2} + \frac{FCF_3}{(1+r)^3} + \frac{FCF_4}{(1+r)^4} + \frac{FCF_5}{(1+r)^5} + \frac{1}{(1+r)^5} \cdot \frac{FCF_6}{r-g}$$

Beispiel 4-1: Eine Unternehmung erwartet für die kommenden fünf Jahre diese Freien Cashflows (alle Angaben in Millionen Euro): $20, 10, 15, 40, 50$. Ab dann sollten die Freien Cashflows mit einer Rate von 4% jährlich wachsen. Es soll mit $r = 12\%$ diskontiert werden. Wir beginnen mit dem Fortführungswert. Der erste, für die Berechnung von W_5 relevante Freie Cashflow FCF_6 hat die Höhe $50 \cdot (1,04) = 52$. Der Fortführungswert ist folglich $W_5 = 52/(0,12-0,04) = 650$. Zum DCF: $W_0 = 20/1,12 + 10/1,2544 + 15/1,4049 + 40/1,5735 + 50/1,7623 + 650/1,7623$. Das ergibt einen Wert in Höhe von 459 (Millionen Euro). ∎

Selbstverständlich gibt es Situationen, in denen der Freie Cashflow sogar für acht oder für zehn Jahre im einzelnen geplant werden kann. Der Fortführungswert ist dann der Wert, den die Unternehmung aus heutiger Sicht nach acht beziehungsweise zehn Jahren haben wird. Erwähnt sei, dass zusätzlich eventuelle Perlen oder Lasten zu berücksichtigen sind.

4.1.3   Cashflows oder Dividenden?

Als zweiter Unterschied zum Gordon-Shapiro-Modell (3-1) aus dem letzten Kapitel hatten wir bemerkt, dass beim DCF für die zu diskontierenden Zahlungen nicht die *tatsächlichen* Dividenden herangezogen werden, sondern die Freien Cashflows (die in der Zukunft erwartet werden). Um deutlich zu sein: Es sind jene freien Zahlungsmittel gemeint, die *Eigenkapitalgebern* zur Verfügung stehen, weshalb dann und wann eine ausführlichere Bezeichnung angebracht ist:

> Die Freien **Flows-to-Equity** beziehungsweise (noch ausführlicher) die **Freien Cashflows-to-Equity** sind diejenigen zukünftigen Zahlungsströme, die in den *Verfügungsbereich* der Eigenkapitalgeber kommen. Diese Geldbeträge werden:
>
> 1. entweder an die Eigenkapitalgeber ausgeschüttet,
>
> 2. oder aufgrund ihrer Entscheidung oder mit ihrem Einverständnis für andere Vorhaben verwendet, zum Beispiel für Investitionen. So kaufen Unternehmen beispielsweise Finanzanlagen, und
>
> 3. ebenso könnte der Cashflow (im Einverständnis der Eigenkapitalgeber) zur Rückzahlung von Fremdkapital eingesetzt werden.

Der Punkt ist, dass dies alles Maßnahmen zugunsten der Eigenkapitalgeber sind, und die daher als **Substitut für Dividenden** aufgefasst werden dürfen. In vielen Fällen verbieten Gesetz oder Statuten sogar eine Ausschüttung. Die Mittel verbleiben dann schon aufgrund von Gesetz und Statuten oder aufgrund der Strategie in der Unternehmung und werden dann vom Management (hoffentlich) den Wünschen der Kapitalgeber entsprechend wertorientiert eingesetzt.

> Der Freie Cashflow-to-Equity eines Jahres bezeichnet jene Zahlungsmittel,
>
> -   die von der Unternehmung durch ihre Wirtschaftstätigkeit im Verlauf des Jahres erzielt werden, und die
>
> -   einerseits für Ausschüttungen an die Eigenkapitalgeber verwendet werden, sowie
>
> -   andererseits für Maßnahmen, die im Sinn der Kapitalgeber vorgenommen werden, und daher ein **Substitut für Ausschüttungen** darstellen.

Beispiel 4-2: Eine GmbH, hat eine Tochtergesellschaft, die in ihrer Bilanz mit 10 Millionen Euro verbucht war, verkauft und dafür 11 Millionen Euro erzielt. Ansonsten sind die Geschäfte nicht sehr gut gelaufen, der operative Gewinn ist null. Der Jahresgewinn beträgt damit 1 Million Euro. Bei einer Kapitalgesellschaft darf maximal der Jahresgewinn ausgeschüttet werden. Der Manager berichtet den Gesellschaftern, dass die Firma das Geld jetzt nicht benötigt, die 11 Millionen Euro aber nur zu einem kleinen Teil ausgeschüttet werden dürften. Er sehe die Möglichkeit einer Kapitalherabsetzung. Das erscheint den Gesellschaftern zu kompliziert. Auf die Frage, wie sie das Geld verwenden würden, erklären die Gesellschafter eine Präferenz für gewisse Finanzanlagen. „Gut", antwortet der Manager, „dann kauft die GmbH diese Finanzanlagen." ∎

Im Grunde widersprechen sich die beiden, nochmals skizzierten Perspektiven nicht:

- Das Gordon-Shapiro-Modell oder etwas allgemeiner das Dividend-Discount-Model betrachtet Ausschüttungen *erst* dann, wenn sie *tatsächlich* erfolgen.

- Der DCF-Equity-Ansatz betrachtet Zahlungen *bereits* dann, wenn sie (1) von der Unternehmung erzeugt worden sind und (2) ohne Schaden für die planmäßige Fortführung der Unternehmung ausgeschüttet werden könnten — sofern nicht rechtliche oder statuarische Nebenbedingungen oder Festlegungen den Einbehalt verlangen.

Wir kommen auf Beispiel 4-2 zurück: Beim Gordon-Shapiro-Modell finden die 11 Millionen Euro keine sofortige Berücksichtigung, aber irgendwann werden die damit gekauften Finanzanlagen zu Ausschüttungen an die Gesellschafter führen und erscheinen dann, mit Zins und Zinseszins, in der Bewertung. Beim DCF-Ansatz werden sie bereits früher berücksichtigt. Eine weitere Betrachtung: Der Barwert der Flows-to-Equity führt auch dann auf einen *Wert*, wenn die Unternehmung keinerlei Ausschüttungen vornimmt. Zudem ist das Rechnen mit dem Gordon-Shapiro-Modell numerisch instabiler, wenn die Dividende, ihre Wachstumsrate und der Kapitalkostensatz Schätzfehler aufweisen. Die Ungenauigkeit macht sich besonders bemerkbar, wenn die Dividende gering und die Wachstumsrate nur wenig unterhalb der Rendite liegt, mit der diskontiert wird.

4.1.4 Welcher Ansatz ist zweckmäßiger für die Unternehmensbewertung?

Der DCF-Equity-Ansatz ist *näher* an den unternehmerischen Vorgängen und daher besser geeignet, eine Investition, eine Maßnahme, eine Umstrukturierung einen Geschäftsplan zu bewerten. Der DCF-Equity-Ansatz wird so zum geeigneteren Bewertungsmodell für das Management und für jene Personen, die spezielle Informationen über geplante Maßnahmen haben.

- Eine Folge: Die DCF-Equity-Methode eignet sich daher gut, wenn eine Bewertung anhand jener Informationen vorgenommen werden soll, die das Management selbst hat — und die unter Umständen von den Erwartungen abweichen, über die Marktteilnehmer verfügen. Auf diesen Punkt muss geachtet werden, wenn behauptet wird, die DCF-Equity-Methode nehme eine Bewertung aus Marktsicht vor. Die DCF-Equity-Methode eignet sich deshalb auch für Bewertungen von gedachten Vorhaben, die vielleicht nie zur Realität werden und dem Markt verborgen bleiben. Der DCF eignet sich folglich insbesondere zur Beratung des Managements.

- Das Gordon-Shapiro-Modell ist hingegen näher an den tatsächlichen Ausschüttungen oder den Dividenden, die mit einer Aktie verbunden sind. Es eignet sich eher für externe Anleger und Analysten, die auch Prognosen für das Wachstum der Dividenden abgeben. Allerdings sollte aus Genauigkeitsgründen das Gordon-Shapiro-Modell besser angewendet werden, wenn es sich um hohe Ausschüttungen bei geringer Wachstumsrate handelt, als um eine Firma mit geringen Dividenden und hoher Wachstumsrate.

Die DCF-Equity-Methode bietet überzeugende Vorteile:

1. Es wird nicht vorausgesetzt, dass die Freien Cashflows von Jahr zu Jahr mit derselben Rate wachsen. Dadurch können gerade Geschäftspläne bewertet werden, die in den ersten noch gut planbaren fünf Jahren nicht durch ein gleichmäßig wachsendes Geschäft charakterisiert sind. Die DCF-Equity-Methode eignet sich daher besonders zur Beurteilung von *Änderungsvorhaben* von Investitionen und von Restrukturierungen.

2. Die diskontierten Zahlungen sind nicht die tatsächlichen Ausschüttungen oder Dividenden, sondern durch die Wirtschaftstätigkeit erzeugte Überschüsse an Zahlungsmitteln, die entweder *tatsächlich* ausgeschüttet werden oder als *Substitut* von Ausschüttungen im Sinn der Kapitalgeber verwendet werden.

3. Die Bewertungsformel ist zu einem Managementsystem *ausgebaut* worden. Hierzu werden *Werttreiber* betrachtet, also Faktoren, die den Cashflow bestimmen beziehungsweise die Höhe des Diskontsatzes. Mit der DCF-Equity-Methode gelang auf diese Weise der Brückenschlag zwischen der Bewertung und der Zielsetzung des Managements, wertsteigernde Maßnahmen identifizieren und einleiten zu können.

4.2 Die direkte Methode

4.2.1 Cashflows-to-Equity

Von zentraler Bedeutung beim DCF-Ansatz ist, wie sich die im Zähler von (4-1), (4-2) beziehungsweise (4-3) stehenden Freien Cashflows-to-Equity bestimmen lassen.

Für den Equity-Value können die Freien Cashflows-to-Equity über die *direkte Methode* und *indirekte Methode* abgeleitet werden. Die *direkte Methode* zeigt deutlich, was sich betriebswirtschaftlich hinter den Freien Cashflows-to-Equity verbirgt. Wir wollen uns daher jetzt dieser Herangehensweise widmen. Am Ende dieses Kapitel gehen wir dann auf die *indirekte Methode* ein, die für einen externen Bewerter weniger Daten erfordert, einfach aus einer integrierten GuV- und Bilanzplanung abgeleitet werden kann und daher in der Praxis bevorzugt wird.

Der *Freie* Cashflow-to-Equity ist die Differenz zwischen dem Cashflow-to-Equity und den Budgetierten Investitionen. Der Begriff ist so definiert: Die **Budgetierten Investitionen** sind die Auszahlungen für jene Investitionen, deren Verwirklichung angenommen wird, wenn die Cashflows der kommenden Jahre prognostiziert werden.

Um den Freien Cashflow-to-Equity bestimmen zu können, müssen wir zunächst den Cashflow-to-Equity ableiten.

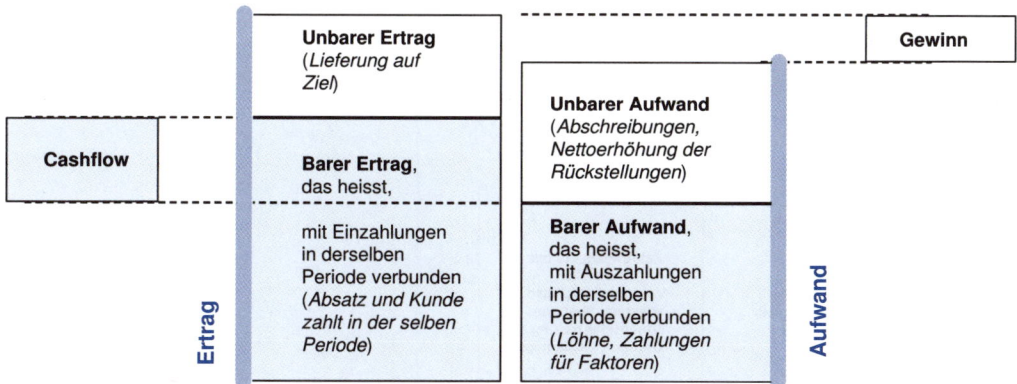

Bild 4-2: Die so genannte direkte Methode zur Ermittlung des Cashflows.

Dazu wollen wir überlegen, wie sich Cashflow-to-Equity vom Gewinn eines Unternehmens unterscheidet. Der **Gewinn** einer Periode wird im Rechnungswesen als Differenz zwischen Ertrag und Aufwand definiert. Die Vorstellung jedoch wäre falsch, den Gewinn als „klingende Münze" in der Kasse der Unternehmung zu sehen:

- Es gibt Erträge, die nicht mit Einzahlungen in der entsprechenden Periode verbunden sind. Beispielsweise werden Produkte und Leistungen verkauft, aber die Kunden und Abnehmer bezahlen die Rechnungen erst später. Oder es werden Erzeugnisse hergestellt, die zunächst gelagert werden und noch nicht im selben Jahr verkauft werden.

- Andererseits — und das ist positiv für den Eingang und Bestand von Zahlungsmitteln — gibt es Aufwendungen, die nicht mit Auszahlungen in der Periode verbunden sind. Hier sind Abschreibungen und die Bildung neuer Rückstellungen zu nennen.

> Mit dem Begriff Cashflow-to-Equity wird der Gewinn in die Ebene der Zahlungsmittel transferiert. Der **Cashflow-to-Equity** eines Jahres ist definiert als Differenz zwischen den Erträgen und Aufwendungen, die im selben Jahr mit Einzahlungen beziehungsweise Auszahlungen verbunden sind. Kurz: Cashflow = bare Erträge minus bare Aufwendungen.

4.2.2 Cashflows dem Geschäftsplan entnehmen

Grundlage für die Prognose der Cashflows-to-Equity und der Freien Cashflows-to-Equity ist ein Geschäftsplan, der eine Erwartung zentraler Bestimmungsgrößen für die kommenden Jahre ausdrückt. Solche Pläne sind nicht nur für den DCF-Ansatz und die Bewertung wichtig. Sie haben in der Praxis große Bedeutung, weil sie als Vorausschau einen verbindlichen **Arbeitsplan für das Management** darstellen und die spätere Beurteilung vielfach mit einer Analyse der Abweichungen vom Geschäftsplan beginnt.

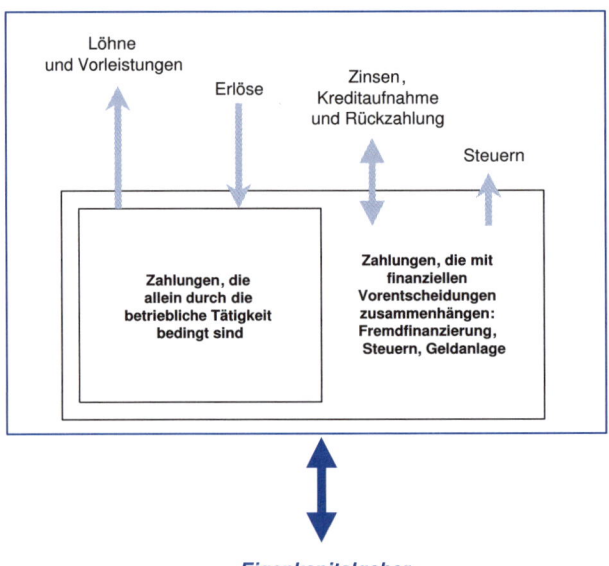

Bild 4-3: Veranschaulichung der Perspektive, die für den Equity-Value eingenommen wird.

Als erste wichtige Größe für eine Planung der Cashflows-to-Equity für die kommenden Jahre sind die baren Erträge oder Einzahlungen zu nennen, die aus dem Absatz der Produkte und der Leistungen erzielt werden. Hier handelt es sich meist um Menge mal Preis, und für die weitere Entwicklung beider Größen muss der Plan Erwartungen für die kommenden Jahre bilden.

Zu den baren Erträgen kommen bei vielen Unternehmen die Einzahlungen aus Finanzanlagen hinzu, so etwa Zinsen aus Anleihen oder Finanzerträge aus Beteiligungen. Was die baren Aufwendungen betrifft, so stehen an erster Stelle bei den Auszahlungen die Löhne. Zur Vorschau der Entwicklung der kommenden Jahre wird der Personalbestand geplant und eine Prognose für die Veränderung des Lohnniveaus abgegeben. Da die Planung doch fünf oder acht oder sogar zehn Jahre umfassen sollte, müssen Erwartungen hinsichtlich der *Inflation* getroffen werden, weil Anpassungen an die Geldentwertung das Lohnniveau verändern. Vielfach wird eine Nominalrechnung vorgenommen. Zu den baren Aufwendungen gehören weiterhin Vorleistungen im Sinne von Auszahlungen für beschaffte Produktionsfaktoren: Zulieferanten und Materialbeschaffungen müssen bezahlt werden. Gleiches gilt für Mieten, Versicherungsprämien, Lizenzen und Beratung. Eine weitere wichtige bare Aufwandsposition stellen Zinsen dar, welche die Unternehmung an ihre Fremdkapitalgeber leisten muss, sofern Schulden aufgenommen worden sind oder in einem der kommenden Jahre aufgenommen werden sollen. Schließlich muss sie Steuern zahlen, vor allem Mehrwertsteuer, Körperschaftsteuer und Gewerbesteuer. So ergeben sich in der Planung die *erwarteten* Cashflows-to-Equity der kommenden Jahre (die selbstverständlich wie alle anderen erwähnten Größen unsicher sind — am genauesten lassen sich vielleicht noch die Fremdkapitalzinsen planen). Eine Übersicht hält das fest.

Entstehung des Cashflow-to-Equity		
Bare Erträge		
	Absatzerlöse	E
	Erträge aus Wertpapieren und Beteiligungen	+ F
Bare Aufwendungen		
	Löhne	- L
	Vorleistungen: Auszahlungen für Lieferanten, Materialkauf, Miete, Energieverbrauch, Versicherung, Lizenzen und Beratung	- V
	Zinszahlungen an Fremdkapitalgeber	- Z
	Steuern: Mehrwertsteuer, Körperschaftsteuer, Gewerbesteuer	- T
Cashflow-to-Equity		= CF

Bild 4-4: Direkte Berechnung des Cashflows.

4.2.3 Zur Definition der Freien Cashflows-to-Equity

Wie wird der Cashflow-to-Equity verwendet? Wenn hier nichts vorgesehen wäre, käme es zu entsprechenden Änderungen des Bestands an liquiden Mitteln — Kasse, Sichtguthaben, Geldmarktinstrumente. Hingegen gibt es zwei dominante Verwendungen des Cashflows-to-Equity:

1. Budgetierte Investitionen — sie sind mit I bezeichnet.

2. Auszahlungen an Eigenkapitalgeber und Maßnahmen, die Dividendenersatz darstellen.

Wenn im zukünftigen Jahr t der Cashflow-to-Equity in der Höhe von CF_t^{Equity} erwartet wird, und I_t die Auszahlungen für Budgetierte Investitionen sind, dann ist

(4-5) $$FCF_t^{Equity} \ = \ CF_t^{Equity} - I_t$$

der erwartete Freie Cashflow-to-Equity. Der (erwartete) Freie Cashflow-to-Equity wird für Auszahlungen an die Eigenkapitalgeber verwendet sowie für Maßnahmen, die Dividendenersatz darstellen. Dieser (erwartete) Freie Cashflow-to-Equity bildet die Grundlage für die Bewertung in den Formeln (4-1), (4-2), (4-4). Im Nenner dieser Wertformeln stehen Renditen, oder wie auch gesagt wird: Kapitalkosten, die den Risiken dieser Freien Cashflows-to-Equity entsprechen.

Wenden wir uns also den Budgetierten Investitionen zu. Hierbei handelt es sich um Investitionen, deren Verwirklichung bei der Planung der Entstehungsgrößen für den Cashflow-to-Equity in allen Planungsperioden vorausgesetzt wird.

Verwendung des Cashflow-to-Equity		
Cashflow-to-Equity		CF_t^{Equity}
Budgetierte Investitionen	Mit ihren Auszahlungen und den damit verbundenen späteren Einzahlungen ("Früchten") in die Planung aufgenommene Käufe von Maschinen und Einrichtungen, Akquisitionen	- I
	Tilgungen von Schulden — und auch hier wird die bewirkte Reduktion der Zinszahlungen in den Folgejahren berücksichtigt	
	Ebenso Desinvestitionen, also etwa der Verkauf von Grundstücken, Unternehmensteilen oder Beteiligungen — die Einzahlungen erscheinen mit negativem Vorzeichen	
	Schließlich geplante Kreditaufnahme	
Freier Cashflow to Equity		= FCF_t^{Equity}
Zahlungen an die Eigenkapitalgeber	Dividende	D
	Kapitalherabsetzung abzüglich Kapitalerhöhung	
Weitergehende Investitionen	Investitionen, die nur mit ihren Auszahlungen, nicht aber den damit verbundenen späteren Einzahlungen erscheinen	- N
	Tilgungen von Schulden, ohne dass die Reduktion der Zinszahlungen im vorliegenden Plan berücksichtigt ist	
	Analog Desinvestitionen oder Kreditaufnahme	
Erhöhung Kassenbestand		= ΔK

Bild 4-5: Der Cashflow-to-Equity wird für Budgetierte Investitionen verwendet, für Zahlungen an die Eigenkapitalgeber und für Maßnahmen, die das Geld im Sinn und zugunsten der Eigenkapitalgeber verwenden. Das sind vor allem die weitergehenden Investitionen, die im Nachtragshaushalt hinzukommen sowie eine Erhöhung des Kassenbestandes.

> Nicht nur werden die Budgetierten Investitionen durch ihre Auszahlungen erfasst, auch die Früchte dieser Investitionen erscheinen in der Planung. Sie sind nicht nur in der Planung der nächsten fünf Jahre berücksichtigt. Sie erscheinen ebenso im Fortführungswert.

Bei den Budgetierten Investitionen kann es sich handeln um:

1. Auszahlungen für die Anschaffung von Grundstücken, Maschinen und Einrichtungen, um Akquisitionen oder den Erwerb von Wertpapieren. Diese Investitionen werden also durch ihre Auszahlungen, die sie verlangen, und die späteren Einzahlungen, die sie bewirken, im Plan beschrieben.

2. Außerdem können Schulden zurückbezahlt werden — auch ein solcher Plan hat investiven Charakter, denn er bewirkt eine Reduktion späterer Zinsbelastung.

3. Abgezogen von diesen Auszahlungen werden Einzahlungen, wenn ein Verkauf vorhandener Real- oder Finanzinvestitionen budgetiert wird. Häufig handelt es sich um den Verkauf nicht-betriebsnotwendigen Vermögens. Es könnte aber auch betriebsnotwendiges Vermögen verkauft werden, und dann muss der entsprechende Rückgang von Absatzerlösen in den Folgejahren in der Planung erscheinen.

4. Schließlich kann Fremdkapital aufgenommen werden, und der Kreditbetrag, welcher der Unternehmung zufließt, erscheint als negative Budgetierte Investition. Wenn unter den Budgetierten Investitionen eine Kreditaufnahme erscheint, müssen die dadurch ausgelösten Zinszahlungen im Plan in den Folgejahren berücksichtigt werden. In manchen Jahren können die Budgetierten Investitionen insgesamt auch eine negative Größe sein.

Damit wären wir fertig: Der Freie Cashflow-to-Equity für die kommenden Jahre ist geplant.

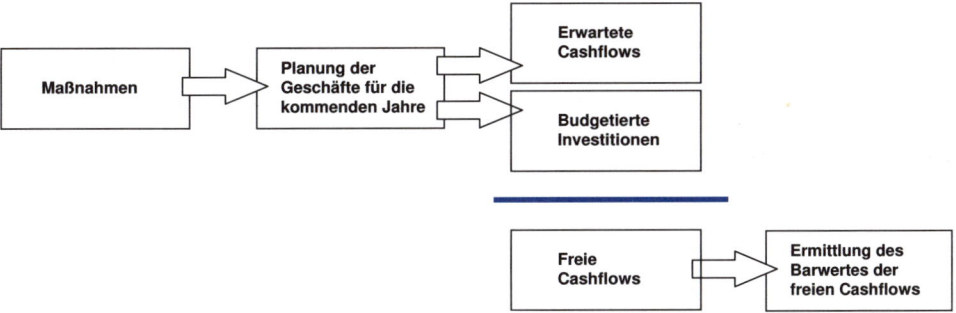

Bild 4-6: Die Freien Cashflows-to-Equity ergeben sich aus den Cashflows-to-Equity abzüglich der Budgetierten Investitionen.

Zum Abschluss eine Anmerkung zur Cashflow-Planung und zur Kapitalflussrechnung. Ergebnis der Kapitalflussrechnung, wie wir sie in den Jahresabschlüssen finden, ist der so genannte **Netto-Cashflow**. Der Netto-Cashflow entspricht der Veränderung des Zahlungsmittelbestands.

> Die tabellarische Zusammenstellung in Bild 4-5 zeigt, dass es einen direkten Zusammenhang zwischen dem **Cashflow-to-Equity** und dem **Netto-Cashflow** beziehungsweise der **Veränderung des Kassenbestands** gibt. Beide Cashflow-Größen können leicht ineinander überführt werden.

4.2.4   Dividendenersatz

In der praktischen Wirklichkeit möchte man die „Auszahlungen an die Eigenkapitalgeber und Maßnahmen, die Dividendenersatz darstellen" etwas differenzierter betrachten. Für die Unternehmensbewertung mit dem DCF-Ansatz ist das zwar nicht erforderlich, doch die Differenzierung fördert das Verständnis.

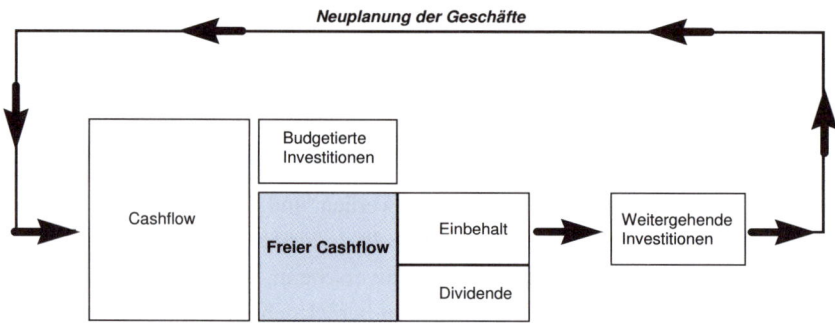

Bild 4-7: Budgetierte und weitergehende Investitionen unterscheiden!

Zunächst fallen in diese Gruppe die tatsächlichen Zahlungen zwischen Unternehmung und Eigenkapitalgeber. Eigentümer tätigen Entnahmen, Gesellschafter lassen sich Teile des Gewinns ausschütten, Aktionäre beziehen Dividenden. Hinzu kommen bei Kapitalgesellschaften Herabsetzungen des Kapitals mit entsprechenden Auszahlungen an die Eigenkapitalgeber. Umgekehrt wären von diesen Zahlungen, die Eigenkapitalgeber erhalten, weitere Einlagen oder Beträge abzuziehen, die der Unternehmung aus Kapitalerhöhungen zufließen.

Die zweite Position der Verwendung des Freien Cashflows in der praktischen Wirklichkeit stellen **weitergehende Investitionen** dar, die das Management so vornimmt, als hätten die Eigenkapitalgeber dieses Geld erhalten und würden es (außerhalb der Unternehmung) selbst anlegen.

> Entsprechend werden die *weitergehenden* Investitionen in der Planung anders behandelt als die *Budgetierten* Investitionen. Die Früchte der weitergehenden Investitionen werden in der Planung der weiteren Jahre *nicht* angeführt, während wie gesagt die Früchte der Budgetierten Investitionen in der Planung erscheinen.

Einige Experten sehen deshalb von weitergehenden Investitionen gänzlich ab und sagen, die DCF-Methode unterstelle die Ausschüttung des *gesamten* Freien Cashflows.

Für die Theorie und die Bewertung ist diese Haltung durchaus korrekt. Der *Plan der zukünftigen Jahre* unterstellt, dass der gesamte Freie Cashflow abfließt — wir sprachen vorher von einer Fiktion oder einem Sandkastenspiel. Teile des Freien Cashflows, die in der *praktischen Wirklichkeit* dennoch *nicht* ausgeschüttet werden, bleiben in ihren Früchten im derzeitigen Plan unberücksichtigt. Selbstverständlich haben solche *weitergehenden* Investitionen tatsächlich eine spätere Wirkung. So ist es im Verlauf der Jahre möglich (und auch notwendig), neue Pläne aufzustellen.[3]

---

[3] Man könnte die weitergehenden Investitionen daher auch *ungeplante* Investitionen nennen, oder von einem *Nachtragshaushalt* sprechen. Solche Bezeichnungen könnten aber die Vermutung wecken, das Management verfolge keine Strategie sondern entscheide *ad hoc*, aus dem Augenblick heraus. Deshalb bleiben wir bei dem Begriff der *weitergehenden* Investitionen.

Freier Cashflow-to-Equity der unverschuldeten Unternehmung		
Bare Erträge		
	Absatzerlöse	E
	Erträge aus Wertpapieren und Beteiligungen	+ F
Bare Aufwendungen		
	Löhne	- L
	Vorleistungen: Auszahlungen für Lieferanten, Material-kauf, Miete, Energieverbrauch, Versicherung, Lizenzen und Beratung	- V
	Steuern: Mehrwertsteuer, Körperschaftsteuer, Gewerbe-steuer	- T
Cashflow-to-Equity		$= CF_t^{Equity}$
Budgetierte Investitionen	Mit ihren Auszahlungen und den damit verbundenen späteren Einzahlungen (Früchten) in die Planung aufge-nommene Käufe von Maschinen und Einrichtungen, Ak-quisitionen. Ebenso Desinvestitionen, also etwa der Verkauf von Grundstücken, Unternehmensteilen oder Beteiligungen — die Einzahlungen erscheinen mit negativem Vorzei-chen.	- I
Freier Cashflow-to-Equity		$= FCF_t^{Equity}$

Bild 4-8: Der Freie Cashflow einer unverschuldeten Unternehmung.

Wofür wird nun dieser Teil des Freien Cashflows verwendet, der in der praktischen Wirklichkeit weder verplant wurde (Budgetierte Investitionen) noch ausgeschüttet wird?

- Zunächst kann (über die geplante oder budgetierte Tilgung hinausgehend) Fremdkapital zurückgezahlt werden. Der Eigenkapitalgeber profitiert hier in dem Sinn, dass die spätere Zinsbelastung und das mit dem Leverage verbundene Risiko reduziert werden — auch wenn das im heutigen Plan noch nicht berücksichtigt ist. Auf der anderen Seite würden wir in diese Rubrik die ungeplante Aufnahme neuer Kredite aufnehmen.

- Als nächstes könnte das Management weitergehende Investitionen tätigen, die über die Budgetierten Investitionen hinausgehen. So könnten Wertpapiere gekauft werden, um nur ein Beispiel zu nennen. Des weiteren könnte das Management an der Börse eigene Aktien der Gesellschaft zurückkaufen. Dadurch wird der Kurs angehoben, weshalb viel-fach die Rückkaufprogramme als *Dividendenersatz* bezeichnet werden.

- Der Rest dient dazu, den Bestand an liquiden Mitteln zu erhöhen: die Kasse füllt (oder leert) sich.

Diese Ausführungen sollten beschreiben, was mit dem Teil des Freien Cashflows geschieht, der in der praktischen Wirklichkeit nicht ausgeschüttet wird.

Für die Bewertung der Unternehmung wird nur der Freie Cashflow-to-Equity benötigt. Mit der Planung, *die Grundlage der Bewertung ist*, wird so getan, *als ob* der gesamte Freie Cashflow-to-Equity den Eigenkapitalgebern in der entsprechenden Periode zufließt.

Selbstverständlich könnte der Freie Cashflow-to-Equity in einzelnen Jahren auch negativ sein, zum Beispiel wenn viele Investitionen budgetiert werden. Es wird für die Bewertung dann so getan, *als ob* die Eigenkapitalgeber den negativen Freien Cashflow-to-Equity ausgleichen müssten. Im praktischen Wirtschaftsleben kommt es dann regelmäßig zu einem Nachtragshaushalt, der eine weitere Kreditaufnahme vorsieht.

Was den Wert betrifft, ist jedenfalls nur der Freie Cashflow-to-Equity maßgeblich.

> Da der Freie Cashflow-to-Equity die in einem Jahr erwirtschafteten Zahlungsmittel zugunsten der Eigenkapitalgeber beschreibt, liefert der Barwert der Freien Cashflows-to-Equity eine Unternehmensbewertung aus der Perspektive der Eigenkapitalgeber. Diesen Wert hatten wir bereits als **Equity**-*Value* berechnet.

4.3   Der Equity-Value bei Einsatz von Fremdkapital

4.3.1   Nochmals die Wertformel — kein Fremdkapital

Wir notieren die Wertformel nun noch in einer Form, die sich gut für eine Verallgemeinerung auf jene Situationen eignet, in denen die Unternehmung (teils) fremdfinanziert ist. Die Rendite, mit der die Cashflows diskontiert werden, welche die Eigenkapitalgeber erhalten oder die in ihren Verfügungsbereich gelangen, sei zur Verdeutlichung mit r_{EK} bezeichnet.

Der Index erinnert an den Begriff der **Eigenkapitalkosten**. In der Tat ist die von den Eigenkapitalgebern (aufgrund der sonst im Markt möglichen Kapitalanlagen) erwartete Rendite ein kalkulatorisches Ziel für das Management. Sie drückt aus, wie viel der Einsatz von Kapital kostet. Die drei Begriffe **Diskontsatz**, **Rendite** oder **Kapitalkosten** verwenden wir hier als Synonyme. Die Bezeichnung r_{EK} werden wir noch etwas ausführlicher gestalten und schreiben $r_{EK}(0)$, falls die Unternehmung kein Fremdkapital hat. Die Null im Argument von $r_{EK}(0)$ soll dies anzeigen.

Immerhin kann ein und dasselbe Geschäftsvorhaben unterschiedliche Eigenkapitalkosten haben, wenn sich die Finanzierung ändert. Der Hauptgrund dafür ist, dass sich mit Fremdfinanzierung (**Leverage**) auch das **Risiko** der Zahlungsüberschüsse steigt, die den Eigenkapitalgebern zukommen. Mit zunehmendem Verschuldungsgrad nehmen daher die Eigenkapitalkosten zu. Diesen **Leverage-Effekt** werden wir im Anschluss formulieren.

Beginnen wir mit dem Umschreiben der Wertformel für ein unverschuldetes Unternehmen. Die vorangegangene Tabelle (Bild 4-8) zeigt, wie der Freie Cashflow-to-Equity für ein *unverschulde-*

tes Unternehmen aufgestellt wird. Die Wertformel zur Bestimmung des Equity-Values eines unverschuldeten Unternehmens lautet:

$$(4\text{-}6) \qquad W(Equity) \;=\; \sum_{t=1}^{\infty} \frac{FCF_t^{Equity}}{(1+r_{EK}(0))^t}$$

Beispiel 4-3: Eine unverschuldete Unternehmung plant die Freien Cashflows-to-Equity der
kommenden drei Jahre zu 100, 20, 300. Der auf das dritte Jahr bezogene Fortführungswert
wird mit 4.000 geschätzt (Millionen Euro). Der Kapitalkostensatz betrage 10%. Die Rechnung
liefert: $W(Equity) = 100/1,1 + 20/1,21 + (300+4.000)/1,331 = 3.339$. ∎

Beispiel 4-4: Es soll der auf das dritte Jahr bezogene Fortführungswert W_3 einer unverschuldeten
Unternehmung berechnet werden. Dafür sind neben den Kapitalkosten — 10% werden angenommen — die Freien Cashflows-to-Equity ab dem vierten Jahr relevant. Die baren Erträge im
vierten Jahr sollen 100 (Geldeinheiten) betragen und ab dann für immer jährlich mit der Rate 5%
wachsen. Die Löhne und Vorleistungen zusammengenommen dürften im vierten Jahr 50 betragen
und ab dann mit einer Rate von 3% wachsen. Die Budgetierten Investitionen sind im vierten Jahr
20 und wachsen mit einer Rate von 4%.

Die Berechnung der Freien Cashflows-to-Equity: Im Jahr 4 beträgt er $100-50-20=30$, im
Jahr 5 ist der Freie Cashflow-to-Equity $100 \cdot 1,05 - 50 \cdot 1,03 - 20 \cdot 1,04 = 105 - 51,5 - 20,8 = 32,7$,
im Jahr 6 $100 \cdot 1,05^2 - 50 \cdot 1,03^2 - 20 \cdot 1,04^2 = 35,573$ und so fort. Um nun nicht alle Freien
Cashflows-to-Equity explizit ausrechnen zu müssen, würde man gern das Gordon-Shapiro-
Modell anwenden. Leider weist der Freie Cashflow-to-Equity keine gleichmäßige Wachstumsrate
auf, auch wenn die einzelnen Komponenten jeweils gleichmäßig wachsen. Hier hilft der Trick,
das Gordon-Shapiro-Modell mehrfach anzuwenden und die Werte der Komponenten der Freien
Cashflows-to-Equity einzeln zu berechnen. Im Grunde wird wieder die Wertadditivität verwendet. Die baren Erträge betragen im ersten relevanten Jahr 100 und wachsen mit einer Rate von
5%. Das ergibt einen Wert der baren Erträge von $100/(0,10-0,05) = 2.000$. Da die Löhne und
Vorleistungen im vierten Jahr 50 betragen und mit 3% wachsen, haben sie einen Wert von
$50/(0,10-0,03) = 714$. Die Budgetierten Investitionen haben schließlich, für sich allein genommen, den Wert $20/(0,10-0,04) = 333$. Der zu berechnende Fortführungswert beträgt folglich
$W_3 = 2.000 - 714 - 333 = 953$. ∎

4.3.2　Fremdfinanzierung

Mit dieser Notation kann nun der Fall einer *teils fremdfinanzierten Unternehmung*: betrachtet
werden, wobei wir immer noch den Wert zugunsten der Eigenkapitalgeber betrachten. Wird das

Geschäftsvorhaben nicht nur mit Eigenkapital sondern auch mit Fremdkapital finanziert, müssen vier Veränderungen beachtet werden.

1. Zinsen, die für das Fremdkapital zu zahlen sind, sind barer Aufwand, weshalb der Cashflow-to-Equity im Vergleich zur unverschuldeten Unternehmung geringer wird.

2. Die Steuern dürften bei der verschuldeten Unternehmung geringer sein, weshalb der Cashflow-to-Equity wieder etwas größer wird.

3. Bei den Budgetierten Investitionen können auch Rückzahlungen oder Teilrückzahlungen der Schulden geplant sein. Andererseits verringert eine Kreditaufnahme die Budgetierten Investitionen.

4. Im Nenner der Wertformel stehen die Eigenkapitalkosten der *verschuldeten* Unternehmung, und diese sollen mit $r_{EK}(L)$ bezeichnet werden.

Freier Cashflow-to-Equity der verschuldeten Unternehmung		
Bare Erträge		
	Absatzerlöse	E
	Erträge aus Wertpapieren und Beteiligungen	+ F
Bare Aufwendungen		
	Löhne	- L
	Vorleistungen: Auszahlungen für Lieferanten, Materialkauf, Miete, Energieverbrauch, Versicherung, Lizenzen und Beratung	- V
	Zinszahlungen an Fremdkapitalgeber	- Z
	Steuern: Mehrwertsteuer, Körperschaftsteuer, Gewerbesteuer	- T
Cashflow-to-Equity		CF_t^{Equity}
Budgetierte Investitionen	Mit ihren Auszahlungen und den damit verbundenen späteren Einzahlungen (Früchten) in die Planung aufgenommene Käufe von Maschinen und Einrichtungen, Akquisitionen.	- I
	Ebenso Desinvestitionen, also etwa der Verkauf von Grundstücken, Unternehmensteilen oder Beteiligungen — die Einzahlungen erscheinen mit negativem Vorzeichen.	
	Tilgungen von Schulden — und auch hier wird die bewirkte Reduktion der Zinszahlungen in den Folgejahren berücksichtigt.	
	Schließlich geplante Kreditaufnahme	
Freier Cashflow-to-Equity		$= FCF_t^{Equity}$

Bild 4-9: Der Freie Cashflow-to-Equity einer verschuldeten Unternehmung.

Das Bild 4-9 zeigt das Schema für die Planung der Freien Cashflows-to-Equity der verschuldeten Unternehmung. Die Formel für den Equity-Value der verschuldeten Unternehmung:

$$(4\text{-}7) \qquad W(Equity) \;=\; \sum_{t=1}^{\infty} \frac{FCF_t^{Equity}}{(1+r_{EK}(L))^t}$$

Im Vergleich zu (4-6) ist in (4-7) der Zähler wie dargestellt anders berechnet und im Nenner stehen bei (4-7) die Eigenkapitalkosten der verschuldeten und besteuerten Unternehmung.

Beispiel 4-5: Ein Unternehmer wird angesprochen, eine kleine Firma zu übernehmen. Als Preis werden 5.000 verlangt (alle Beträge in Tausend Euro). Der Unternehmer muss im Fall des Kaufs auch Fremdkapital einsetzen, und zwar denkt er hier an 3.000. Den Rest des Kaufpreises, also 2.000, kann er aus Eigenmitteln bestreiten. Für diese Finanzierung stellt er einen Geschäftsplan auf und gelangt zu erwarteten Freien Cashflows für die nächsten drei Jahre zu 100, 20, 300. Der auf das dritte Jahr bezogene Fortführungswert zugunsten des Eigenkapitals wird mit 4.000. geschätzt. Angesichts der Geschäftsrisiken und der Verschuldung bestimmt der Kaufinteressent die Eigenkapitalkosten zu 20%.

Es folgt: $W(Equity) = 100/1{,}2 + 20/1{,}44 + (300+4.000)/1{,}728 = 2.586$. Als Investor zwei Millionen einlegen und etwas erhalten, was über zweieinhalb Millionen wert ist, erscheint vorteilhaft, besonders wo mit einem recht hohen Kapitalkostensatz diskontiert wurde. Die Übernahme kommt zustande. ■

4.3.3   Leveraging — Unleveraging

Noch ein Wort zu den Eigenkapitalkosten der unverschuldeten und zu denen der verschuldeten Unternehmung, $r_{EK}(0)$ beziehungsweise $r_{EK}(L)$. Sie hängen zusammen, und es gibt Umrechnungsformeln. Diese Formeln sind nützlich, wenn die Kapitalkosten einer Unternehmung bestimmt werden sollen, und wenn sich Vergleichsunternehmen anbieten, die einen anderen Verschuldungsgrad besitzen. Die Anwendung der Umrechnungsformeln wird als **Leveraging** oder **Unleveraging** bezeichnet.[4]

Ab jetzt sei $W(Equity)$ stets der Wert des Eigenkapitals, und $W(Debt)$ der Wert, den alle Fremdkapitalverträge haben.

Außerdem bezeichnen wir den Markwert der Ansprüche *aller* Kapitalgeber mit $W(Entity)$.

---

[4] Siehe: 1. DON M. CHANCE: Evidence on a Simplified Model of Systematic Risk. *Financial Management* 11 (1982) 3, pp. 53-63. 2. NORVALD INSTEFJORD: Financial innovation and delegation of control. *Economic Journal* 108 (1998) 451, pp. 1707-1732. 3. THOMAS E. COPELAND und FRED J. WESTON: *Financial theory and corporate policy*, 3. Auflage Addison-Wesley, Reading 1998. 4. TOM COPELAND, TIM KOLLER und JACK MURRIN: *Valuation — Measuring and Managing the Value of Companies*, John Wiley & Sons, New York 2000.

Der Quotient aus Fremdkapital und Eigenkapital ist der **Verschuldungsgrad**, bezeichnet mit L. Da sich der Verschuldungsgrad hier nicht auf Buchwerte sondern auf die Marktwerte bezieht, ist er durch $L = W(Debt)/W(Equity)$ definiert. Er ist nicht negativ, $L \geq 0$, kann aber durchaus größer als 1 sein.

Die Umrechnungen sind einfach:

$$Verschuldungsgrad\ L\ =\ \frac{W(Debt)}{W(Equity)}$$

$$Gearing\ G\ =\ \frac{W(Debt)}{W(Entity)}\ =\ \frac{L}{1+L}$$

(4-8)

$$Eigenkapitalquote\ =\ \frac{W(Equity)}{W(Entity)}\ =\ \frac{1}{1+L}$$

$$L\ =\ \frac{G}{1-G}$$

Der Verschuldungsgrad ist vom Anteil des Fremdkapitals am Gesamtkapital zu unterscheiden. Die **Fremdkapitalquote** beträgt $G \equiv W(Debt)/W(Entity) = L/(1+L)$ und wird als **Gearing** bezeichnet. Selbstverständlich gilt $0 \leq G < 1$.

Der relative Anteil des Eigenkapitals am Gesamtkapital, die *Eigenkapitalquote*, ist $W(Equity)/W(Entity) = 1 - G = 1/(1+L)$.

Beispiel 4-6: Wie hoch ist der Verschuldungsgrad, wie hoch das Gearing? Eine Unternehmung AX ist je zur Hälfte aus Eigen- und Fremdkapital finanziert. Antwort: $L = 1$, $G = 0,5$. Eine Unternehmung BX setzt halb soviel Fremd- wie Eigenkapital ein. Antwort: $L = 1/2$, $G = 1/3$. Eine Unternehmung CX setzt doppelt so viel Fremd- wie Eigenkapital ein.

Antwort: $L = 2, G = 2/3$ Nun eine Unternehmung DX, deren Fremdkapitalquote 80% beträgt. Antwort: $G = 80\%, L = 4$. Schließlich eine Firma EX mit einer Eigenkapitalquote von 40%. Antwort: $G = 60\%, L = 1,5$. ∎

Intuitiv einsichtig ist $r_{EK}(L) > r_{EK}(0)$ für $L > 0$. Mit höherem Einsatz von Fremdkapital wird das davon unveränderte Geschäftsrisiko von immer weniger Eigenkapital getragen, weshalb das damit verbundene Risiko pro Euro Kapitaleinsatz steigt.

Diese Wirkung wird als **Leveragerisiko** bezeichnet.

Des weiteren liegen die Fremdkapitalkosten regelmäßig unter den erwarteten Eigenkapitalkosten der unverschuldeten Unternehmung, weshalb mit der Verschuldung auch die mit dem Eigenkapital verbundene Renditeerwartung zunimmt.

Eine formale Untersuchung des Leverage-Effekts zeigt den nachstehenden Zusammenhang:

(4-9)
$$r_{EK}(L) = (1+L) \cdot r_{EK}(0) - L \cdot r_{FK}$$

$$r_{EK}(0) = \frac{r_{EK}(L) + L \cdot r_{FK}}{1+L}$$

In (4-9) bezeichnen r_{FK} die Fremdkapitalkosten. Sie sind auch im gut funktionierenden Markt vom Einjahreszinssatz verschieden, weshalb wir für sie nicht die zuvor für den Zinssatz gebrauchte Bezeichnung i verwenden.

- Es gilt als Best-Practice, wenn Unternehmen bei der Kreditaufnahme eine längere Frist vereinbaren, so dass unter den Fremdkapitalkosten ein mittlerer Zinssatz für vielleicht fünfjähriges Kapital zu verstehen ist.

- Hinzu kommt ein Zuschlag, den Gläubiger für die Deckung des Ausfallrisikos verlangen (**Credit Spread**). Streng genommen hängen daher die Fremdkapitalkosten auch vom Verschuldungsgrad ab, denn dieser ist ein Faktor beim Rating.

- Schließlich können Kosten für die Fremdkapitalbeschaffung hinzukommen — besonders wenn ein neues Projekt kalkuliert werden soll.

Eine Änderung der Finanzierung strahlt auch auf andere Größen aus, so beispielsweise auf die zu zahlenden Steuern.

> Mit den Steuern ändern sich nicht nur die Höhe der erwarteten Freien Cashflows-to-Equity, um die es hier geht und die mit FCF_t^{Equity} bezeichnet sind — was wir im Folgenden auch berücksichtigen werden.
>
> Mit den Steuern *ändern sich auch die Risikomerkmale* der unsicheren Freien Cashflows-to-Equity.

Bekanntlich verlangen Kreditgeber bei Sicherheiten andere Konditionen. Unternehmen werden also prüfen, ob sie ihre Investitionen und die Art der realwirtschaftlichen Tätigkeit nicht leicht modifizieren, um dem Sicherheitsbedürfnis der Gläubiger wenigstens etwas entgegenzukommen.

Die Annahme, die Finanzierung hätte keine Auswirkung auf die realwirtschaftliche Seite der Unternehmung, ist deshalb eine Fiktion. Der Zusammenhang zwischen der Renditeerwartung und dem Leverage ist daher in der praktischen Wirklichkeit komplizierter, als es der Leverage-Effekt beschreibt. Doch werden die Formeln für eine Bewertung verwendet, die in einer Modellwelt vorgenommen wird.

Beispiel 4-7: An der Börse wird eine Unternehmung beobachtet, die praktisch unverschuldet ist. Für sie wurden die Kapitalkosten mit 8% geschätzt. Eine andere Unternehmung, die ihr hinsichtlich der Geschäftsrisiken ähnelt, weist eine Fremdkapitalquote von $G = 1/3$ auf und belastet die Aktionäre daher zusätzlich mit dem Leveragerisiko, realisiert andererseits gewisse Steuervorteile. Wie hoch sind Ihre Kapitalkosten? Es werden auch die Fremdkapitalkosten der verschuldeten Unternehmung benötigt. Sie sollen 6% betragen. Zunächst wird $G = 1/3$ in den Verschuldungsgrad $L = 0,5$ umgerechnet. Es folgt $r_{EK}(L) = 1,5 \cdot 0,08 - 0,5 \cdot 0,06 = 9\%$. ∎

Beispiel 4-8: Eine Unternehmung weist Eigenkapitalkosten von 12% auf, ist verschuldet, hat einen Fremdkapitalanteil am Gesamtkapital von $G = 75\%$ und Fremdkapitalkosten von 7%. Diese Unternehmung plant eine Investition. Die Investition wird vom sonstigen Geschäftsrisiko her als typisch angesehen. Die Investition wird in eine SPC (Single Purpose Company) gebracht und vollständig eigenfinanziert. Welche Mindestrendite muss die SPC erwarten lassen? Anders ausgedrückt: Wie hoch sind die Kapitalkosten der unverschuldeten SPC? Die Fremdkapitalquote $G = 75\%$ bedeutet einen Verschuldungsgrad von $L = 3$. Die Formel (4-9) liefert $r_{EK}(0) = (0,12 + 3 \cdot 0,07)/4 = 8,25\%$. ∎

Beispiel 4-9: Für eine Unternehmung, die einen Verschuldungsgrad von $L = 0,2$ aufweist, soll der Equity-Value bestimmt werden. Als Vergleichsunternehmung wird ein Chemieunternehmen gefunden, das eine Rendite von 10% erwarten lässt, aber einen Verschuldungsgrad von 0,5 hat. Wir müssen noch die Fremdkapitalkosten kennen. Eine Schätzung liefert $r_{FK} = 6\%$ für die höher verschuldete und $r_{FK} = 5\%$ für die geringer verschuldete Unternehmung. Die Rechenschritte: *Unleveraging*. Die unverschuldete Chemieunternehmung hätte Kapitalkosten in Höhe von $r_{EK}(0) = (0,10 + 0,5 \cdot 0,06)/1,5 = 8,666\%$. *Leveraging*: Für die zu bewertende Unternehmung mit $L = 0,25$ folgt nach der oberen Formel $r_{EK}(0,25) = (1 + 0,2) \cdot 8,666\% - 0,2 \cdot 0,05 = 9,4\%$. ∎

4.4　Die indirekte Methode

4.4.1　Zur Definition des Cashflow-to-Equity in der Praxis

Aus didaktischen Gründen wurde der DCF-Ansatz auf Basis der direkten Definition des Cashflows erläutert:

Cashflow = Bare Erträge - bare Aufwendungen

In der Praxis wird der Cashflow ausnahmslos nach der indirekten Definition berechnet. Dies kann sowohl über den Gewinn als auch dem Ergebnis vor Zinsen und Steuern (EBIT) erfolgen.

Wenden wir uns zunächst der Ableitung des Freien Cashflow-to-Equity über den Gewinn zu. Die Formel lautet:

Cashflow-to-Equity = Gewinn + unbare Aufwendungen abzüglich unbare Erträge

Zu den unbaren Aufwendungen gehören die Abschreibungen und die Netto-Erhöhungen der Rückstellungen. Gleichfalls liegt ein unbarer Aufwand vor, wenn bezogene und eingesetzte Inputs nicht im selben Jahr bezahlt werden. Unbare Erträge haben vielfach ihre Ursachen in Lieferungen, die der Abnehmer erst später bezahlt. Das folgende Bild 4-10 zeigt die indirekte Berechnung des Cashflows nach dem Vorschlag der Deutschen Vereinigung für Finanzanalyse (DVFA) sowie der Schmalenbach-Gesellschaft (SG).

Jahresüberschuß / Fehlbetrag	
+	Abschreibungen auf das Anlagevermögen
-	Zuschreibungen auf das Anlagevermögen
+/-	Veränderungen der Rückstellungen für Pensionen und ähnliche Verpflichtungen bzw. anderer längerfristiger Rückstellungen
+/-	Veränderung des Sonderpostens mit Rücklageanteil
+/-	Andere wesentliche zahlungsunwirksame Aufwendungen bzw. Erträge
Jahres-Cashflow	
+/-	Wesentliche, ungewöhnliche zahlungswirksame Aufwendungen respektive Erträge
Cashflow-to-Equity nach DVFA/SG	

Bild 4-10: Die indirekte Berechnung des Cashflows-to-Equity nach dem Vorschlag der Deutschen Vereinigung für Finanzanalyse (DVFA) sowie der Schmalenbach-Gesellschaft (SG).

Das Bild 4-11 zeigt die in der Bewertungspraxis übliche Ableitung der Freien Cashflow-to-Equity vom EBIT.

- Vom **operativen Ergebnis vor Steuern und Zinsen** (EBIT) sind zunächst die Fremdkapitalzinsen abzuziehen.

- Anschließend werden die Unternehmenssteuern aus dem sich daraus ergebenden operativen Ergebnis vor Steuern berechnet. In die Berechnung der Unternehmenssteuern fließen somit die Ersparniseffekte aus den Fremdkapitalzinsen mit ein.

- Im nächsten Schritt werden zum operativen Ergebnis nach Steuern die *nicht auszahlungswirksamen Aufwendungen* (z.B. Abschreibungen oder die Bildung von Rückstellungen) addiert bzw. die nicht einzahlungswirksamen Erträge (Verminderung der Rückstellungen) subtrahiert.

- Um den Freien Cashflow-to-Equity zu erhalten, müssen noch die *Investitionen in Sachanlagen* und *die Investitionen ins Working Capital* abgezogen bzw. Desinvestitionen des Working Capital und des Anlagevermögens addiert werden.

- Ferner muss noch die Tilgung beziehungsweise Aufnahme von verzinslichem Fremdkapital berücksichtigt werden.

	Operatives Ergebnis vor Zinsen und Steuern (EBIT)
-	**Fremdkapitalzinsen**
=	Operatives Ergebnis vor Steuern (EBT)
-	**Unternehmenssteuern auf das operative Ergebnis vor Steuern**
=	Operatives Ergebnis nach Steuern
+	Abschreibungen
+	Erhöhung (-Verminderung) der Rückstellungen
-	Investitionen in das Anlagevermögen
-	Erhöhung (+ Verminderung) des Working Capital
-	**Tilgung (+ Aufnahme) von verzinslichem Fremdkapital**
=	Freier Cashflow-to-Equity = Flow to Equity (FtE)

Bild 4-11: In der Bewertungspraxis wird der Freie Cashflow-to-Equity zumeist aber vom EBIT abgeleitet. Das Bild zeigt die Vorgehensweise.

4.5 Fragen

4.5.1   Zusammenfassung

Der DCF-Ansatz für die Unternehmensbewertung ist aus zwei Erfordernissen entstanden. Zum einen standen (ab 1980) viele Unternehmen vor der Aufgabe, Änderungen einzuleiten. Bei den in Frage kommenden Maßnahmen, bei der Umstrukturierung und auch bei einer Änderung des Unternehmensportfolios kann nicht von einem gleichmäßigen Wachstum der bewertungsrelevanten Zahlungsüberschüsse ausgegangen werden — zumindest nicht für die 5 oder 8 Jahre, die eine Änderung des Unternehmens dauert. Zum anderen wurde immer mehr die Bewertung anhand der Dividenden als zu nah an der Verwendung der Wirtschaftsergebnisse gesehen. Gesucht waren Bewertungen, die näher bei der Entstehung der Wirtschaftsergebnisse ansetzen.

Cashflow-Bewertungen sind letztlich aufgrund der These der Irrelevanz der Ausschüttungspolitik möglich, die im letzten Kapitel besprochen wurde. Insofern können die Cashflows als Dividendenersatz gesehen werden.

Genauer erfolgt die Bewertung nach dem DCF nicht anhand der Cashflows, sondern aufgrund der Freien Cashflows. Das Unternehmen kann Investitionen planen und budgetieren, so dass nicht die gesamten Cashflows „frei" sind. Die Budgetierten Investitionen sind jene, deren Realisierung bei der Vorschau auf die zukünftigen Cashflows vorausgesetzt wird. Grundlage ist also ein Geschäftsplan, der unter anderem die Budgetierten Investitionen zeigt.

Der Cashflow kann direkt oder indirekt definiert werden. Die direkte Methode ist didaktisch zu empfehlen, weil die Komponenten explizit aufgezählt werden. Die indirekte Methode erfordert weniger Informationen und kann den Cashflow-to-Equity aus einer Planung der GuV und der Bilanz ableiten. Deshalb wird sie in der Praxis bevorzugt.

4.5.2   Fragen

1. Wie ist der Cashflow eines Jahres definiert?

2. A) Wie wird der Cashflow verwendet? B) Was wird unter dem Freien Cashflow verstanden?

3. Was sind Budgetierte Investitionen und was sind „weitergehende" Investitionen? Warum wird diese Unterscheidung getroffen?

4. Eine Unternehmung erwartet für die kommenden fünf Jahre diese Freien Cashflows (Millionen Euro): 40, 20, 30, 80, 100. Ab dann sollten die Cashflows mit einer Rate von 4% jährlich wachsen. Aufgrund einer Risikobetrachtung soll mit $r = 12\%$ diskontiert werden. Berechnen Sie den Fortführungswert und den Wert.

5. Ein Unternehmer überlegt, eine Firma zu übernehmen. Als Preis werden 10.000 verlangt (alle Beträge in Tausend Euro). Der Unternehmer muss im Fall des Kaufs auch Fremdkapital einsetzen, und zwar 6.000, den Rest des Kaufpreises, also 4.000, kann er aus Eigenmitteln bestreiten. Für diese Finanzierung stellt er einen Geschäftsplan auf und gelangt zu erwarteten Freien Cashflows für die nächsten drei Jahre zu 200, 50, 500. Der auf das dritte Jahr bezogene Fortführungswert zugunsten des Eigenkapitals wird mit 4.000 geschätzt. Angesichts der Geschäftsrisiken und der Verschuldung bestimmt der Kaufinteressent die Eigenkapitalkosten zu 20%. Berechnen Sie $W(Equity)$.

6. Was besagt der Leverage-Effekt?

5. Entity-Ansatz und WACC

Der Entity-Ansatz liefert die Formeln für den gesamten Unternehmenswert, den Entity-Value. Hier muss der „Cashflow" betrachtet werden, der *allen* Kapitalgebern zugute kommt, der Cashflow-to-Entity. Weiter kommen durchschnittliche Kapitalkosten ins Spiel, die *Weighted Average Cost of Capital*, kurz der WACC. Mit einer Annahme, die in der praktischen Wirtschaftswelt als weithin erfüllt angesehen werden darf, wird — immer dem DCF folgend — auf einmal der Unternehmenswert dadurch ermittelt, dass die Gewinne diskontiert werden, beziehungsweise die Gewinne plus Zinszahlungen. Schließlich der von MILES und EZZELL entwickelte Ansatz für die Bestimmung des Entity-Values und ihrer Kapitalkosten.

5.1 Der Entity-Value

5.1.1   Drei Wege zum Entity-Value

Nach den Überlegungen im letzten Kapitel folgten die Schritte der Bewertung nach dem DCF-Ansatz einer bestimmten Reihenfolge: Zuerst musste feststehen, ob eine Unternehmung auch mit Fremdkapital finanziert ist, und wenn ja mit welchem Verschuldungsgrad. Anschließend wurde der Equity-Value mit der Wertformel (4-7) berechnet.

Ob letztlich auf den Equity-Value $W(Equity)$ oder auf den Entity-Value $W(Entity)$ abgestellt wird, war eigentlich unwichtig. Der Entity-Value ergibt sich aus dem Equity-Value, indem der Wert des Fremdkapitals $W(Debt)$ addiert wird:

$$(5\text{-}1) \qquad W(Entity) \quad = \quad W(Equity) + W(Debt)$$

Selbstverständlich hängt der Equity-Value $W(Equity)$ von der Kapitalstruktur ab. Wenn mehr Fremdkapital eingesetzt wird, muss weniger Eigenkapital eingesetzt werden. Wichtig: Die Summe von Eigen- und Fremdkapital, der Entity-Value $W(Entity)$, hängt von der Kapitalstruktur ab.

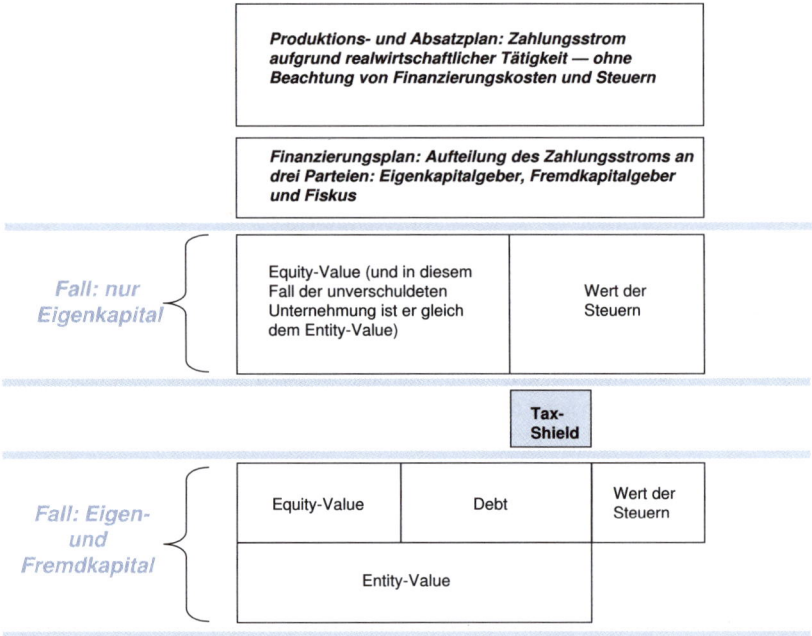

Bild 5-1: Veranschaulichung von Equity-Value und Entity-Value eines realwirtschaftlichen Projektes.

Der Hauptgrund für die Abhängigkeit des Entity-Values vom Umfang, in dem Fremdkapital eingesetzt wird, liegt in der **Steuerbelastung**.

> Wirtschaftsergebnisse, die Eigenkapitalgebern zugeordnet werden, werden bei der Unternehmung anders *besteuert* als Wirtschaftsergebnisse, die den Fremdkapitalgebern zugeordnet sind und als Zinsen ausbezahlt werden.

Denn Zinsen sind Aufwand, sie schmälern das Ergebnis vor Steuern, und in praktisch allen Ländern orientiert sich die größte Steuer, die Unternehmen entrichten, am Ergebnis vor Steuern.[1]

---

[1] In Deutschland verlangt die Körperschaftssteuer, 25% des Gewinns an den Fiskus abzuführen, unabhängig von der Gewinnverwendung (Ausschüttung oder Einbehalt). Die Bemessungsgrundlage für die Gewerbesteuer ist der sogenannte Gewerbeertrag. Er kommt dem Gewinn vor Zinsen und Steuern (EBIT) gleich, wenn die Hälfte der Fremdkapitalzinsen (und die zu zahlende Gewerbesteuer selbst) abgezogen werden. Die Gewerbesteuer beträgt 5% multipliziert mit einem (variierenden) Hebesatz des Gewerbeertrags. Die Auswirkungen der Unternehmenssteuerreform 2008 auf die Unternehmensbewertung sind dargestellt in: DIETMAR ERNST, BJOERN THIELEN und SONJA SCHGNEIDER: *Unternehmensbewertungen erstellen und verstehen*. 4. Auflage Verlag Vahlen, München 2010. Weitere Lizteraturhinweise: 1. WILHELM H. WACKER, SABINE SEIBOLD und MARKUS OBLAU: *Steuerrecht für Betriebswirte*. Verlag Erich Schmidt, Bielefeld 2000. 2. THEODOR SIEGEL und PETER BAREIS: *Strukturen der Besteuerung*. 3. Auflage, Oldenbourg, München 1999. 3. GERD ROSE: *Unternehmenssteuerrecht*. Verlag Erich Schmidt, Bielefeld 2001. 4. LUTZ KRUSCHWITZ: *Finanzierung und Investition*. 3. Auflage, Oldenbourg, München 2002.

Ein und derselbe Geschäftsbetrieb hat eine geringere steuerliche Belastung, wenn mehr Fremdkapital eingesetzt wird. Die Körperschaftsteuer hat den Gewinn als Bemessungsgrundlage und begünstigt daher den Einsatz von Fremdkapital.

Erst neuere Steuern, wie etwa die Mehrwertsteuer, orientieren sich an der Wertschöpfung und nicht am Gewinn. Bei der Mehrwertsteuer und der Gewerbesteuer sind die Bemessungsgrundlagen etwas anders. Jedenfalls hat die Finanzierung einen wesentlichen Einfluss auf die Cashflows.

> Der Wertvorteil, den die Fremdfinanzierung bietet, wird als **Tax-Shield** bezeichnet.[2]

Beispiel 5-1: Ein Unternehmer kann eine Akquisition tätigen. Der Preis für die Firma, die gekauft werden könnte, soll 6 Millionen Euro betragen. Der Unternehmer stellt drei verschiedene Pläne auf, die sich hinsichtlich des Einsatzes von Fremdkapital unterscheiden: Keine, 2 Millionen beziehungsweise 4 Millionen Euro Schulden sind die Szenarien.

Jeder dieser Pläne führt auf eine gewisse Steuerbelastung, einen Cashflow, auf gewisse Risiken und einen ihnen entsprechenden Kapitalkostensatz.

Der Entity-Value nach (5-1) errechnet sich für die drei Varianten zu 5 Millionen Euro — das ist der Wert der unverschuldeten Unternehmung — beziehungsweise zu 5,75 und 6,5 Millionen Euro. Bei der hohen Verschuldung wäre die Akquisition ein vorteilhaftes Projekt, und hierfür beträgt der Tax-Shield $6,5 - 5 = 1,5$ Millionen Euro. ■

Wie kann der Entity-Value $W(Entity)$ ermittelt werden, **Wert der teils fremdfinanzierten und besteuerten Unternehmung**? Wir betrachten zunächst drei Varianten.

1. Man folgt Formel (5-1). Hierzu betrachtet man die Unternehmung, wie sie tatsächlich finanziert ist, nämlich zum Teil mit Fremdkapital, und bestimmt erstens den Wert des Eigenkapitals $W(Equity)$ sowie zweitens den Wert der Schulden $W(Debt)$. Die Summe beider Werte ist der Gesamtwert $W(Entity)$.

2. Der Entity-Value $W(Entity)$ wird *direkt* als Summe diskontierter „Cashflows" gewonnen, ohne dass der Umweg über die Zerlegung (5-1) genommen wird. Die hierfür verwendete Wertformel ist (4-7) aus dem letzten Kapitel. Nur muss in dieser Formel der Freie Cashflow im Zähler durch jenen *Flow* ersetzt werden, der *allen* Kapitalgebern zugute kommt. Entsprechend müssen im Nenner Kapitalkosten erscheinen, die dem Risiko entsprechen, das auf das Kapital insgesamt fällt — und nicht nur auf das Eigenkapital.

3. STEWART C. MYERS hat 1974 den **Adjusted-Present-Value-Ansatz** (APV-Ansatz) vorgestellt: Man berechnet zunächst den Wert der Unternehmung so, als wäre sie vollständig eigenfinanziert (was nicht den Tatsachen entspricht, aber angenommen werden kann). Dazu dient die Formel für den Equity-Value (4-6). Anschließend bestimmt man den Tax-

---

[2] Siehe: 1. DWAYNE WRIGHTSMAN: Tax Shield Valuation and the Capital Structure Decision. *Journal of Finance* 33, (1978) 2, pp. 650-656. 2. MICHAEL C. EHRHARDT und PHILLIP R. DAVES: Corporate Valuation: The Combined Impact of Growth and the Tax Shield of Debt on the Cost of Capital and Systematic Risk. *Journal of Applied Finance* 12, (2002) 2, pp. 31-38.

Shield als Barwert aller Steuereinsparungen. Der Gesamtwert $W(Entity)$ ergibt sich dann, indem zum Wert der (hypothetischen) vollständig eigenfinanzierten Unternehmung der Tax-Shield addiert wird.[3]

Der Adjusted-Present-Value-Ansatz ist vom Ansatz her interessant. Man hat eine Berechnungsbasis, die einleuchtet, und *adjustiert* sie aufgrund verschiedener Besonderheiten, die dazu kommen. Basis bildet der Wert der als unverschuldet angenommenen Unternehmung.

- Sodann wird der Steuervorteil (Tax-Shield) geschätzt und stellt eine erste Adjustierung dar. Oft gibt es noch andere Wertvorteile.

- So kann es einen Shield geben, wenn die Unternehmung Subventionen erhält.

- Ferner kann es einen Shield geben, wenn die Unternehmung einem Land die Zusage gibt, eine Niederlassung zu errichten und Arbeitsplätze zu schaffen.

Alle solche Shields werden zum Wert der unverschuldeten Unternehmung addiert. Der gestaffelte Ausweis der Basis und der verschiedenen Adjustierungen dient der Vorbereitung der Entscheidungen: A) Soll Fremdkapital eingesetzt werden oder nicht? B) Soll eine Niederlassung in einem Land errichtet werden oder nicht? C) Möchte man an einem Förderprogramm teilnehmen oder nicht? Der APV-Ansatz ist jedoch mit einer Reihe von Problemen verbunden, so etwa der Frage, mit welchem risikoadjustiertem Zinssatz die Adjustierungen zu diskontieren sind.

Wir bevorzugen daher in diesem Kapitel die zweite Variante, die als **Standardvariante** in Literatur und Praxis große Beachtung gefunden hat.

1. Wir wenden also die Formel (4-7) an,

2. ersetzen den Freien Cashflow-to-Equity im Zähler aber durch jenen Cashflow, der *allen* Kapitalgebern zugute kommt und von uns **Cashflow-to-Entity** genannt wird.

3. Entsprechend müssen im Nenner die Kapitalkosten erscheinen, die dem Risiko entsprechen, das auf diesem Cashflow-to-Entity oder eben auf das Kapital *insgesamt* fällt — nicht nur auf das Eigenkapital. Es handelt sich um die durchschnittlichen Kapitalkosten, oft mit **WACC** abgekürzt nach dem angelsächsischen Begriff der *Weighted Average Cost of Capital*. Die Berechnung des *WACC* und seine Verwendung zur Bewertung der teils fremdfinanzierten Unternehmungen nehmen in der Literatur großen Raum ein.

Nachdem wir dies ausgeführt haben, werden wir für die Schritte 2 und 3 noch eine Alternative darstellen, die auf eine Arbeit von JAMES A. MILES und JOHN R. EZZELL aus dem Jahr 1980 zurückgeht. Ihr Bewertungsansatz ist ausgesprochen praxisnah.

---

[3] Diese Berechnungsmethode heißt *Adjusted-Present-Value-Ansatz* (APV-Ansatz). Der APV-Ansatz geht zurück auf STEWART C. MYERS: Interactions of Corporate Financing and Investment Decisions — Implications for Capital Budgeting. *Journal of Finance* 29 (March 1974), pp. 1-25. Eine Untersuchung des APV-Ansatzes für das deutsche Steuersystem stammt von SVEN HUSMANN, LUTZ KRUSCHWITZ und ANDREAS LÖFFLER: Unternehmensbewertung unter deutschen Steuern. *Die Betriebswirtschaft* 62 (2002), pp. 24-43.

5.1.2   Zum Wirrwarr von Benennungen

An dieser Stelle müssen Unterschiede in der Benennung erwähnt werden. Bei der im deutschen Sprachraum üblichen Definition gehören Zinszahlungen *nicht* zum Cashflow. Sie sind auszahlungswirksamer (barer) Aufwand.

Bezeichnungen	Deutscher Sprachraum	USA	Unternehmensbewertungspraxis Buch Spremann/Ernst
Bare Erträge minus aller auszahlungswirksamen Aufwendungen	Cashflow	Flow-to-Equity	Cashflow-to-Equity
Bare Erträge minus auszahlungswirksame Aufwendungen außer gezahlte Zinsen	Cashflow plus Zinsen (Flow-to-Entity)	Cash Flow	Cashflow-to-Entity

Bild 5-2: Was wird unter Cashflow verstanden?

In den USA wird der Cash Flow so verstanden, dass von den einzahlungswirksamen Erträgen alle auszahlungswirksamen Aufwendungen *außer die gezahlten Zinsen* abgezogen werden. So entsteht ein Cash Flow zugunsten *aller* Kapitalgeber — unter Einbeziehung der Fremdkapitalgeber. Diese Begriffsbildung ist in den USA üblich.

Der Cashflow nach deutschsprachiger Definition wird in Amerika als *Flow-to-Equity* bezeichnet.

Leider wird vielfach im Schrifttum nicht immer betont, welche Definition für die Ermittlung des Cashflows zugrunde gelegt wird. Wir halten uns in diesem Buch an eine Begriffsdefinition, die der Unternehmensbewertungspraxis entspricht und die für alle Leser klar und eindeutig ist. Der **Cashflow-to-Entity** eines Jahres ist definiert als Differenz zwischen den Erträgen und Aufwendungen, die im selben Jahr mit Einzahlungen beziehungsweise Auszahlungen verbunden sind, *außer* den Zinszahlungen. Der Cashflow-to-Entity kann somit als **Cashflow-to-Equity** plus Zinszahlungen definiert werden. Für die Größe Cashflow-to-Entity verwenden wir das Kürzel CF^{Entity}. Den entsprechenden *Freien* Cashflow-to-Equity kürzen wir mit FCF^{Equity} ab.

5.1.3   Cashflow-to-Entity

Wie ist die bisherige Planung der Cashflows der kommenden Jahre zu modifizieren, wenn mit dem DCF-Ansatz eine Bewertung zugunsten aller Kapitalgeber angestrebt wird?

Von den baren Erträgen werden als bare Aufwendungen nur die Löhne, Vorleistungen und Steuern abgezogen, *nicht* aber die Zinsen.

(5-2) $CF^{Entity} \;=\; CF^{Equity} + Z$

CF^{Entity} ist daher, wenn die Unternehmung Fremdkapital verzinsen muss, größer als der Cashflow, $CF^{Entity} > CF^{Equity}$.

Was ist beim Freien Cashflow-to-Entity anders?

Abgesehen, dass er jetzt von CF^{Entity} und nicht von CF^{Equity} ausgehend berechnet wird, gibt es einen Unterschied hinsichtlich der Budgetierten Investitionen: Die geplante Tilgung von Schulden oder die Kreditaufnahme wird jetzt nicht mehr angeführt. Um dies auszudrücken, werden die Budgetierten Investitionen mit

$$I^* = I \pm \Delta FK$$

bezeichnet. In vielen Jahren dürfte die Unternehmung Fremdkapital aufnehmen, weshalb dann $I^* < I$ gilt:

(5-3) $FCF^{Entity} \;=\; CF^{Entity} - I^*$

Der Freie Cashflow-to-Entity unterscheidet sich vom Freien Cashflow-to-Equity also nicht nur durch die Zinsen, die für das Fremdkapital gezahlt werden. Ein weiterer Unterschied besteht in Rückzahlungen von Fremdkapital beziehungsweise der Aufnahme neuer Kredite.

Deshalb dürfen wir nicht einfach „$FCF^{Entity} = FCF^{Equity} + Z$" schreiben.

Die eben betrachteten Situationen $CF^{Entity} > CF^{Equity}$ und $I^* < I$ zeigen, dass der Freie Flow-to-Entity typischerweise größer ist als der Freie Cashflow-to-Equity, $FCF^{Entity} > FCF^{Equity}$.

Nun zur Verwendung des Freien Cashflow-to-Entity.

Er wird für Zahlungen an die Kapitalgeber (Eigen- und Fremdkapitalgeber) sowie für Maßnahmen verwendet, die ein Substitut für solche Zahlungen sind. Die Zahlungen an die Kapitalgeber sind jetzt Dividenden *und* Zinszahlungen.

Hinzu kommen wie bisher Rückzahlungen von Eigenkapital (Kapitalherabsetzungen) sowie Rückzahlungen von Fremdkapital (Tilgung).

Abgezogen von diesen Auszahlungen werden die Einzahlungen der Kapitalgeber, das heißt, Kapitalerhöhungen und Kreditaufnahmen.

Cashflows zugunsten aller Kapitalgeber		
Bare Erträge		
	Absatzerlöse	E
	Erträge aus Wertpapieren und Beteiligungen	F
Bare Aufwendungen		
	Löhne	L
	Vorleistungen	V
	Steuern	T
Cashflow-to-Entity		$-CF^{Entity}$
Budgetierte Investitionen	Mit ihren Auszahlungen und den damit verbundenen späteren Einzahlungen (Früchten) in die Planung aufgenomme Käufe von Maschinen und Einrichtungen, Akquisitionen. Ebenso Desinvestitionen, also etwa der Verkauf von Grundstücken, Unternehmensteilen oder Beteiligungen — die Einzahlungen erscheinen mit negativem Vorzeichen.	I*
Freier Cashflow-to-Entity		FCF^{Entity}
Zahlungen an alle Kapitalgeber	Dividende Kapitalherabsetzung abzüglich Kapitalerhöhung Zinszahlungen an Fremdkapitalgeber Tilgungen von Schulden Kreditaufnahme	D
Weitergehende Investitionen	Investitionen, die nur mit ihren Auszahlungen, nicht aber den damit verbundenen späteren Einzahlungen (Früchten) erscheinen Analog Desinvestitionen	N*
Erhöhung Kassenbestand		$= \Delta K$

Bild 5-3: Berechnung des Cashflow-to-Entity für die direkte Ermittlung des Entity-Values.

Bei der neuen Rechnung sind also weder die Zinszahlungen an die Fremdkapitalgeber noch eventuelle Rückzahlungen der Kredite verschwunden. Sie erscheinen nur in einer anderen Rubrik, weil sie jetzt nicht mehr als Zahlungen an Dritte sondern als Zahlungen an Kapitalgeber erscheinen.

Die Maßnahmen, die ein Substitut für Zahlungen an die Kapitalgeber darstellen, sind wie zuvor Investitionen. Sie erscheinen in der Planung nur mit den mit ihnen verbundenen Auszahlungen, nicht aber den späteren Einzahlungen (Früchten). Die Auszahlungen werden um Einzahlungen korrigiert, die mit eventuellen Desinvestitionen verbunden sind. Die Erhöhung des Kassenbestandes ist in der Planung für den Entity-Value dann wieder dieselbe wie beim Equity-Value.

5.1.4 Der gemischte, durchschnittliche Kapitalkostensatz

In der neuen Planung sind demnach alle einzelnen Arten von Zahlungen wie Erträge, Löhne, Vorleistungen, Steuern, Zinszahlungen, Dividenden und so fort berücksichtigt, und sie haben alle unveränderte Höhe. Nur werden sie beim Entity-Ansatz anders gruppiert als beim Equity-Ansatz. Deshalb haben auch die „Zwischenergebnisse" der Aufstellung wie Cashflow-to-Entity und Freier Cashflow-to-Entity andere Höhen.

> Der Freie Cashflow-to-Entity beinhaltet für die kommenden Jahre ein anderes Risiko als der Freie Cashflow-to-Equity.

In typischen Jahren gilt $FCF^{Entity} > FCF^{Equity}$, wobei die Unterschiede durch die Zinszahlungen und die geplanten Tilgungen beziehungsweise Kreditaufnahmen bestimmt sind. Diese Zahlungen sind genau planbar und beinhalten daher keine Unsicherheit.

> In Relation zu seiner Höhe ist der Freie Cashflow-to-Entity *weniger* riskant als der Freie Cashflow-to-Equity. Die Kapitalkosten sind durch diesen Effekt etwas tiefer.

Beispiel 5-2: Der Freie Cashflow-to-Entity werde für ein Jahr in Höhe € 10.000.000 erwartet, doch es könnten auch 11 oder 9 Millionen sein — eine Schwankungsbreite von $\pm 10\%$. Weiter nehmen wir an, die Differenz zwischen FCF^{Entity} und FCF^{Equity}, die auf die Zahlungen an die Fremdkapitalgeber zurückgeht, betrage nochmals 6 Millionen, also wird der Freie Cashflow-to-Entity in Höhe von € 16.000.000 erwartet, kann aber ebenso um die bereits erwähnte eine Million nach oben oder unten davon abweichen. Das ist eine Schwankungsbreite von $\pm 6{,}25\%$. ∎

> Deshalb wird, wenn im Zähler von (4-7) für jedes Jahr der erwartete Freie Cashflow-to-Entity FCF^{Entity} eingesetzt wird, im Nenner ein *anderer* Kapitalkostensatz anzuwenden sein. Es ist intuitiv einsichtig, dass ein *durchschnittlicher* Kapitalkostensatz zur Anwendung kommt. Er wird **Weighted Average Cost of Capital** genannt.[4]

Die übliche Abkürzung für die *Weighted Average Cost of Capital* ist $WACC$. Mit dem $WACC$ ergibt sich der Entity-Value gemäß der obersten Formel wie folgt:

$$(5\text{-}4) \qquad W(Entity) \;=\; \sum_{t=1}^{\infty} \frac{FCF_t^{Entity}}{(1+WACC)^t}$$

---

[4] Literatur: 1. RAYMOND R. REILLY und WILLIAM E. WECKER: On the Weighted Average Cost of Capital. *The Journal of Financial and Quantitative Analysis* 8 (1973) 1, pp. 123-126. 2. WILLIAM BERANEK: The Weighted Average Cost of Capital and Shareholder Wealth Maximization. *The Journal of Financial and Quantitative Analysis* 12 (1977) 1, pp. 17-31.

Der $WACC$ ist ein gewichteter Durchschnitt der Eigenkapitalkosten der verschuldeten Unternehmung und der Fremdkapitalkosten.

$$(5\text{-}5) \quad WACC \;=\; \frac{W(Equity)}{W(Entity)} \cdot r_{EK}(L) + \frac{W(Debt)}{W(Entity)} \cdot r_{FK} \;=\; \frac{1}{1+L} \cdot r_{EK}(L) + \frac{L}{1+L} \cdot r_{FK}$$

Zum Verschuldungsgrad L, der in (5-5) verwendet wurde, vergleiche man (4-8).

Die Fremdkapitalkosten in der Bestimmungsformel (5-5) für den $WACC$ sind wieder mit r_{FK} bezeichnet. Die Gewichte, mit denen die Eigenkapitalkosten r_{EK} und die Fremdkapitalkosten r_{FK} in den $WACC$ eingehen, sind die relativen Anteile von Eigen- und Fremdkapital.

Um die Formel (5-4) für den Entity-Value anzuwenden, werden neben dem Cashflow-to-Entity für jedes Jahr die durchschnittlichen Kapitalkosten (5-5) benötigt. Deren Berechnung setzt die Kenntnis der (relativen) Werte von Eigen- und Fremdkapital voraus. Hier liegt ein **Zirkularitätsproblem** vor, denn wir haben diese Gleichungen zu lösen:

(5-6)

$$W(Entity) \overset{(5\text{-}4)}{=} \sum_{t=1}^{\infty} \frac{FCF_t^{Entity}}{(1+WACC)^t}$$

$$WACC \overset{(5\text{-}5)}{=} \frac{W(Entity) - W(Debt)}{W(Entity)} \cdot r_{EK}(L) + \frac{W(Debt)}{W(Entity)} \cdot r_{FK}$$

Für die Bestimmung des Werts wird der $WACC$ benötigt, der wiederum vom Wert abhängt. Der Wert des Fremdkapitals, $W(Debt)$, kann oft schnell bestimmt werden, auch wenn bestimmte Instrumente wie etwa Wandelanleihen eine kompliziertere Betrachtung erfordern.

- Deshalb dürfen $W(Debt)$, $r_{EK}(L)$, r_{FK} in (5-6) als gegebene Größen betrachtet werden sowie natürlich für jedes kommende Jahr der erwartete Freie Cashflow-to-Entity FCF^{Entity}.

- Gesucht sind $W(Entity)$ und der $WACC$.

Indessen bereitet es keine rechnerische Mühe, das Zirkularitätsproblem mit **Iterationen** anzugehen. Für den Start werden die Anteile von Eigen- und Fremdkapital geschätzt, sodann den $WACC$ bestimmt und anschließend der Entity-Value.

Sodann können die Anteile von Eigen- und Fremdkapital schon genauer bestimmt und mit ihnen der $WACC$ genauer berechnet werden. Wieder in die oberste Gleichung von (5-6) eingesetzt folgt eine genauere Bestimmung des gesuchten Werts.

Es dürfte aufgefallen sein, dass die Formel für den $WACC$ (5-5) und die untere Gleichung in der Formel (4-9) für das Unleveraging *identisch* sind. Die durchschnittlichen Kapitalkosten $WACC$ stimmen mit $r_{EK}(0)$, den Eigenkapitalkosten der unverschuldeten Unternehmung, überein:

$$(5\text{-}7) \qquad WACC \;=\; \frac{W(Equity)}{W(Entity)} \cdot r_{EK}(L) + \frac{W(Debt)}{W(Entity)} \cdot r_{FK} \;=\; r_{EK}(0)$$

Deshalb kann die Wertformel (5-4) auch so notiert werden:

$$(5\text{-}8) \qquad W(Entity) \;=\; \sum_{t=1}^{\infty} \frac{FCF_t^{Entity}}{(1+r_{EK}(0))^t}$$

Leider ist die Unternehmensbewertung nicht leichter geworden, denn die Formel (5-8) ist recht künstlich.

> Im Zähler steht der Freie Cashflow-to-Entity, und dessen Planung verlangt unter anderem eine genaue Kenntnis der *tatsächlichen* Höhe der Steuern — also der Steuern, welche die *verschuldete* Unternehmung zu zahlen hat. Im Nenner stehen aber nicht Kapitalkosten, die den Risiken der Größe im Zähler entsprechen, sondern den Risiken der Freien Cashflows der Unternehmung, wäre sie *unverschuldet* (und hätte dann einen anderen Cashflow, weil die Steuern anders wären, und ein anderes Risiko). Das ist kaum harmonisch.

Diese wenig elegante Formulierung (5-8) wurde im Rahmen der DCF-Methode durch eine Weiterentwicklung bereinigt, bei der sowohl im Zähler als auch im Nenner der Brüche eine Korrektur nach unten vorgenommen wird, bei der dann eine leichter zu interpretierende Formel entsteht.

- Im Zähler steht dann ein Freier Cashflow-to-Entity, der aufgrund einer höheren Steuer gebildet wird, als tatsächlich anfällt.

- Im Nenner stehen dafür Kapitalkosten, die geringer als $r_{EK}(0)$ sind. Um zu dieser Revision zu gelangen, müssen wir Buchgrößen wie den Gewinn ins Spiel bringen.

5.2   Die Freien Cashflow-to-Entity

5.2.1   Planung des Freien Cashflow-to-Entity: Gewinne + Zinsen diskontieren?

Wie werden der Freie Cashflow beziehungsweise der Freie Cashflow-to-Entity für die kommenden Jahre überhaupt geplant?

Wir betrachten zur Erinnerung zunächst noch einmal die Berechnung des Freien Cashflow-to-Equity, als Gleichung notiert:

(5-9) $FCF_t^{Equity} = E_t - L_t - V_t - Z_t - T_t - I_t$

- Die Absatzerlöse E_t ergeben sich aus Menge mal Preis,

- die Lohnsumme L_t aus der Beschäftigtenzahl mal Lohnniveau

- und die Vorleistungen V_t sind dem Produktionsplan zu entnehmen.

- Die zu zahlenden Zinsen Z_t sind das Produkt aus der Höhe der zu bedienenden Schulden und dem Zinssatz beziehungsweise dem Fremdkapitalkostensatz.

- Um die Steuer T_t zu finden, wird in einer Hilfsrechnung zuerst die Bemessungsgrundlage ermittelt.

- Sodann werden die Budgetierten Investitionen I_t betrachtet.

So kann der Freie Cashflow-to-Equity *direkt* geplant werden, in dem der Produktions- und Absatzplan (ergänzt um die Ermittlung der Steuer) sowie der Investitionsplan herangezogen werden. Diese Pläne können weitgehend losgelöst vom Accounting aufgestellt werden.

Ganz ähnlich gilt das für den Freien Cashflow-to-Entity,

(5-10) $FCF_t^{Entity} = E_t - L_t - V_t - T_t - I_t *$

Er unterscheidet sich vom Freien Cashflow-to-Equity nur durch den Wegfall der Zinszahlungen und die engere Auffassung der Budgetierten Investitionen.

Sowohl die Zinszahlungen als auch Rückzahlungen beziehungsweise die Aufnahme von Fremdkapital fallen beim Entity-Value unter die Gruppe der Zahlungen an Kapitalgeber und erscheinen als *Verwendung* des Freien Cashflow-to-Entity. Sie sind, anders als beim Freien Cashflow-to-Equity, aus der Entstehungsrechnung herausgenommen.

Nun gibt es viele Unternehmen, in denen die Buchhaltung und Rechnungslegung zu einer ausgefeilten Bilanzplanung ausgebaut wurden. In diesen Firmen würde man es vorziehen, den Freien Cashflow-to-Entity für die kommenden Jahre aus den Planbilanzen abzuleiten, anstatt ihn aus den Leistungsplänen zu entnehmen.

Diese Firmen schlagen daher einen *indirekten* Weg ein und wählen Buchgrößen als Basis für die Ermittlung der Cashflows-to-Entity. In der Tat kann der Cashflow-to-Entity *indirekt* definiert und berechnet werden.

> Indirekte Berechnung: Der Cashflow-to-Entity ist gleich dem Buchgewinn zuzüglich derjenigen Aufwendungen, die nicht in derselben Periode mit Auszahlungen verbunden sind, abzüglich jener Erträge, die nicht in derselben Periode mit Einzahlungen verbunden sind: Der Cashflow-to-Entity ist gleich dem Buchgewinn plus die unbaren Aufwendungen minus der unbaren Erträge. [5]

Bei den unbaren Aufwendungen handelt es sich vor allem um Abschreibungen sowie um die Erhöhung der Rückstellungen. Unbare Erträge entstehen bei Verkauf auf Ziel oder bei Produktion an Lager.

5.2.2   Die Hackordnung der Finanzierung

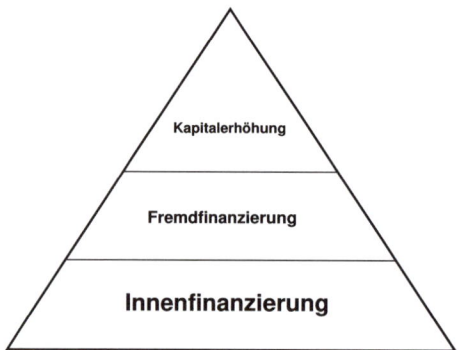

Bild 5-4: Die Hackordnung der Finanzierung. Das Management versucht, Investitionen mit Innenfinanzierung zu ermöglichen.

Des weiteren haben Manager eine große Präferenz für die Innenfinanzierung. Sie sprechen erst dann Banken (Neukredit) und Eigenkapitalgeber (Kapitalerhöhung) für eine Außenfinanzierung an, wenn für beabsichtigte Investitionen die Innenfinanzierung nicht reicht und ihnen folglich nur der Weg über neue Kontrakte mit Kapitalgebern bleibt. Diese Präferenz heißt *Hackordnung der Finanzierung (Pecking Order)*.

STEWARD C. MYERS und NICHOLAS S. MAJLUF haben für die *Pecking Order* 1994 eine Erklärung geboten, die auf der asymmetrischen Information beruht: Außenstehende und neue Investoren wissen weniger, und müssen daher mit besonders attraktiven Konditionen gewonnen werden. Dadurch wird die Außenfinanzierung mit neuem Eigenkapital für die bisherigen Eigenkapitalgeber sowie für das Management wenig attraktiv.

---

[5] 1. WALTHER BUSSE VON COLBE et al.: Ergebnis nach DVFA/SG: Gemeinsame Empfehlung der Schmalenbach-Gesellschaft zur Ermittlung eines von Sondereinflüssen bereinigten Jahresergebnisses je Aktie (joint recommendation). 2. Auflage, Stuttgart 1996. 2. FASB: Statement of Cash Flows. *Journal of Accounting* (1988), pp. 139-169. 3. JÖRG BAETGE: *Bilanzanalyse*. Düsseldorf 1998, pp. 312 ff. und die dort gegebenen Verweise.

Zuvor versucht daher das Management, Investitionen mit Innenfinanzierung zu ermöglichen, und nur wenn dies nicht reicht, werden Kredite aufgenommen.[6]

> Da andererseits Manager eine gewisse Aversion dagegen haben, Mittel auszuschütten, ist zu schließen: Manager planen Investitionen gerade in einem Umfang, den die Unternehmung „aus eigener Kraft" bewältigen kann. So werden einerseits nicht zu viele Mittel ausgeschüttet und andererseits der mühevolle Weg der Außenfinanzierung vermieden.

Populär ist, die Investitionen in der Höhe der Abschreibungen und der Erhöhung der Rückstellungen zu budgetieren.

- Für die Gegenwerte der Abschreibungen, die meist für Maschinen, Anlagen und Einrichtungen vorgenommen werden, werden wieder **neue Maschinen**, Anlagen und Einrichtungen angeschafft.

- Für die Gegenwerte der Nettoeinweisung in die Rückstellungen werden oft **Finanzanlagen** getätigt. Immerhin drücken Rückstellungen Verbindlichkeiten aus, deren Art bekannt ist, deren Höhe und Fälligkeitszeitpunkt aber noch offen ist. Irgendwann werden die Rückstellungen aufgelöst und die Verbindlichkeiten erfüllt, und dann ist es gut, wenn die Unternehmung sich die dazu benötigte Liquidität ohne Zeitverlust durch den Verkauf von Wertpapieren besorgen kann.

> Das bedeutet: Die Budgetierten Investitionen werden Jahr für Jahr in Höhe der unbaren Aufwendungen (abzüglich der unbaren Erträge) vorgesehen.

5.2.3 Ertragsbewertung

Anders ausgedrückt, die Unternehmung budgetiert Investitionen in Höhe des Unterschieds zwischen Cashflow-to-Equity und Gewinn (den wir mit G bezeichnen):

(5-11) $$I_t \;=\; CF_t^{Equity} - G_t$$

Die Gleichung (5-11) ist für die weiteren Umformungen eine *Annahme*, und wie ausgeführt, ist diese Annahme *in der praktischen Wirklichkeit weithin erfüllt*.

Nun berechnen wir den Freien Cashflow-to-Equity FCF^{Equity}. Mit der Definition $FCF^{Equity} = CF^{Equity} - I$ folgt aus (5-11) sofort:

(5-12) $$FCF \;=\; G$$

---

[6] STEWARD C. MYERS und NICHOLAS S. MAJLUF: Corporate Financing and Investment Decisions When Firms Have Information That Investors Do Not Have. *Journal of Financial Economics* 35 (1994), pp. 99-122.

Wer den Equity-Value berechnet und daher die Freien Cashflows-to-Equity diskontiert, kann, sofern die Annahme (5-11) erfüllt ist, die **Gewinne diskontieren**. *Der Equity-Value ist gleich dem Barwert der zukünftigen Gewinne*, also gleich dem Ertragswert.

Es handelt sich hier um die Gewinne, die nach Besteuerung verbleiben. Die Gewinne werden mit den Eigenkapitalkosten $r_{EK}(L)$ der möglicherweise verschuldeten Unternehmung diskontiert.

So ergibt sich diese Wertformel:

$$(5\text{-}13) \qquad W(Equity) \;=\; \sum_{t=1}^{\infty} \frac{FCF_t^{\,Equity}}{(1+r_{EK}(L))^t} \;\overset{(5\text{–}12)}{=}\; \sum_{t=1}^{\infty} \frac{G_t}{(1+r_{EK}(L))^t}$$

Wenden wir uns nun dem Entity-Value und dem Freien Cashflow-to-Entity zu. Wir beginnen mit dem Cashflow CF^{Entity}, in dessen Berechnung der Fremdkapitalzins Z nicht eingeflossen ist, vergleiche (10-2). Die Annahme (10-11) hat daher diese Gestalt:

$$(5\text{-}14) \qquad I_t \;=\; (CF_t^{\,Entity} - Z_t) - G_t$$

Nun werden wir von Unterschieden zwischen I_t und $I_t{}^*$ absehen:

$$(5\text{-}15) \qquad I_t{}^* \;=\; I_t$$

Genau wie (5-14) ist (5-15) eine Annahme, doch werden wir argumentieren, genau wie wir das bei (5-14) beziehungsweise (5-12) schon getan haben, dass die Annahme (5-15) in der praktischen Wirklichkeit weithin erfüllt ist.

Man erinnere sich:

- I sind die beim Freien Cashflow-to-Equity für den Equity-Value vom Cashflow-to-Entity abgezogenen Budgetierten Investitionen. Sie umfassen neben Realinvestitionen und Finanzinvestitionen auch eventuelle Rückzahlungen beziehungsweise die Aufnahme von Fremdkapital.

- I^* sind die beim Freien Cashflow-to-Entity für den Entity-Value vom Cashflow-to-Entity abgezogenen Budgetierten Investitionen. Sie umfassen zwar Realinvestitionen und Finanzinvestitionen, *nicht* aber Rückzahlungen beziehungsweise die Aufnahme von Fremdkapital.

Der Grund ist wieder in der *Pecking Order* zu sehen (Bild 5-4).

Die Manager tilgen keinen Kredit vorzeitig, und sie tilgen keinen Kredit ohne Aufnahme eines Anschlusskredits.

> Wenn ein Kredit zur Rückzahlung ansteht, vereinbaren sie mit der Bank einen Neukredit in eben derselben Höhe.
>
> Auch stehen Manager einer möglichen Erhöhung des Kreditvolumens widerwillig gegenüber und neigen dazu, eher die Investitionen einzuschränken. Denn Krediterhöhungen haben regelmäßig Sonderprüfungen zur Folge. Nicht dass die Manager hier etwas befürchteten, doch sind Sonderprüfungen immer zeitaufwendig.

Setzt man nun die beiden Annahmen (5-14) und (5-15), die beide in der praktischen Wirklichkeit als weithin erfüllt angesehen werden dürfen, in die Definition des Freien Cashflow-to-Entity ein, $FCF^{Entity} = CF^{Entity} - I*$, so folgt:

$$(5\text{-}16) \qquad FCF^{Entity} \quad = \quad G + Z$$

> Wer den Entity-Value berechnet und daher den Freien Cashflow-to-Entity diskontiert, der kann — sofern die Annahmen (5-14) und (5-15) erfüllt sind — die Gewinne plus Zinsen diskontieren. Der *Entity-Value ist gleich dem Barwert der Gewinne plus Zinszahlungen* der zukünftigen Jahre.

Es handelt sich hier auch jetzt um die Gewinne, die nach Besteuerung verbleiben. Die Größe Gewinn plus Zinszahlung wird mit den durchschnittlichen Kapitalkosten *WACC* diskontiert.

Wir können daher die Wertformel (5-6) ergänzen:

$$W(Entity) \quad = \quad \sum_{t=1}^{\infty} \frac{FCF_t^{Etnity}}{(1+WACC*)^t} \quad \overset{(5\text{-}14)\,und\,(5\text{-}15)}{=} \quad \sum_{t=1}^{\infty} \frac{G_t + Z_t}{(1+WACC*)^t}$$

$$(5\text{-}17)$$

$$WACC \quad = \quad \frac{W(Entity) - W(Debt)}{W(Entity)} \cdot r_{EK}(L) \quad + \quad \frac{W(Debt)}{W(Entity)} \cdot r_{FK}$$

Diese Ergebnisse sind schon überraschend:

> Wenn es nur innenfinanzierte Investitionen gibt und wenn das gesamte Potenzial an Innenfinanzierung für Investitionen verwendet wird, dann ergibt sich auch beim DCF-Ansatz der Wert der Unternehmung als Barwert der zukünftigen Gewinne, wenn man den Equity-Value im Auge hat, beziehungsweise als Barwert der Summen aus Gewinn und Zinszahlung, wenn man den Entity-Value anstrebt.

5.2.4 Planung des Freien Cashflow-to-Entity: EBIT diskontieren?

Diese Ergebnisse haben natürlich allen jenen Personen Rückenwind gegeben, die als Basis einer Unternehmensplanung die Zahlen der Rechnungslegung verwenden wollen und nicht Zahlen, die aus der Produktions- und Absatzplanung kommen und gleichsam am Accounting vorbei gleich in Prognosen der Cashflows münden.

Oft weisen die auf Zahlen der Rechnungslegung basierende Planungen nicht die Gewinne aus, sondern Rohgewinne. Beim **Rohgewinn** handelt es sich um ein Ergebnis, das im Angelsächsischen und auch bei uns mit **EBIT** (Earnings before Interest and Taxes) bezeichnet wird:

$$(5\text{-}18) \qquad EBIT \;\; = \;\; G + Z + T$$

Wir wollen nun die (obere) Gleichung (5-17) für den Entity-Value unter Verwendung dieser Ergebnisgröße *EBIT* umformulieren:

$$(5\text{-}19) \qquad W(Entity) \stackrel{\substack{bei\ (5\text{-}14) \\ und\ (5\text{-}15)}}{=} \sum_{t=1}^{\infty} \frac{G_t + Z_t}{(1+WACC)^t} \;\; = \;\; \sum_{t=1}^{\infty} \frac{EBIT_t - T_t}{(1+WACC)^t}$$

Unter Verwendung von (5-8) folgt daraus die Wertformel

$$(5\text{-}20) \qquad W(Entity) \stackrel{\substack{bei\ (5\text{-}14) \\ und\ (5\text{-}15)}}{=} \sum_{t=1}^{\infty} \frac{EBIT_t - T_t}{\left(1 + r_{EK}(0)\right)^t}$$

Damit ist schon eine Wertformel gefunden, die den praktischen Bedürfnissen und den in der Praxis vorhandenen Planungsunterlagen sehr entgegenkommt. Noch dazu ist beim Nenner unwichtig, wie ein Projekt oder Vorhaben finanziert wird, denn dort stehen jene Kapitalkosten, die einer vollständigen Finanzierung mit Eigenkapital entspricht. Diese Kapitalkosten ergeben sich allein aus den Risiken des Geschäfts — das Leveragerisiko spielt keine Rolle. Ein Punkt sind allerdings die Steuern, denn in (5-20) handelt es sich um die *tatsächlich* zu zahlenden Steuern, und diese hängen vom Verschuldungsgrad ab.

Um den letzten Punkt etwas anders anzugehen, unterstellen viele Planer zunächst, dass die Steuern auf den vollen *EBIT* zu entrichten sind. Außerdem — diesen Ansatz können wir durchaus akzeptieren — werden die Steuern als proportional zum *EBIT* angesetzt:

$$(5\text{-}21) \qquad T_t \;\; = \;\; s \cdot EBIT_t$$

Hier ist *s* der **Steuersatz**. Folglich wäre $EBIT \cdot (1-s)$ ein versteuerter *EBIT*.

Der Ansatz (5-21) wäre korrekt, wenn das Vorhaben vollständig eigenfinanziert wird. Wenn Fremdkapital eingesetzt wird, ist (5-21) falsch, weil mit (5-21) so getan wird, als ob auch die Zinszahlungen an die Fremdkapitalgeber von der Unternehmung wie Gewinn zu versteuern wären. Korrekt wäre daher:

(5-22) $$T_t \;=\; s \cdot EBIT_t - s \cdot Z_t$$

Mit (5-22) lautet die Wertformel:

(5-23) $$W(Entity) \overset{\substack{bei\ (5-14)\\ und\ (5-15)}}{=} \sum_{t=1}^{\infty} \frac{EBIT_t \cdot (1-s) + s \cdot Z_t}{\left(1 + r_{EK}(0)\right)^t}$$

5.2.5   MILES und Ezzell

JAMES A. MILES und JOHN R. EZZELL haben 1980 gezeigt, dass die Wertformel (5-23) mit einigen Umrechnungen eine Gestalt annimmt, bei der im Zähler eine kleinere Zahl steht, weil der Steuervorteil $s \cdot Z_t$ gleichsam weggelassen wird:

(5-24) $$W(Entity) \overset{\substack{bei(5-14)\\ und(5-15)}}{=} \sum_{t=1}^{\infty} \frac{EBIT \cdot (1-s)}{(1 + MECC)^t}$$

Dafür wird auch der Nenner kleiner gemacht, gleichsam um die Veränderung im Zähler zu kompensieren:

(5-25) $$MECC \;=\; \frac{1}{1+L} r_{EK}(L) \;+\; \frac{L}{1+L} \cdot (1-s) \cdot r_{FK}$$

In der Tat entsteht so durch (5-24) der Entity-Value.

> Nach MILES und EZZELL sind die *Cost of Capital* — wir kürzen sie mit $MECC$ ab — wie schon der $WACC$ in (5-7) gleich dem gewichteten Durchschnitt der Eigenkapitalkosten der verschuldeten Unternehmung und den Fremdkapitalkosten. Nur sind die Fremdkapitalkosten jetzt noch mit dem Multiplikator $(1-s)$ versehen und gehen daher *reduziert* in den $MECC$ ein, wie in (5-25) gezeigt.

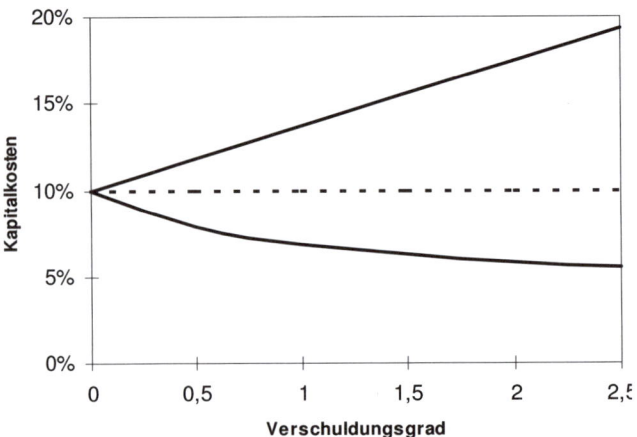

Bild 5-5: Kapitalkosten der besteuerten Unternehmung in Abhängigkeit vom Verschuldungsgrad. Die oberste Gerade zeigt den Verlauf der Eigenkapitalkosten für das verschuldete und besteuerte Unternehmen, die unterste zeigt die Miles-Ezzell-Cost-of-Capital MECC. Gestrichelt ist das Niveau des WACC. Daten:: Steuersatz $s = 25\%$, Fremdkapitalkosten 5%, Eigenkapitalkosten des unverschuldeten Unternehmens 10%.

> Der Entity-Value resultiert damit als Barwert der *total versteuerten EBIT*, die ungeachtet der tatsächlichen Finanzierung in der Wertformel als voll versteuert unterstellt werden.[7]

Nur zur Erinnerung:

(5-26)

$$WACC \overset{(5-7)}{=} \frac{1}{1+L} \cdot r_{EK}(L) + \frac{L}{1+L} \cdot r_{FK} = r_{EK}(0)$$

$$MECC \overset{(5-25)}{=} \frac{1}{1+L} \cdot r_{EK}(L) + \frac{L}{1+L} \cdot (1-s) \cdot r_{FK} \leq r_{EK}(0)$$

Ergebnis:

- Wer, um den Entity-Value zu berechnen, den korrekten Freien Cashflow-to-Entity — berechnet aufgrund der Steuer, die der gewählten Finanzierung entspricht — diskontiert, der verwendet den *WACC* nach Formel (5-7).

- Wer, um den Entity-Value zu berechnen, den voll versteuerten *EBIT* diskontiert, der verwendet den *MECC* nach Formel (5-25).

Selbstverständlich kann die Gleichung (5-25) für die **Miles-Ezzell-Cost-of-Capital** noch umformuliert werden, etwa so:

---

[7] Drei Arbeiten: 1. JAMES A. MILES und JOHN R. EZZELL: The Weighted Average Cost of Capital, Perfect Capital Markets, and Project Life: A Clarification. *The Journal of Financial and Quantitative Analysis* 15 (1980) 3, pp. 719-730. 2. JAMES A. MILES und JOHN R. EZZELL: Capital Project Analysis and the Debt Transaction Plan. *Journal of Financial Research* 6 (1983) 1, pp. 25-31. 3. JAMES A. MILES und JOHN R. EZZELL: Reformulating Tax Shield Valuation: A Note (in Notes). *The Journal of Finance* 40 (1985) 5, pp. 1485-1492.

$$(5\text{-}27) \qquad MECC \ = \ r_{EK}(0) - \frac{L}{1+L} \cdot s \cdot r_{FK}$$

und das ist die **Miles-Ezzell-Formel** der durchschnittlichen Kapitalkosten. Die Kombination von (5-24) und (5-27) ist offensichtlich sehr praktisch, wie das nachstehende Beispiel illustriert. Zuvor soll eine Abbildung den $MECC$ nach der Miles-Ezzell-Formel (5-27) veranschaulichen.

Beispiel 5-3: Ein Konzern plant eine Single Purpose Company (SPC), die von vornherein nur eine recht kurze Lebensdauer haben wird. Die Anfangszahlung, um die SPC in Gang zu bringen, beträgt 25 (Millionen Euro). Die SPC wird durch diese $EBIT$ für die folgenden drei Jahre beschrieben: 10, 20, 30. Als Steuersatz soll mit $s = 40\%$ gerechnet werden. Aufgrund der eher hohen Risiken (und ohne Beachtung von Risiken, die mit einer speziellen Kapitalstruktur verbunden wären), werden die Kapitalkosten mit 20% veranschlagt — das sind die Kapitalkosten der unverschuldeten Unternehmung im Sinn unserer Sprechweise. Die Fremdkapitalkosten betragen 10%, weil die Banken einen hohen Zuschlag für das Defaultrisiko verlangen. Gesucht ist der Wert der SPC in Abhängigkeit verschiedener Finanzierungsvarianten.

Wir führen die Rechnung für $L = 0$, $L = 1$ und $L = 2$ durch.

Für $L = 0$ folgt $W(Entity) = 10 \cdot 0,6/1,2 + 20 \cdot 0,6/1,44 + 30 \cdot 0,6/1,728 = 23,75$. Die SPC wäre also (aufgrund der steuerlichen Situation) nicht vorteilhaft, wenn es vollständig mit Eigenmitteln finanziert würde.

Für $L = 1$ folgt mit der Miles-Ezzell-Formel $MECC = 0,2 - (1/2) \cdot 0,6 \cdot 0,1 = 17\%$ und so der Equity-Value: $W(Entity) = 10 \cdot 0,6/1,17 + 20 \cdot 0,6/1,3689 + 30 \cdot 0,6/1,601613 = 25,13$. Bei einer Finanzierung aus gleichen Teilen Eigen- und Fremdkapital ist aufgrund der Steuereinsparung das Projekt gerade vorteilhaft.

Für $L = 2$ folgt $MECC = 0,2 - (2/3) \cdot 0,6 \cdot 0,1 = 16\%$ und damit schließlich $W(Entity) = 10 \cdot 0,6/1,16 + 20 \cdot 0,6/1,3456 + 30 \cdot 0,6/1,560898 = 25,62$. ■

Beispiel 5-4: Jemand möchte ein Projekt für verschiedene Finanzierungen mit der Formel (5-24) bewerten und dazu die Kapitalkosten nach der Miles-Ezzell-Formel (5-27) verwenden. Leider gibt es keine Schätzung der Kapitalkosten für den (hypothetischen Fall) einer reinen Eigenfinanzierung, doch bietet sich der Vergleich mit einem anderen Projekt an, das jedoch teils fremdfinanziert ist. Mit dem Unleveraging (4-9) werden daher zunächst die Kapitalkosten errechnet, die das Projekt hätte, wenn es nur eigenfinanziert wäre. ■

5.2.6   Die indirekte Methode zur Planung des CashflowsFlow-to-Entity in der Praxis

Analog zur indirekten Methode im Equity-Ansatz kann auch beim Entity-Ansatz der Freie Cashflow-to-Entity indirekt abgeleitet und geplant werden. Dies ist die in Praxis gängige Methode. Bild 5-6 zeigt die Herleitung des Freien Cashflow-to-Entity aus dem EBIT.

	Operatives Ergebnis vor Zinsen und Steuern (EBIT)
-	Adaptierte Steuern auf das EBIT
=	Operatives Ergebnis vor Zinsen und nach adaptierten Steuern (NO-PLAT)
+	Abschreibungen
+	Erhöhung (-Verminderung) der Rückstellungen
=	(operativer) Brutto-Cashflow
-	Investitionen in das Anlagevermögen
-	Erhöhung (+ Verminderung) des Working Capital
=	Freier Cashflow-to-Entity = Operativer Free Cashflow (oFCF)

Bild 5-6: Ableitung des Freien Cashflow-to-Entity vom EBIT.

Ausgangspunkt der Berechnung des operativen Free Cash-flows ist das operative Ergebnis vor Zinsen und Steuern (EBIT). Von diesem werden die so genannten **adaptierten Steuern** auf das EBIT abgezogen. Bei den adaptierten Steuern handelt es sich um die (fiktiven) ertragsabhängigen Unternehmenssteuern, die das Unternehmen zahlen müsste, wenn es kein Fremdkapital und keine nicht-betriebsbedingten Aufwendungen und Erträge hätte.

Man erhält die adaptierten Steuern durch Anwendung des Unternehmenssteuersatzes auf das EBIT. In den Unternehmenssteuersatz gehen in Deutschland die Gewerbeertrag- und die Körperschaftsteuer ein, zusätzlich ist noch der Solidaritätszuschlag zu berücksichtigen. Alternativ kann man die adaptierten Steuern auch aus den gesamten ertragsabhängigen Unternehmenssteuern berechnen, indem man diese um den Steuervorteil aus den Zinsaufwendungen und aus etwaigen außerordentlichen Aufwendungen und um die Steuern auf Zinserträge und nicht-operative Ertragspositionen korrigiert. Das daraus resultierende operative Ergebnis vor Zinsen und nach adaptierten Steuern (NOPLAT, Net Operating Profit Less Adjusted Taxes) stellt das operative Ergebnis dar, das ein Unternehmen ohne Fremdkapitalfinanzierung erzielt hätte. Außerordentliche Aufwendungen und Erträge sind darin nicht enthalten.

Um zum (operativen) Brutto-Cashflow zu gelangen, werden zum NOPLAT die nicht auszahlungswirksamen Aufwendungen (wie Abschreibungen oder die Bildung von Rückstellungen) addiert beziehungsweise die nicht einzahlungswirksamen Erträge (Verminderung der Rückstellungen) subtrahiert. Sieht man von etwaigen nicht-operativen Cashflows ab (die bei den DCF-

Verfahren gesondert berücksichtigt werden), so handelt es sich beim (operativen) Brutto-Cashflow um den Betrag, der ohne zusätzliche Kapitalmaßnahmen für Investitionen und Ausschüttungen an die Gesamtheit der Kapitalgeber zur Verfügung steht. Um den operativen Free Cashflow zu erhalten, muss der operative Brutto-Cashflow noch um die Investitionen in Sachanlagen und die Investitionen ins Working Capital verringert beziehungsweise um Desinvestitionen des Working Capital und des Anlagevermögens erhöht werden.

Den Leserinnen und Lesern wird aufgefallen sein, dass in der Praxis wiederum unterschiedliche Begriffe verwendet werden. Unser **Freier Cashflow-to-Entity** wird in der Praxis als **Operativer Free Cashflow** oder als **Operating Free Cashflow** bezeichnet.

5.3   Ergänzungen und Fragen

5.3.1   Anstelle einer Zusammenfassung ein Nachsatz

Im Verlauf der Jahrzehnte sind verschiedene Methoden für die finanzielle Bewertung von Vorhaben, Projekten, Geschäftsplänen und Unternehmungen entwickelt worden. Die verfügbare Palette von Bewertungsansätzen hatten wir bereits im ersten Kapitel in zwei große Gruppen eingeteilt, in Substanzwertverfahren und Ertragswertverfahren. Nochmals:

Bei **Substanzwertverfahren** werden die Vermögenspositionen betrachtet, die sich im Eigentum der Unternehmung befinden. Es wird unterstellt, dass diese Vermögenspositionen einzeln gekauft oder verkauft werden könnten. Der Gesamtwert der Unternehmung ist dann die Summe der Wiederbeschaffungskosten beziehungsweise der Liquidationserlöse der einzelnen Vermögenspositionen. Wenn die Unternehmung Verpflichtungen hat — das können Bankschulden sein, gesetzliche Ansprüche aus Sozialplänen, Abbruchkosten — dann werden diese Verpflichtungen vom Gesamtwert abgezogen. So entsteht der Wert zugunsten der Eigenkapitalgeber.

Ertragswertverfahren betonen die wirtschaftlichen Ergebnisse, die unter einem Geschäftsplan in den zukünftigen Jahren erzielt werden können, wenn das Unternehmen weitergeführt wird. Diese Ergebnisse werden durch die Gewinne, Dividenden oder Zahlungen (Cashflows) beschrieben, die wohl erwirtschaftet werden können. Die zukünftigen — und offensichtlich unsicheren — Ergebnisse werden auf den heutigen Zeitpunkt bezogen (diskontiert), und der Unternehmenswert ist die Summe der Barwerte der zukünftigen, unsicheren Ergebnisse. Dieser Gesamtwert oder Entity-Value ist zu unterscheiden vom Wert zugunsten der Eigenkapitalgeber (Equity-Value). Zieht man vom Entity-Value Schulden und Verpflichtungen ab, entsteht der Equity-Value.

Substanzwertverfahren und Ertragswertverfahren dürfen nicht als konkurrierende Bewertungsverfahren angesehen werden. Jedes Bewertungsverfahren betont gewisse Aspekte, und je nach Situation kann das eine oder das andere Verfahren als geeigneter angesehen werden.

Bei Substanzwertverfahren bleiben vielfach immaterielle Vermögenswerte im Hintergrund, und die Betonung liegt auf den konkreten Gegenständen des Vermögens. Auch ein Geschäftsplan bleibt im Hintergrund, und es spielt deshalb beim Vermögen keine Rolle, ob es (im Hinblick auf einen Plan) betriebsnotwendig ist oder nicht. Es werden einfach alle konkreten und sich im Eigentum befindlichen Vermögenspositionen einzeln bewertet. Substanzwertverfahren werden deshalb bevorzugt, wenn sich die Unternehmung in der Gründung oder in der Liquidation befindet.

Für Situationen, in denen die Fortführung der Unternehmung nicht bezweifelt wird, werden Ertragswertverfahren als geeignet angesehen. Hier wird ein Plan zugrunde gelegt und eine Prognose angestellt, welche „Erträge" unter diesem Plan in Zukunft wohl generiert werden können. Deshalb spielt die *Qualität des Geschäftsplans* bei jeder Ertragsbewertung eine zentrale Rolle.

Gleichermaßen wichtig bei jedem Ertragswertverfahren sind immaterielle Vermögenspositionen wie etwa das in Forschung und Entwicklung Erreichte, das prozessuale Know-how der Unternehmung, ihr Ansehen bei Kunden, und so fort. Dagegen hat die Frage, ob nicht-betriebsnotwendiges Vermögen vorhanden ist, wenig Einfluß auf die (mit dem Betrieb) in Zukunft erzeugten Erträge.

Für jedes Ertragswertverfahren sind diese Fragen zu klären:

1. Ist der Plan der Fortführung realistisch? Sind alle für diesen Plan erforderlichen Ressourcen vorhanden oder müssen noch gewisse Investitionen getätigt werden? Sind allenfalls Ressourcen vorhanden, die für den Plan nicht benötigt werden und getrennt verwertet werden können?

2. Werden die Erträge durch die Gewinne, die Ausschüttungen (Dividenden) oder durch Cashflows bestimmt? Wenn es sich um Cashflows handelt, wie sind sie definiert? Wie können sie aus Größen ermittelt werden, die das Rechnungswesen liefert? Etwa: wie hängen sie mit der gebräuchlichen Größe *EBIT* zusammen?

3. Wenn dann der Begriff „Ertrag" präzisiert und operativ zugänglich ist, muß ein Blick auf die Methode geworfen werden, die für die Diskontierung verwendet wird.

Was den dritten Punkt betrifft, so erscheint die Wertformel (5-24), kombiniert mit der Miles-Ezzell-Formel (5-27) für die Kapitalkosten, ausgesprochen praxisnah. Von daher hat sich die Mühe auf dem Weg hierher gelohnt.

5.3.2   Was bleibt?

„So," sprach der GNOM, „was hast Du denn im Kopf behalten?"

WANDERER: Gut finde ich die Erkenntnis, dass der Gesamtwert einer verschuldeten Unternehmung höher ist, als wenn genau dieselben realwirtschaftlichen Ergebnisse nur Eigenkapitalgebern zugewiesen werden und damit voll zu versteuern sind. Der Tax-Shield ist der Barwert der Steuervorteile. Deshalb hätte ich mir eine detaillierte Darstellung des APV-Ansatzes gewünscht.

Bild 5-7: FRANCO MODIGLIANI (1918-2003), links, und MERTON H. MILLER (1923-2000) beeinflußten die Entwicklung des Gebietes *Corporate Finance* stark mit den beiden zitierten Aufsätzen, auf die viele Schüler kurz mit „Mo-Mi" verweisen. MODIGLIANI stammte aus Rom und hatte an der dortigen *La Sapienza* 1939 sein juristisches Studium abgeschlossen. Er mußte wie viele andere emigrieren und lehrte an verschiedenen Universitäten in den Vereinigten Staaten, ab 1962 am Massachusetts Institute of Technology als Professor für *Economics and Finance*. Im Jahr 1985 erhielt er den Nobelpreis. Ab 1988 lebte MODIGLIANI als Emeritus in Boston. MERTON H. MILLER erhielt den Nobelpreis 1990 zusammen mit HARRY MARKOWITZ und WILLIAM SHARPE . MILLER stammte aus Boston und hatte sein Studium an der Harvard Universität 1943 mit *magna cum laude* abgeschlossen. Er lernte 1953 MODIGLIANI an der *Carnegie-Mellon University* in Pittsburgh (PA) kennen, wo MODIGLIANI damals lehrte. MILLER ging später nach Chicago, und wurde nach einer Professur Direktor des *Chicago Board of Trade*, später der *Chicago Mercantile Exchange*. MILLER hatte immer wieder kraftvoll die Idee des freien Marktes vertreten.

Jedenfalls ist die Übersicht zu den drei Varianten, mit denen der Entity-Value bestimmt werden kann, interessant. Die Überlegung mit dem Steuervorteil ist im Grunde alt. Sie wurde von FRANCO MODIGLIANI und MERTON H. MILLER in ihren Arbeiten von 1958 und 1963 behandelt. Wenig überzeugt hat mich die in der gesamten Literatur immer getroffene Annahme, die Finanzierung hätte keine Rückwirkung auf die realwirtschaftliche Tätigkeit. In der Praxis ist das doch ganz anders. Kaum ist die Bank da, muss der Unternehmer anders investieren.[8]

GNOM: „Und, was hast Du bei der Miles-Ezzell-Formel (5-25) und (5-27) gelernt?"

WANDERER: Die erste Wertformel für den Equity-Value fand ich noch interessant, doch dann wurde es etwas ermüdend, den immer neuen Berechnungen von Cashflows und Kapitalkosten zu folgen. Für mich sind diese Ansätze im Laufe der Zeit langweilig geworden und Ausdruck des Versuchs, die Formel (4-1) zum zentralen Kern jeder Unternehmensbewertung zu machen...

GNOM: „... Das, was Du als «Versuch» bezeichnest, galt um 1980 als in höchstem Maß gelungen. Nur verlangt man heute, dass bei der Herleitung von Formeln die Kapitalkosten *zeitabhängig* sein dürfen. Damit wird die Sache kompliziert. Doch das Komplexe hat etwas Gutes..." und hier lächelte der GNOM verschmitzt: „Wo es kompliziert wird, ist sogleich der Wissenschaftler zur Stelle und bietet seine Dienste an, entwickelt beflissen Theorien, trägt den Diskurs in den Hörsaal, vergibt Doktorarbeiten, organisiert Seminare. Nur das Komplizierte nährt die Zunft."

WANDERER: Doch das Komplizierte schreckt den Praktiker, der die Faustformel liebt ...

Der GNOM, auf einmal ironisch: „... Der Praktiker will nicht der Wahrheit Tiefe ergründen. Er ist nur daran interessiert, was *andere* Praktiker denken und von einer Sache halten. Er nimmt den

---

[8] STEWART C. MYERS: Interactions of Corporate Financing and Investment Decisions — Implications for Capital Budgeting. *Journal of Finance* 29 (March 1974), pp. 1-25.

Theoretiker nicht zur Kenntnis. «Richtig» für den Praktiker ist, was andere für richtig halten, weil wiederum andere meinen, es sei richtig…"

Der WANDERER, ablenkend, um nicht auf die Anspielung auf die Metapher von KEYNES eingehen zu müssen: … Die durchschnittlichen Kapitalkosten, so scheint mir, hatten ihre große Zeit, als man von einer Annahme ausgehen durfte. Du hast sie genannt: Die Kapitalkosten sollten konstant in der Zeit sein. Wo diese Annahme in einem kritischen Licht gesehen wird, hat man nicht mehr so einfache Formeln, mit denen in der Praxis fröhlich die täglichen Bewertungsaufgaben angegangen werden können. Außerdem sagen alle Theorien über *WACC* oder über *MECC* nur, wie sie in *Relation* zu anderen Kapitalkosten stehen.

5.3.3   Fragen

1. Welcher Grundidee folgt der APV-Ansatz?

2. Erklären Sie den Unterschied zwischen *Budgetierten* und *weitergehenden* Investitionen!

3. Wie sind der Verschuldungsgrad, das Gearing und die Eigenkapitalquote definiert?

4. Was besagt die Hackordnung der Finanzierung und wie wird sie erklärt?

5. Warum wurde von einem Cashflow-to-Entity gesprochen? A) Ist nicht einfach der Cashflow gemeint? B) In welcher Beziehung stehen der Cashflow-to-Entity und *EBIT*?

6. Ist diese Behauptung korrekt? "Beim Ansatz von Miles und Ezzell resultiert der Entity-Value als Barwert der *total versteuerten EBIT*, die ungeachtet der tatsächlichen Finanzierung in der Wertformel als voll versteuert unterstellt werden."

7. Skizzieren Sie den typischen Verlauf dieser Kosten in Abhängigkeit des Verschuldungsgrads: Eigenkapitalkosten der verschuldeten und besteuerten Unternehmung, *WACC*, sowie die Miles-Ezzell-Cost-of-Capital *MECC*.

8. Ein Konzern plant eine Einzweckgesellschaft (*Single Purpose Company*, SPC), die von vornherein nur eine recht kurze Lebensdauer haben wird. Die Anfangszahlung, um die SPC in Gang zu bringen, beträgt 25 (Millionen Euro). Sie wird durch diese *EBIT* für die folgenden drei Jahre beschrieben: 20, 30, 40. Als Steuersatz soll mit $s = 30\%$ gerechnet werden. Aufgrund der hohen Risiken (und ohne Beachtung von Risiken, die mit einer speziellen Kapitalstruktur verbunden wären), werden die Kapitalkosten mit 20% veranschlagt — das sind die Kapitalkosten der unverschuldeten Unternehmung im Sinn unserer Sprechweise. Die Fremdkapitalkosten betragen 10%, weil die Banken einen hohen Zuschlag für das Defaultrisiko verlangen. Gesucht ist der Wert der SPC in Abhängigkeit von Finanzierungsvarianten. Führen Sie die Rechnung für $L = 0$, $L = 1$ und $L = 2$ durch.

6. Performance und Residualeinkommen

Die *Performance* eines Jahres ist definiert als Differenz zwischen dem tatsächlichen Ergebnis und dem (von den Kapitalgebern) erwarteten Ergebnis. Ein bekanntes Maß für die Performance ist der *Economic Value Added* (*EVA*). Die Performancemessung kann zu einem Bewertungsansatz ausgebaut werden. Im Rahmen des *Clean Surplus Accounting* besteht ein Zusammenhang zwischen dem Marktwert und dem Buchwert. OHLSON hat diese Wertformel mit einer Formulierung der Dynamik der Information über Residualgewinne ergänzt. Diese *Residual Income Valuation* hat große Beachtung gefunden, weil sie Marktwerte und Buchwerte verbindet und die Informationsstruktur einbezieht.

6.1   Performancemessung

6.1.1   Wert oder Performance?

Mit dem DCF-Ansatz und den Bewertungsformeln für den Equity-Value $W(Equity)$ und den Entity-Value $W(Entity)$ wurde ein reichhaltiges Instrumentarium geschaffen. Es erlaubt, Geschäftsvorhaben, Restrukturierungen und Änderungsinvestitionen zu beurteilen. Das ist vielerorts verlangt, weil durch die weltweite Öffnung der Märkte und die weltweite Zunahme des Wettbewerbs kein Manager mehr Maßnahmen ergreifen konnte, die sich bei genauer Rechnung als unwirtschaftlich erweisen.

Selbstredend wird in der Praxis die Bewertung nicht jedes Mal allein auf den DCF abgestützt. Wenn in einer konkreten Situation andere Bewertungsverfahren gewünscht werden, liefert der DCF immerhin eine Zweitmeinung. So ist der DCF zwar kein Allheilmittel, das jede andere Medizin verdrängt hätte. Doch der DCF hat heute den Rang einer Standardrechnung, die bei *jeder* Bewertung vorgenommen werden muss, selbst wenn andere Argumente einfließen.

Mit der Verbreitung und Akzeptanz des DCF-Ansatzes um 1980 ging eine Öffnung gegenüber grundsätzlichen Änderungen der Gestalt der Unternehmung und der Zusammensetzung des Unternehmensportfolios einher. Die Gebote lauteten: Wertschöpfungskette aufbrechen, Teilfunktionen outsourcen, auf Kernkompetenzen konzentrieren, die Unternehmung um ihre Intangibles neu erfinden. Solche Veränderungen brachten vielfach unerwünschte soziale Auswirkungen mit sich, weil oftmals Arbeitsplätze verloren gingen. So ist in den Medien die grundsätzliche Auseinandersetzung darüber aufgeflammt, welche *Aufgaben* und *Ziele* die Unternehmung in unserer *modernen Gesellschaft* haben und wie der **ordnungspolitische Rahmen** interpretiert werden müsse. Diese Kontroverse lässt sich als **Shareholder-Value versus Stakeholder-Value** umreißen.

In der Tat beurteilt der DCF-Ansatz eine Kapitalanlage oder Unternehmung prononciert aus Sicht der Finanzinvestoren. Gruppen, die sich nicht durch Investitionen am Kapitalmarkt oder durch Fremdkapital beteiligen, bleiben bei der Bewertung unberücksichtigt. Denn der Wert spiegelt die Präferenzen derjenigen Personen, die sich am Finanzmarkt beteiligen.

Inzwischen haben sich die Wogen geglättet. Überall wird anerkannt, dass eine Unternehmung, die sich immer wieder über die marktgerechten Erwartungen der Kapitalgeber hinwegsetzt, irgendwann untergeht — zum Schaden aller gesellschaftlicher Gruppen. Es ist auch heute offenkundig, dass der Staat nicht mehr über die Mittel verfügt, um auf Wunsch gesellschaftlicher Gruppen als Retter einzuspringen, sobald eine Unternehmung keine Unterstützung seitens des Kapitalmarktes mehr findet.

Allerdings hat der DCF-Ansatz mitunter zu einer Anwendung im Überschwang verleitet. Laufend kamen Analysten zu den Managern und wollten wissen, welchen Wert diese und welchen Wert jene Strategie hätte und ob es nicht das beste wäre, die Unternehmung gleich zu verkaufen, weil ihr Wert geringer sein könnte als das, was vielleicht ein Käufer bieten würde. So hat der DCF-Ansatz begünstigt, die Fortführung der Unternehmung permanent in Frage zu stellen. Manche Aktionäre wünschten sich am Ende als Manager nicht mehr eine *Führungspersönlichkeit*, sondern einen *Starverkäufer*.

Das Thema hatte sich um 1990 so von der Führung und stetigen Verbesserung der Unternehmung zur **Schaustellung von Werten** gewandelt mit der Absicht, bei einer schnellen Transaktion Kasse zu machen. Investmentbanken, die bei solchen Transaktionen mit Rat und Maklerdiensten zur Seite standen, lebten auf.

Das Wirtschaftsleben folgte durchaus Aktionären, die immer weniger geduldige Anleger waren, sondern *Trader* sein wollten. Irgendwie hat diese im Kapitalmarkt immer wieder zu Tage tretende Einstellung hier und da die Arbeit und den Arbeitswillen in den Betrieben untergraben.

Die an der Kontinuität interessierten Manager waren daher alsbald für Ansätze aufgeschlossen, die das **Wirtschaftsergebnis eines Jahres** in den Mittelpunkt rücken und nicht den Wert der Unternehmung zu einem Stichtag. Dieses Wirtschaftsergebnis sollte durchaus mit den marktgerechten Ansprüchen der Kapitalgeber verglichen werden. So entsteht ein **Maß für die Performance**.

> Mit **Performance** wird ein Vergleich bezeichnet, der das in einem Jahr *tatsächlich erzielte Ergebnis* zugunsten der Kapitalgeber dem aufgrund alternativer Verwendungsmöglichkeiten des Kapitals *erwarteten Ergebnis* gegenüberstellt.

Die Gegenüberstellung kann durch einen Quotienten oder die Differenz beider Größen vorgenommen werden. Üblicher ist die Differenz:

$$(6\text{-}1) \quad \begin{aligned} Performance \;&=\; Tats\ddot{a}chliches\; Ergebnis - Erwartetes\; Ergebnis \;=\; \\ &=\; Tats\ddot{a}chliches\; Ergebnis - K \cdot r \end{aligned}$$

Bei dem von den Kapitalgebern erwarteten Ergebnis handelt es sich um einen Geldbetrag, der sich auf das Geschäftsjahr bezieht. Er ist das Produkt des eingesetzten Kapitals das mit K bezeichnet sei, und einer erwarteten Rendite r.

6.1.2 Varianten

Selbstverständlich muss genauer gesagt werden, was unter dem „Ergebnis" verstanden werden soll. Was das erwartete Ergebnis betrifft, so müssen dazu das eingesetzte Kapital K ebenso wie die erwartete Rendite r präzisiert werden. Hier sind fünf Punkte, die bei der Konkretisierung der generellen Formel (6-1) festgelegt werden müssen:

1. Soll das Ergebnis zugunsten der Eigenkapitalgeber allein betrachtet werden (**Equity-Performance**) oder dasjenige Ergebnis, das allen Eigen- und Fremdkapitalgebern zusammengefasst zugute kommt (**Entity-Performance**)?

2. Soll das Ergebnis dem Rechnungswesen direkt entnommen oder mit wenigen **Konversionen** daraus ermittelt werden (**Accounting-Performance**)? Oder soll im Unterschied dazu eine ökonomische Perspektive eingenommen und das Ergebnis ausgesprochen marktnah bestimmt werden (**Economic-Performance**)? Bei der Equity-Performance wäre im ersten Fall (Accounting-Performance) das Ergebnis gleich dem Gewinn und das Kapital wäre gleich dem Buchwert des Eigenkapitals. Im zweiten Fall (Economic-Performance) müsste das Ergebnis als Dividende plus Wertsteigerung verstanden werden, und das eingesetzte Kapital K wäre gleich dem Marktwert oder kurz dem Wert.

3. Soll das tatsächliche Ergebnis nach denselben Standards gemessen werden wie das erwartete Ergebnis oder soll vielleicht das tatsächliche Ergebnis etwas „großzügiger" gemessen werden, etwa durch es begünstigende **Konversionen**, während das erwartete Ergebnis vielleicht sogar nach unten korrigiert wird?

4. Was die *Erwartung* betrifft, gibt es zwei Möglichkeiten: Es kann die Erwartung gemeint sein, die man noch zu Beginn des Jahres hatte, über das berichtet wird („aufgrund unseres Vorwissens wäre in 12 Monaten dies zu erwarten..."). Oder es kann sich um die Erwartung handeln, die am Ende des Berichtsjahres aufgrund der tatsächlichen Ergebnisse von Unternehmen einer Peer-Group gebildet wird („aufgrund der bei anderen Unternehmen realisierten Ergebnisse wäre eigentlich dies zu erwarten...").

5. Wenn die Equity-Performance bestimmt wird, kann das tatsächliche und das erwartete Ergebnis auf die Unternehmung oder auf eine einzelne Aktie ausgedrückt werden. Der Unterschied besteht in der Behandlung von Aktienrückkäufen, Mitarbeiteroptionen, Kapitalerhöhungen und Kapitalherabsetzungen.

Wer für jeden dieser fünf Punkte nur zwei Möglichkeiten betrachtet, kommt schon auf $2^5 = 32$ verschiedene Performancemaße. Einige werden wir näher betrachten. Darunter ist eine Variante, die als *Residualeinkommen* bezeichnet wird.[1]

Bei allen diesen Performancemaßen bietet sich an, die Differenz zwischen dem tatsächlich Erreichten und dem, was aufgrund alternativer Möglichkeiten erwartet wurde oder wird, also die Differenz (6-1), noch weiter zu erklären. Für die Performance gibt es drei Gründe:

- **Zufällige Performance**: Bei unsicheren Entwicklungen muss natürlich immer damit gerechnet werden, dass die Realisation vom Erwartungswert abweicht. Wenigstens zu einem Teil ist die Performance einer Unternehmung mit Glück und Pech zu erklären, auf das sie beziehungsweise das Management keinen Einfluss hat und hatte.

- **Excess-Performance**: Während des Jahres haben gewisse Entscheidungen und Maßnahmen des Managements willentlich und wirksam das Ergebnis beeinflußt. Deshalb wird zumindest ein Teil der Performance durch das Engagement und Geschick des Managements erklärt.

- **Antizipierte Performance**: Je nach Art der Messung gibt es möglicherweise einen Teil der Performance, der gleichsam ohne besondere Anstrengung des Managements erwartet werden konnte. Dies kann daran liegen, wie das Ergebnis gemessen wird. Wenn zum Beispiel das tatsächliche Ergebnis eher höher festgestellt wird und das erwartete Ergebnis immer vorsichtig formuliert wird, dann kann schon vorhergesehen werden, dass es wohl zu einer positiven Performance kommen sollte.

Im Licht dieser Unterscheidung bieten sich *Zerlegungen* der Performance in drei Komponenten an. Wenn die Performance die Grundlage eines **Bonussystems** bilden soll, bietet es sich natürlich an, die Excess-Performance in den Vordergrund zu stellen. Allerdings setzt dies voraus, dass die Zerlegung der Performance in die drei genannten Komponenten sowie das Herausrechnen der Excess-Performance sachgerecht und genau erfolgt, weil sonst das Bonussystem willkürlich wirkt und am Ende demotiviert.[2]

Doch die gegebene begriffliche Unterscheidung kann im konkreten Fall nicht so einfach umgesetzt werden. So weiss jeder, dass der Erfolg viele Väter hat. Das Management wird eine rein zufällige Performance, wenn sie positiv ist, als Excess-Performance ausgeben, eben als Ergebnis eigener Anstrengung. Und wenn eine Excess-Performance negativ ist, wird das Management immer versuchen, sie als zufällig, eben als Pech, darzustellen.

---

[1] 1. M. J. MEPHAM: The Residual Income Debate. *Journal of Business Finance & Accounting* 7 (Summer 1980) 2, pp. 183-199. 2. KEITH SHWAYDER: A Proposed Modification to Residual Income- Interest Adjusted Income. *Accounting Review* 45 (1970) 2, pp. 299-307.

[2] J. O'HANLON UND K. V. PEASNELL: Residual income and value-creation: The missing link. *Review of Accounting Studies* 7 (2002), pp. 229-245. Die Autoren unterscheiden einen antizipierten Teil und einen mit "Excess" bezeichneten Teil und schlagen vor, einen Bonus an letzterem zu orientieren.

Gleiches kann über die antizipierte Performance gesagt werden. Ist sie, bei „sachgerechter Sicht" positiv, wird dies das Management lange nicht zugeben wollen.

> Aus diesen Gründen ist es nicht einfach, bereits dann von **Outperformance** zu sprechen, wenn die Performance (6-1) positiv ist. Und angesichts der zufälligen Performance, die ab und zu Pech bedeutet, wäre es ebenso wenig korrekt, gleich von **Underperformance** zu sprechen, wenn die Performance (6-1) negativ ist.

Trotz dieser Schwierigkeiten bei der Beurteilung der Gewichte der drei Ursachen macht es bei vielen Fragestellungen mehr Sinn, die Performance in den Mittelpunkt zu stellen und nicht das tatsächliche Ergebnis. Denn nur ein **Vergleichsmaßstab** zeigt, ob das tatsächliche Ergebnis als groß oder klein anzusehen ist. Als Vergleichsmaßstab dient, was aufgrund der Alternativen — hier kommt die Marktsicht hinein — schon zu Beginn des Jahres erwartet wurde beziehungsweise am Jahresende im Vergleich mit den Unternehmen einer Peer-Group erwartet wird.

6.1.3 Abnormal Earnings

Unternehmen haben bereits vor Jahrzehnten versucht, dem (tatsächlichen) **Bilanzgewinn** einen (erwarteten) **Sollgewinn** gegenüberzustellen. Allerdings war nie klar, wie hoch der Gewinn einer Unternehmung *normalerweise* sein sollte. Heute ist das durch die Marktperspektive etwas anders geworden. Früher hatten die Unternehmen aufgrund des Fehlens einer theoretisch fundierten Methode zur Bestimmung eines *Sollgewinns* die eigene Budgetierung herangezogen: Der tatsächliche Gewinn wurde mit dem zuvor **geplanten** und **budgetierten Gewinn** verglichen. Auch heute werden solche Vergleiche zwischen Ist- und Planzahlen gezogen.

> Eine wissenschaftliche Fundierung des Sollgewinns oder erwarteten Gewinns ist ALFRED MARSHALL (1842-1924) gelungen. Der britische Nationalökonom schlug vor, das erwartete Ergebnis aus einer Marktperspektive zu bestimmen. Hierzu sollte das eingesetzte Kapital mit dem *Marktzinssatz* (oder wir würden heute sagen: mit der marktüblichen Rendite) multipliziert werden. MARSHALL definierte die Performance als den tatsächlichen Gewinn abzüglich dem Produkt aus Kapital und erwarteter Rendite. Für die Differenz
>
> $$Performance \ = \ Gewinn - Kapital \cdot r$$
>
> prägte er den Begriff **Residualgewinn** (**Residual Income**, **Abnormal Earnings**).

Marshall spezifizierte für diese Performance das Kapital mit dem Buchwert des Eigenkapitals, $B(Equity)$, und die Rendite mit dem Marktzinssatz, $r = i$. Es handelt sich um eine Equity-Performance. Folgen wir der Bezeichnung *Abnormal Earnings* und konkretisieren die Definition der Performance entsprechend:

(6-2) $$Abnormal \ Earnings \ = \ Gewinn - B(Equity) \cdot i$$

MARSHALL hatte durch die Definition den tatsächlichen Gewinn in zwei Teile zerlegt: Er ergibt sich aus dem erwarteten Gewinn plus dem „abnormalen" Gewinn.

$$(6\text{-}3) \qquad Gewinn \;=\; B(Equity) \cdot i + Abnormal\ Earnings$$

Zu den Abnormal Earnings sagte MARSHALL, sie seien die *"earnings of undertaking or management"*. Er verdeutlichte mit dieser Sprechweise, dass dieser Teil des tatsächlichen Gewinns dem Management zuzuschreiben sei. Der Gewinn ist gleich Buchwert mal Zinssatz plus das, was das Management noch zusätzlich einbringt.

Die Ideen von MARSHALL wurden seither ausgebaut. Bei diesem Ausbau sind zwei Punkte hervorzuheben.

1. Die Praktiker fühlen sich bei (6-2) angesprochen, weil eine Performance definiert wird, die dem Rechnungswesen nahe steht. Denn in (6-2) und (6-3) geht es nicht wie beim DCF um Größen, die erst für die Zukunft erwartet werden und aufgrund von Plänen zu schätzen sind. In (6-2) wird die Performance anhand verlässlicher und geprüfter Daten bestimmt.

2. In der Forschung wurde entdeckt, dass sogar der Marktwert der Unternehmung aus den Residualgewinnen nach (6-2) ermittelt werden kann und dass interessante Zusammenhänge zwischen den Residualgewinnen oder Abnormal Earnings einerseits und dem *Dividend-Discount-Model* andererseits bestehen. Wir wenden uns diesen Zusammenhängen im nächsten Abschnitt zu. Auch diese Ausbaurichtung unterstreicht die Bedeutung der Definition der Performance nach (6-2).

Die Aufgeschlossenheit der Wirtschaft gegenüber einer Accounting-Performance haben etliche Beratungsfirmen für sich umgemünzt. Die Unternehmensberatungen haben eigene Varianten zu (6-2) entwickelt und teils Erweiterungen vorgenommen. Selbstverständlich war das Hauptziel der Weiterentwicklungen oder Varianten oder Verfeinerungen, (6-2) dahingehend zu verbessern, dass verschiedene Aufgaben praxisgerecht gelöst werden können. Hierzu wurden Adjustierungen und Konversionen vorgeschlagen, die anzubringen wären.

Eine Aufgabe der Beurteilung der Performance besteht in Bonussystemen. Sie sollen die Performance oder einen Teil der Performance dem Management zuweisen. Es soll zu einer verstetigten Unternehmensentwicklung motiviert werden.

Auf diese Weise haben Consultingfirmen Beratungsprodukte entwickelt, deren Namen zum Teil als Marke geschützt worden sind. Alle diese Beratungsprodukte haben indessen den gemeinsamen Kern, der durch die Formel (6-2) für die Accounting-Performance gegeben ist.[3]

---

[3] Einen Überblick über die von Beratungsunternehmen vertretenen Konzeptionen gibt: RANDY MYERS: Metric Wars. *CFO* 12 (1996). 10, pp. 41-50.

Added Value	London Business School	DAVIS und KAY (1991)
Economic Value Added EVA	Stern Stewart & Co.	STEWART (1991)
Economic Profit	McKinsey & Company, Inc.	COPELAND, KOLLER UND MURRIN (1994)
Cash Value Added CVA	Boston Consulting Group	LEWIS (1994)

Bild 6-1: Vier im Consulting eingesetzte Konzepte für die Performancemessung.

6.1.4   Economic Value Added

Recht bekannt in Praxis und Theorie ist der **Economic Value Added**, abgekürzt **EVA**. Dieser Begriff wurde von der Beratungsfirma Stern Stewart & Company zu einem Beratungspaket ausgebaut.[4] Mit *EVA* werden gegenüber der allgemeinen Performance nach (6-1) vier Modifikationen oder Konkretisierungen vorgenommen. Hier die ersten drei:

1. *EVA* ist keine Equity-Performance, sondern eine *Entity-Performance*. Von der Theorie her gibt es dadurch zwar keine Vorteile, doch ist die Zusammenfassung aller Kapitalgeber zu einer Gruppe im praktischen Wirtschaftsleben und in der Beratung geschickt. Der Blick vom „nach Profit strebenden Shareholder!" wird auf den Kapitaleinsatz insgesamt gelenkt und zugleich wird von allfälligen Interessengegensätzen zwischen Eigen- und Fremdkapitalgebern abgesehen. Für die Entity-Performance wird das tatsächliche Ergebnis als Gewinn plus Zinszahlung verstanden und das Kapital als Buchwert von Eigen- und Fremdkapital.

2. Bei *EVA* wird die Rendite r gleich den gewichteten durchschnittlichen Kapitalkosten gesetzt, $r = WACC$, wodurch der Anspruch auf eine markt- und risikogerechte Rendite Berücksichtigung findet.

3. Das tatsächliche Ergebnis wird durch **Konversionen** (nach oben) korrigiert.

Die zweite und die dritte Modifikation stellen bereits gewisse Schritte in Richtung auf eine Economic-Performance dar. Der zweite Punkt hält fest, dass mit der risikogerechten Rendite *WACC* und nicht mit dem Zinssatz i gerechnet wird, wie noch in (6-2). Auch beim dritten Punkt wird ein Schritt in Richtung auf eine Economic-Performance gegangen. Dazu werden bei den Konversionen Aspekte berücksichtigt, die in Buchgrößen nicht adäquat abgebildet sind. Allerdings bleibt es bei der Ausgangsfestsetzung des Kapitals anhand der Buchwerte, auch wenn diese durch Konversionen noch verändert werden.

---

[4] G. BENNETT STEWART: *The quest for value*. Harper, New York 1991. Für den deutschen und schweizerischen Sprachraum konkretisiert wurde das Konzept von STEPHAN HOSTETTLER: *Economic Value Added*. Dissertation, Universität St. Gallen, Haupt, Bern 1997.

Bild 6-2: JOEL M. STERN, Managing Partner der Unternehmensberatung Stern Stewart & Company, gilt als Pionier im Value-Management. Die Consultingfirma setzt sich für die Verwendung des Übergewinns (in der Variante des Economic-Value-Added) ein und hat diesen zu einem Beratungswerkzeug erweitert. JOEL M. STERN hält Kontakt zu verschiedenen amerikanischen Universitäten, wo er als Adjunct Professor lehrt. Er hat zwei Bücher verfaßt, betitelt *Analytical Methods in Financial Planning* und *Measuring Corporate Performance*. Außerdem ist er durch Kolumnen in *The Financial Times* oder in *The Wall Street Journal* bekannt, in denen er Themen der Unternehmensfinanzen kommentiert.

Die drei genannten Änderungen führen auf die erste Version der Formel für EVA :[5]

$$(6\text{-}4) \qquad EVA \;\; = \;\; Gewinn + Zinszahlung + Konversionen - B(Entity) \cdot WACC$$

Das in (6-1) angeführte Kapital K wird bei der Formel (6-4) wie eben erwähnt als *Buchwert* von Eigen- und Fremdkapital konkretisiert, $K = B(Entity)$. Im Grunde handelt es sich dabei um die Bilanzsumme. Deshalb stimmt K mit dem in der Bilanz ausgewiesenen *Vermögen* überein.

Diese Blickveränderung von der rechten auf die linke Bilanzseite ist interessant, weil sie das Licht von den Kapitalgebern nimmt und auf die konkreten Vermögensgegenstände (Einrichtungen, Maschinen) richtet, mit denen die Unternehmung in Produktion und Absatz wirtschaftet. Die Notwendigkeit, Maschinen und Anlagen marktgerecht zu verzinsen, wurde von Ingenieuren, Produktionsleitern und auch von der Öffentlichkeit nie in Frage gestellt. Dass Kapital benötigt wird, um Maschinen und Anlagen zu finanzieren, und dass diese Finanzmittel verzinst werden müssen, findet überall Akzeptanz — jedenfalls mehr als die Aussage, der Unternehmenswert leite sich aus Dividenden ab.

> Als vierte Modifikation wird bei EVA das Vermögen auf das betriebsnotwendige Vermögen eingeengt — auch der Gewinn wird von außerordentlichen Einflüssen bereinigt.
>
> Das betriebsnotwendige Vermögen wird als **Net Operating Assets (NOA)** verstanden. Diese Größe ist nahe am Bilanzwert bemessen und wird eventuell als **Ersatzwert** verstanden. Folglich wird EVA anstelle von (6-4) so berechnet. Für das Betriebsergebnis abzüglich Steuern, also für den Betriebsgewinn plus Zinsen, steht die Abkürzung **NOPAT**, ausführlich **Net Operating Profit After Taxes**.

[5] 1. JEFF BACIDORE, JOHN BOQUIST, TODD MILBOURN und ANJAN THAKOR: The Search for the Best Financial Performance Measure. *Financial Analysts Journal* 53 (Mai/Juni 1997) 3, pp. 11-20. 2. KARLHEINZ KÜTING und ULRIKE EIDEL: Performance-Messung und Unternehmensbewertung auf Basis des EVA. *Wirtschaftsprüfung* 52 (November 1999) 21, pp. 829-838.

Bild 6-3: G. BENNETT STEWART, III. Er hatte 1982 gemeinsam mit JOEL M. STERN die Unternehmensberatung Stern Stewart & Company gegründet, und sich vor allem durch das Buch *The Quest for Value* einen Namen gemacht, in dem das Konzept des Economic-Value-Added zu einem Beratungswerkzeug ausgebaut wurde.

So entsteht die zweite Formel für EVA:

$$(6\text{-}5) \qquad EVA \; = \; NOPAT + Konversionen \; - \; NOA \cdot WACC$$

Gelegentlich wird beklagt, EVA sei keine echte Economic-Performance, weil das Kapital (beziehungsweise das Vermögen NOA) nah am Rechnungswesen ermittelt wird.[6] Da ein bilanznah bestimmtes Kapital im Allgemeinen geringer ist als der Marktwert, kommen die Unternehmen mit (6-4) und (6-5) leichter auf einen positiven EVA. Die antizipierte Performance ist folglich positiv. Doch die Beratungsfirma sieht in dem Faktum, dass gleichsam die Messlatte niedrig gehängt wird (erwartetes Ergebnis eher gering bemessen), den Vorteil der höheren Motivation des Managements. Die Performancemessung und auch an sie geknüpfte Boni sollen die Kontinuität der Unternehmensentwicklung fördern, was sich letztlich zum Vorteil der Kapitalgeber auswirken sollte, so die Beratungsfirma. Abgesehen davon gibt es für den Ansatz von Buchwerten anstelle von Marktwerten eine theoretische Begründung, die wir im nächsten Kapitel 6 betrachten.

Es bleibt zu ergänzen, dass die Formel (6-5) den Kern des Beratungsprodukts EVA® der Firma Stern Stewart & Co. bilden. Zu diesem Beratungsprodukt gehören

- die Berechnungsformel (6-5) für die Performance,

- als Service die Beratung über sachgerechte Konversionen,

- die Beratung beim Aufbau einer Bonusbank. Es wird vorgeschlagen, Jahr für Jahr etwa $1/3$ des jeweiligen EVA in eine Bonusbank einzuweisen, beziehungsweise bei negativen EVA den Kontostand der Bonusbank entsprechend zu reduzieren. Ein gewisser Prozentsatz des Guthabens der Bonusbank, zum Beispiel 20% wird jedes Jahr an das Management als Bonus ausbezahlt. Durch die Bonusbank werden die jährlich ausgeschütteten Boni geglättet. Die Boni sind somit von rein zufälligen Einflüssen bereinigt.

---

[6] DENIS B. KILROY: Creating the Future: How Creativity and Innovation Drive Shareholder Wealth. *Management Decision* 37 (1999) 4, p. 363.

6.1.5 Economic-Performance

Investoren legen Geld an, um Geld zurückzuerhalten. Sie beurteilen das Ergebnis ihrer Kapitalanlage anhand der Zahlungen, die ihnen in dem betreffenden Jahr zufließen sowie anhand des Wachstums des Werts oder der Wertsteigerung, die sie realisieren könnten. So entsteht als Formel für die **Economic-Performance**:

$$(6\text{-}6) \qquad Performance \;=\; z_1 + (W_1^{(1)} - W_0^{(0)}) \; - W_0^{(0)} \cdot r$$

In dieser Definitionsgleichung ist die Performance für das erste Jahr ausgedrückt, das vom Zeitpunkt 0 bis zum Zeitpunkt 1 reicht. Mit z_1 sind alle Zahlungen gemeint, die während des Jahres von der Unternehmung an die Kapitalgeber geleistet werden. Wie zuvor bezeichnet $W_0^{(0)}$ den Unternehmenswert zum Zeitpunkt 0 aufgrund der Informationen, die dann vorgelegen waren, und $W_1^{(1)}$ ist der Unternehmenswert zum Zeitpunkt 1 aufgrund der zum Zeitpunkt 1 gegebenen Informationen. So ist $z_1 + (W_1^{(1)} - W_0^{(0)})$ das *tatsächliche* Ergebnis. Erwartet wurde von den Investoren demgegenüber das Ergebnis $W_0^{(0)} \cdot r$. In der Formel (6-6) kann die Performance wieder für die Eigenkapitalgeber allein oder für alle Kapitalgeber ausgedrückt werden. Entsprechend müssen diese besprochenen Größen interpretiert werden:

	Eigenkapitalgeber	**Eigen- und Fremdkapitalgeber**
z_1	Dividenden + Kapitalrückzahlung - Kapitalerhöhung	Dividenden + Kapitalrückzahlung - Kapitalerhöhung + Zinszahlung + Kredittilgung - Neukredit
$W_0^{(0)}, W_1^{(1)}$	Equity-Value	Entity-Value
r	Eigenkapitalkosten	*WACC*

Bild 6-4: Bedeutung der Größen in (6-6) je nachdem, ob die Equity-Performance oder die Entity-Performance ausgedrückt wird.

Eine weitere Wahlmöglichkeit bei der Economic-Performance besteht hinsichtlich der Messung des Wertwachstums $W_1^{(1)} - W_0^{(0)}$. Ein Weg zur Ermittlung des Wertwachstums besteht darin, zwei Unternehmensbewertungen zu den beiden Zeitpunkten 0 und 1 durchzuführen, die $W_0^{(0)}$ sowie $W_1^{(1)}$ liefern. Hierfür könnte der DCF herangezogen werden.

Indessen gibt es auch Vorschläge, wie das Wertwachstum anders bestimmt werden kann. In der Praxis werden oftmals Ansätze gewählt, welche (1) die getätigten Investitionen heranziehen sowie (2) Indikatoren für das organische Wachstum. Beides zusammen ist eine Näherung für $W_1^{(1)} - W_0^{(0)}$. Dieser Ansatz wirkt zwar wenig rigoros, doch er hat aber Vorteile. Denn die getätigten Investitionen und auch die Indikatoren für das organische Wachstum können eventuell dem

Rechnungswesen entnommen werden. So hat man am Ende am Ende $W_1^{(1)} - W_0^{(0)}$ genauer bestimmt als durch die zweifache Unternehmensbewertung zu Beginn und am Ende des Jahres.

Für das tatsächliche Ergebnis gilt:

$$z_1 + (W_1^{(1)} - W_0^{(0)}) \quad =$$
$$= Dividende + Zinszahlung$$
$$+ Wertänderung \ aufgrund \ Innenfinanzierung$$
$$+ Wertänderung \ aufgrund \ Organischem \ Wachstum$$

Alle Vorgänge, die mit einer Kapitalrückzahlung, einer Kapitalerhöhung oder der Tilgung eines Kredits oder einer Neuaufnahme eines Kredits in Verbindung stehen und eine gleich große Wertveränderungen auslösen haben keinen Einfluss auf die Performance des einen betrachteten Jahres. Weiter können wir ausgehen von:

$$Dividende + Wertänderung \ aufgrund \ Innenfinanzierung \quad = \quad Gewinn$$

Wird dies oben eingesetzt, folgt für das tatsächliche Ergebnis:

$$z_1 + (W_1^{(1)} - W_0^{(0)}) \quad =$$
$$= Gewinn + Zinszahlung + Organisches \ Wachstum$$

Mit dieser Beziehung wird die **Economic-Performance zuhanden aller Kapitalgeber** (Entity-Performance) schließlich in diese Form gebracht:

(6-7)
$$Performance \quad =$$
$$= \ Gewinn + Zinszahlung + Organisches \ Wachstum$$
$$- \ W(Entity) \cdot WACC$$

Die Economic-Performance kann, wie (6-7) zeigt, zu wichtigen Teilen dem Jahresabschluss entnommen werden. Denn das relevante ökonomische Ergebnis (zugunsten aller Kapitalgeber) ist zunächst durch den Gewinn und die gezahlten Zinsen gegeben. Dieses Buchergebnis wird noch um das im betreffenden Jahr erreichte Organische Wachstum erhöht. Um es (wenigstens grob) zu schätzen, können wiederum Daten aus dem Rechnungswesen herangezogen werden. Denn einige Komponenten des Organischen Wachstums sind bekannt: Aufwendungen, die nicht der Leistungserstellung in der Periode dienen, wohl aber die Leistungsmöglichkeit erhöhen (und dennoch nicht aktiviert wurden). Hier kommt es erstens darauf an, ob die Unternehmung bei Anschaffungen nach Möglichkeit eine Einmalabschreibung vornimmt (oder nicht). Zweitens gibt es Unternehmen, die bei der Instandhaltung generell großen Aufwand treiben und Arbeiten vornehmen, die den Wert erhöhen, während andere Unternehmen einiges verfallen lassen. Drittens sind interne Arbeiten für Forschung und Entwicklung bei der Economic-Performance zu berücksichtigen. Außerdem muss bei der Economic-Performance das autonome Wachstum berücksichtigt werden, das durch Inflation (bei einer Nominalrechnung) zu verzeichnen ist.

Man kann die Rate des Organischen Wachstums auch anders bestimmen: Sie ist gleich der Rendite r abzüglich der Dividendenrendite.[7]

Beispiel 6-1: Eine Unternehmung A und eine Unternehmung B gleichen sich, was die realwirtschaftliche Tätigkeit und die Finanzierung betrifft, doch haben sie völlig verschiedene Praktiken in der Bilanzierung. A versucht, Abschreibungen und Einweisungen in die Rückstellungen hoch anzusetzen und gleichzeitig wenig zu aktivieren. Bei B ist das Gegenteil der Fall. Abgesehen von den steuerlichen Wirkungen haben A und B denselben Wert und dieselbe Performance. ■

> Ein Vergleich der Economic-Performance (6-10) mit der Formel (6-4) für *EVA* belegt, dass *EVA* einige Schritte von der Accounting-Performance in Richtung Economic-Performance vornimmt. Wenn man annimmt, dass die Konversionen gerade das organische Wachstum in das Ergebnis einbeziehen, dann besteht der Unterschied zwischen (6-4) und (6-1) nur noch darin, dass bei *EVA* die Kapitalkosten auf den Buchwert bezogen werden, wogegen ihre Grundlage bei der Economic-Performance der Marktwert ist.

6.2 Residual Income Valuation

6.2.1 Clean Surplus Accounting

Die Performancemessung kann zu einem Bewertungsansatz ausgebaut werden. Auf diese Weise entsteht eine Verbindung zwischen Buchwert und Marktwert.

Dieser Brückenschlag zwischen Rechnungswesen und Marktbewertung setzt das **Clean Surplus Accounting** voraus. Darunter werden Umformungen von Buchgrößen verstanden, wobei die Relation (6-8) als gültig unterstellt wird. Umformungen unter Voraussetzungen von (6-8) haben die Theorie der Unternehmensbewertung befruchtet und große Beachtung gefunden. Die nachstehende Herleitung geht wesentlich auf KENNETH V. PEASNELL zurück.[8]

Wir folgen PEASNELL und gehen von der Accounting-Performance aus. Der Residualgewinn (*Residual Income*) berechnet sich, wie bereits in (6-2) formuliert, so:

(6-8) $RI_t = G_t - B_{t-1}(Equity) \cdot r$

---

[7] Hierzu Klaus Spremann: Finance, 4. Auflage, Oldenbourg Verlag 2010, Sektion 6.1.4.

[8] 1. KEN V. PEASNELL: On capital budgeting and income measurement. *Abacus* (June 1981), pp. 52-67. 2. KEN V. PEASNELL: Some formal connections between economic values and yields and accounting numbers. *Journal of Business Finance and Accounting* (October 1982), pp. 361-381. 3. KEN V. PEASNELL: A synthesis of equity valuation techniques and the terminal value calculation for the dividend discount model. *Review of Accounting Studies* 2 (1997), pp. 303-323.

RI_t ist das *Residual Income*, also die Equity-Performance im Jahr t. G_t ist der Buchgewinn in jenem Jahr. $B_{t-1}(Equity)$ ist der Buchwert des Eigenkapitals zu Beginn des Jahres t.

> In (6-8) wird nichts über den Standard des Rechnungswesens vorausgesetzt, nichts also darüber, wie nach Gesetz, Praktiken und Politik der Unternehmung letztlich die Gewinne und die Buchwerte ermittelt werden. So kann es beispielsweise sein, dass Abschreibungen und Rückstellungen eher hoch oder eher niedrig angesetzt werden, und so fort.

Zur Vereinfachung der Notation lassen wir im Symbol für den Buchwert den erklärenden Zusatz *Equity* weg. Mit r ist eine Rendite bezeichnet. Die Unternehmung wird im Jahr t vielleicht eine Dividende ausschütten. Sie sei mit d_t bezeichnet. Als einziges setzen wir das so genannte **Clean Surplus Accounting** voraus. Es verlangt:

$$(6\text{-}9) \qquad B_t = B_{t-1} + G_t - d_t$$

Der Buchwert des Eigenkapitals verändert sich in einem Jahr nur durch den Gewinn (und nicht durch andere Vorgänge). Ausschüttungen verringern den Buchwert. Dividenden reduzieren nicht den Gewinn des betreffenden Jahres, aber sie reduzieren den Buchwert.

Die Gleichung (6-9) leuchtet ein, weshalb man denken könnte, das Clean Surplus Accounting sei eine Selbstverständlichkeit. Doch es handelt sich um eine *Annahme*. Einige Standards im Rechnungswesen werden (6-9) erfüllen, andere nicht. Neuere Vorschriften der Rechnungslegung, die als Leitidee *true and fair view* umsetzen, erlauben Korrekturen des Buchwerts aufgrund von Marktentwicklungen, wobei diese Korrekturen nicht als Gewinne (beziehungsweise Verluste) betrachtet werden.

> Korrekturen des Buchwerts, die nicht in der Gewinn- und Verlustrechnung erscheinen, heißen **Comprehensive Income**.
>
> Gibt es Comprehensive Income, dann ist das Clean Surplus Accounting (6-9) verletzt. Daneben verlassen Kapitalerhöhungen beziehungsweise Kapitalherabsetzungen den Rahmen des Clean Surplus Accounting. Gleiches gilt bei Optionsprogrammen für Manager. Solche Vorgänge werden unter dem Sammelbegriff **Dirty Surplus** angesprochen.[9] Wenn es Comprehensive Income oder Dirty Surplus gibt, dann kann die nachstehende Wertformel (6-14) nicht hergeleitet werden.

Auch wenn es in der modernen Rechnungslegung Comprehensive Income und Dirty Surplus gibt, wird für das Folgende die Gültigkeit des Clean Surplus Accounting (6-9) unterstellt.

---

[9] Hierzu: 1. K. LO und T. LYS: The Ohlson model: Contributions to valuation theory, limitations, and empirical applications. *Journal of Accounting, Auditing and Finance* 15 (2000) 3, pp. 337-367. 2. STEPHEN H. PENMAN: *Financial Statement Analysis and Security Valuation*. Irwin / McGraw Hill, 2001. 3. JAMES A. OHLSON: Residual Income Valuation: the Problems. *Working Paper der Stern School of Business*, New York University, March 2000.

6.2.2 Die Bewertung anhand der Residualeinkommen

Nun greifen wir auf das Dividend-Discount-Modell (DDM) zurück. Danach ist der Wert zugunsten der Eigenkapitalgeber gleich der Summe der Barwerte aller Dividenden bis in die unendliche Zukunft:

$$(6\text{-}10) \qquad W(Equity) \quad = \quad \frac{d_1}{1+r} + \frac{d_2}{(1+r)^2} + \frac{d_3}{(1+r)^3} + \ldots \quad = \quad \sum_{t=1}^{\infty} \frac{d_t}{(1+r)^t}$$

Wir verwenden jetzt das DDM für eine Reihe von Dividenden, die nicht notwendig gleichförmig wachsen. Wir sehen von Perlen und Lasten ab. Wichtig ist auch, dass die in (6-10) für die Diskontierung verwendete Rendite dieselbe ist, die in (6-8) bei der Definition der Residualgewinne Verwendung findet.

Jetzt bringen wir die drei Formeln (6-8), (6-9) und (6-10) zusammen. Zunächst schreiben wir die Bedingung für das Clean Surplus Accounting (6-9) in der Form $d_t = B_{t-1} - B_t + G_t$. Hier setzen wir für G_t die nach dem Gewinn aufgelöste Definitionsgleichung für das Residual Income (6-8) ein, die $G_t = B_{t-1} \cdot r + RI_t$ besagt. So folgt $d_t = B_{t-1} - B_t + B_{t-1} \cdot r + RI_t$ oder:

$$(6\text{-}11) \qquad d_t \quad = \quad B_{t-1} \cdot (1+r) - B_t + RI_t$$

Mit (6-11) berechnen wir nun noch die Barwerte der Dividenden:

$$(6\text{-}12) \qquad \begin{aligned} \frac{d_1}{1+r} \quad &= \quad B_0 - \frac{B_1}{1+r} + \frac{RI_1}{1+r} \\[1mm] \frac{d_2}{(1+r)^2} \quad &= \quad \frac{B_1}{1+r} - \frac{B_2}{(1+r)^2} + \frac{RI_2}{(1+r)^2} \\[1mm] \frac{d_3}{(1+r)^3} \quad &= \quad \frac{B_2}{(1+r)^2} - \frac{B_3}{(1+r)^3} + \frac{RI_3}{(1+r)^3} \\[1mm] \ldots & \\[1mm] \frac{d_T}{(1+r)^T} \quad &= \quad \frac{B_{T-1}}{(1+r)^{T-1}} - \frac{B_T}{(1+r)^T} + \frac{RI_T}{(1+r)^T} \end{aligned}$$

Bei der Summenbildung der Barwerte heben sich einige Terme hinweg und es gilt deshalb:

$$(6\text{-}13) \qquad \begin{aligned} \frac{d_1}{1+r} + \frac{d_2}{(1+r)^2} + &\ldots + \frac{d_T}{(1+r)^T} \quad = \\[1mm] = \quad B_0 + \frac{RI_1}{1+r} + &\frac{RI_2}{(1+r)^2} + \ldots + \frac{RI_T}{(1+r)^T} - \frac{B_T}{(1+r)^T} \end{aligned}$$

Bild 6-5: KENNETH V. PEASNELL, PhD, FCA, geboren 1947, ist Professor of Accounting in Lancaster. Nach dem Studium an der London School of Economics Forschungen zu Corporate Governance, Financial Reporting und Performance Messung. Gastprofessuren in Sydney (1983-84) und Stanford (1984). Seit 1993 ist PEASNELL Herausgeber der Fachzeitschrift *Accounting & Business Research*. Er ist Mitglied der *Academic Accountants' Panel of the Accounting Standards Board* und wurde verschiedentlich geehrt. So ist PEASNELL der zweite Preisträger des *Distinguished Academic of the Year Award* (1996).

Um den Marktwert des Eigenkapitals nach dem DDM (6-13) zu erhalten, muss der Grenzwert $T \to \infty$ gebildet werden.

Damit der Grenzwert existiert, wird $B_T / (1+r)^T \to 0$ für $T \to \infty$ angenommen. Zwar sollen die Buchwerte im Verlauf der Zeit durchaus zunehmen dürfen, doch sie sollen langsamer wachsen als die Faktoren $(1+r)^T$ in dem Sinn, dass die Barwerte der Buchwerte gegen Null konvergieren.

Unter dieser Voraussetzung folgt aus (6-10) eine neue Bewertungsformel:

$$(6\text{-}14) \qquad W(Equity) \;=\; \sum_{t=1}^{\infty} \frac{d_t}{(1+r)^t} \;=\; B_0 + \sum_{t=1}^{\infty} \frac{RI_t}{(1+r)^t}$$

> Der Marktwert des Eigenkapitals ist gleich dem Buchwert des Eigenkapitals plus den Barwerten aller zukünftigen Residualgewinne. Die Formel (6-14) drückt den Marktwert des Eigenkapitals durch den heutigen Buchwert aus sowie den Barwerten der Accounting-Performance aller zukünftigen Jahre.

Beispiel 6-1: Eine Firma hat die herkömmliche Kostenrechnung mit einer Kapitalkostenrechnung ergänzt: Der Buchwert des Eigenkapitals, derzeit beträgt er $B_0 = 3.000$ (alle Geldbeträge in Tausend Euro), wird mit einer Rendite $r = 9\%$ verzinst und der Betrag fließt als "Eigenkapitalkosten" in die Kalkulation der Produkte ein. Die Firma kann Preise erzielen, die stabil immer über den gesamten Kosten liegen, Eigenkapitalkosten eingerechnet. Sie führt das auf ihr Wissenskapital, vor allem auf den guten Namen und ihre Reputation bei Kunden zurück. Der zusätzliche Teil der Einnahmen, die Residualgewinne, betragen in einem Jahr 200 und wachsen jährlich mit einer Rate $d = 4\%$. Der Barwert aller zukünftigen Residualeinkommen beläuft sich mit der Formel des Gordon-Shapiro-Modells auf $200/(0,09 - 0,04) = 4.000$. Die Unternehmung hat damit einen Marktwert $W(Equity)$ in Höhe von $3.000 + 4.000 = 7.000$. ∎

- Die anhand der Residualgewinne vorgenommene Bewertung (12-7) wird als besonders robust gegenüber der Rechnungslegung angesehen. Denn wenn Gesetz und Praxis in der Rechnungslegung niedrige Gewinne und damit geringe Buchwerte zur Folge haben, dann ist zwar B_0 klein, der Residualgewinn (12-1) ist dafür höher.

- Umgekehrt: Wenn eine Unternehmung wenig abschreibt und alles aktiviert, dann sind ihre Gewinne und Buchwerte höher, die Residualgewinne jedoch niedriger. Das würde sich alles ausgleichen, solange nur das *Clean Surplus Accounting* gegeben ist.

Der abgeleitete Zusammenhang (6-14) zwischen dem Buchwert $B(Equity)$ und dem Marktwert $W(Equity)$ des Eigenkapitals kann analog auf das Gesamtkapital übertragen werden. Die entsprechende Formel wird im Konzept der Beratungsfirma Stern Stewart & Co. verwendet. Wenn von nicht-betriebsnotwendigem Vermögen abgesehen wird, folgt:

$$(6\text{-}15) \qquad W(Entity) \;=\; NOA \;+\; \sum_{t=1}^{\infty} \frac{EVA_t}{(1+WACC)^t}$$

6.2.3   Das Ohlson-Modell

Die zukünftigen Residualgewinne sind natürlich *unsichere* Größen. In der Formel (6-14) für die *Residual Income Valuation* (*RIV*) werden daher mit RI_1, RI_2, RI_3,... die *Erwartungswerte* der zukünftigen Residualgewinne bezeichnet. Die unsicheren Residualgewinne selbst sind (aus heutiger Information) Zufallsgrößen, und die Sequenz dieser Zufallsgrößen ist ein **stochastischer Prozess**.

JAMES A. OHLSON, Professor der *Stern School of Business* an der *University of New York*, hat 1995 Annahmen zu diesem stochastischen Prozess getroffen und damit die Gleichung (6-14), also die Unternehmensbewertung anhand der Residualgewinne, weiter ausgebaut.[10] Dieses **Ohlson-Modell** hat die Forschung stark befruchtet.[11]

---

[10] JAMES A. OHLSON: Earnings, Book Values, and Dividends in Equity Valuation. *Contemporary Accounting Research* 11 (1995) 2, pp. 661-687. OHLSON hat sein Modell zusammen mit FELTHAM dahingehend ausgebaut, dass das Vermögen der Unternehmung nicht nur aus Sachkapital und Wissenskapital besteht, sondern zusätzlich Finanzanlagen umfaßt: G. A. FELTHAM und JAMES A. OHLSON: Valuation and clean surplus accounting for operating and financial activities. *Contemporary Accounting Reserach* 11 (1995) 2, pp. 689-731. Später wurde in einer formalen Analyse die Annahme aufgegeben, dass mit dem Zinssatz diskontiert wird: G. A. FELTHAM und JAMES A. OHLSON: Residual earnings valuation with risk and stochastic interest rates. *The Accounting Review* 74 (1999) 2, pp. 165-183.

[11] 1. PATRICIA M. DECHOW, AMY P. HUTTON und RICHARD G. SLOAN: An empirical assessment of the residual income valuation model. *Journal of Accounting and Economics* 26 (1999), pp. 1-34. 2. C. LEE, J. MYERS und B. SWAMINATHAN: What is the intrinsic value of the Dow? Journal of Finance 54 (1999), pp. 1693-1741. 3. K. G. PALEPU, P. M. HEALY und V. L. BERNARD: *Business Analysis and Valuation: Using Financial Statements*. South-Western College Publishing, Cinicinnati, Ohio, 2000.

In der entsprechenden Literatur werden die Residualgewinne nicht mit RI_t sondern mit x_t^a bezeichnet, wobei das hochgestellte a an *abnormal earnings* erinnert.

In der ursprünglichen Arbeit von 1995 hatte OHLSON als Rendite den Zinssatz verwendet, im Anhang jedoch auf die Möglichkeit der Diskontierung erwarteter Residualgewinne mit der Risikoprämienmethode hingewiesen, so dass wir die Definition des Residualeinkommens anstelle von (6-8) so notieren:[12]

$$x_t^a \;=\; G_t - B_{t-1} \cdot r$$

Jedenfalls sind die zukünftigen Residualgewinne Zufallsgrößen, und wir schreiben sie als $\tilde{x}_1^a, \tilde{x}_2^a, \tilde{x}_3^a, \ldots$

Der Zusatz, den das **Ohlson-Modell** gegenüber der Wertformel (6-14) macht, besteht in einer Annahme hinsichtlich der *Stochastik* der zufälligen Residualgewinne. OHLSON postuliert für die Folge $\tilde{x}_1^a, \tilde{x}_2^a, \tilde{x}_3^a, \ldots$ einen autoregressiven Verlauf:

(6-16) $\qquad \tilde{x}_{t+1}^a \;=\; \omega \cdot x_t^a + v_t + \tilde{\varepsilon}_{1,t+1}$

Der unsichere Residualgewinn im Jahr $t+1$, $\tilde{x}_{t+1}^a$, ergibt sich demnach aus drei Größen:

Erstens ist er durch das $\omega - fache$ des im Vorjahr t realisierten Residualgewinns x_t^a bestimmt. Das bedeutet, dass die aus dem Rechnungswesen stammenden Informationen, eben x_t^a, bereits eine gute Prognose des kommenden Residualgewinns $\tilde{x}_{t+1}^a$ gestatten.

Zweitens kommt eine weitere Größe v_t hinzu. Sie soll **Other Information** repräsentieren. Offensichtlich verbergen sich dahinter Informationen, die nicht schon mit dem Residualgewinn x_t^a erfasst sind. Deshalb stehen die *Other Information* v_t

1. für Nachrichten, die entweder aus dem Accounting stammen aber mit dem heutigen Residualgewinn nicht zusammenhängen und dennoch Aussagekraft für den morgigen Residualgewinn aufweisen (als Beispiel sei der Umsatz der Unternehmung genannt)

2. oder für Informationen, die mit der Rechnungslegung nichts zu tun haben (als Beispiel sei auf Informationen aus dem Umfeld der Unternehmung verwiesen).

Drittens kommt noch ein mit $\tilde{\varepsilon}_{1,t+1}$ bezeichneter, zufälliger Störterm hinzu. Er kann nicht prognostiziert werden, was bedeutet, dass sein Erwartungswert gleich Null ist.

---

[12] Für jene Leserinnen und Leser, die sich die Aufsätze und Arbeitspapiere besorgen, noch dieser Hinweis: Der Gewinn wird oft mit dem Buchstaben x bezeichnet — und x^a bezeichnet die *abnormal earnings*. Der Buchwert wird mit dem Buchstaben y bezeichnet.

Zum zweiten Summanden in (6-16), zitieren wir eine Liste von Fundamentaldaten, die Analysten vor einer Unternehmensbewertung zusätzlich zu den Daten der Rechnungslegung beschaffen: Produktmarkt und Branche, Position und Wettbewerb, Innovation und Produktentwicklung, Diversifikation und Wissensmanagement, Finanzreserven und Risikomanagement, Organisation, staatliche Rahmenbedingungen. Praktisch alle genannten Fundamentaldaten, die in der Analyse die Zahlen des Rechnungswesens ergänzen, können mit der Variablen v_t in (6-16) assoziiert werden. Die genannten Fundamentaldaten zeigen zudem, dass sie sich teilweise nur langsam verändern, man denke etwa an die staatlichen Rahmenbedingungen. Das heißt, die Daten v_t im Jahr t werden zu einem guten Teil von den entsprechenden Daten des Jahres zuvor erklärt. Andererseits gibt es immer zufällige Einflüsse.

Im Ohlson-Modell wird das berücksichtigt, indem die *Other Information* über die Jahre hinweg als ein Zufallsprozess modelliert wird, der ebenso wie der Prozess (6-16) als autoregressiv modelliert wird:

$$(6\text{-}17) \qquad \tilde{v}_{t+1} \;=\; \gamma \cdot v_t + \tilde{\varepsilon}_{2,t+1}$$

> Die aus Sicht des Jahres t noch unsicheren *Other Information* im Jahr $t+1$ ergeben sich demnach als das $\gamma - fache$ der *Other Information* im Jahr t. Hinzu kommt $\tilde{\varepsilon}_{2,t+1}$ als (ein weiterer) zufälliger Störterm, der nicht prognostiziert werden kann. Sein Erwartungswert soll wie üblich gleich Null sein.

Die beiden Gleichungen (6-16) und (6-17) für die autoregressiven Prozesse der unsicheren Residualgewinne und der *Other Information* bilden die wesentliche Ergänzung, die das Ohlson-Modell gegenüber der Wertformel (6-14) anbringt.

OHLSON hat auch die Gleichung für das Clean Surplus Accounting noch etwas ergänzt, indem er annimmt, welchen Zusammenhang es zwischen den heutigen Dividenden und dem heutigen Gewinn beziehungsweise dem Buchwert gibt. Hier verlangt er

$$\partial G_t \,/\, \partial d_t = 0$$

Das heißt, Entscheidungen über die Dividende sollen keine Auswirkung auf die Höhe des Gewinns im selben Jahr haben. Außerdem unterstellt er eine analoge Beziehung, was den Buchwert des laufenden Jahres betrifft und verlangt

$$\partial B_t \,/\, \partial d_t = -1$$

Das heißt, Gewinne werden aus dem Buchwert gezahlt. Insgesamt wird verlangt, dass Entscheidungen über die aktuelle Dividende zwar den aktuellen Buchwert entsprechend verringern, der aktuelle Gewinn davon aber nicht betroffen ist. Diese Annahmen sind in der buchhalterischen Praxis wohl nicht in allen Fällen erfüllt. Trotzdem dürfen sie als gute Modellierung der Realität angesehen werden.[13] Wenn auch die Bedingungen einbezogen werden, die auf (6-17) führen, dann ist das Ohlson-Modell insgesamt durch diese Gleichungen beschrieben:

1. Definition des Residualgewinns: $\qquad RI_t = G_t - B_{t-1} \cdot r$

2. Clean Surplus Accounting: $\qquad B_t = B_{t-1} + G_t - d_t$

3. Aktuelle Wirkung der Dividende: $\qquad \partial G_t / \partial d_t = 0$ und $\partial B_t / \partial d_t = -1$

4. Dividend Discount Model: $\qquad W(Equity) = \sum_{t=1}^{\infty} \dfrac{d_t}{(1+r)^t}$

5. Stochastik der Residualgewinne: $\qquad \tilde{x}_{t+1}^a = \omega \cdot x_t^a + v_t + \tilde{\varepsilon}_{1,t+1}$

6. Stochastik der *Other Information*: $\qquad \tilde{v}_{t+1} = \gamma \cdot v_t + \tilde{\varepsilon}_{2,t+1}$

6.2.4 Ergebnisse des Ohlson-Modells

Als ein zentrales Ergebnis kann aus diesen Annahmen eine neue Formel für den Equity-Value der Unternehmung abgeleitet werden. Ohne dass wir die Umformungen Schritt für Schritt durchgehen[14], sei das Ergebnis genannt:

$$(6\text{-}18) \qquad W(Equity) \;=\; B_0 + \frac{\omega}{1+r-\omega} \cdot x_t^a + \frac{1+r}{(1+r-\omega) \cdot (1+r-\gamma)} \cdot v_t$$

Selbstverständlich lassen sich ω und γ vorweg spezifizieren, so dass eine Unterklasse von Wertmodellen entsteht. Hierfür wurden verschiedene Varianten untersucht, darunter diese beiden:

- $\omega = 0$, $\gamma = 0$: Residualgewinne sind rein zufällig und ihr Erwartungswert ist gleich null. Der Wert ist gleich dem Buchwert. Der aktuelle Residualgewinn sagt nichts über den Residualgewinn des Folgejahres aus. *Other Information* spielen keine Rolle.

- $\omega = 1$, $\gamma = 0$: Residualgewinne zeigen eine sehr starke Persistenz. Man kann erwarten, dass der aktuelle Residualgewinn in gleicher Höhe auch im Folgejahr eintritt, wobei es noch rein zufällige Störungen gibt (die durch $\tilde{\varepsilon}_1$ beschrieben werden). *Other Information* spielt keine Rolle. Dieses Modell beschreibt daher die Gewinne als einen Random-Walk. Wenn zudem die Gewinne Jahr für Jahr vollständig ausgeschüttet werden, verändert sich der Buchwert nicht.[15]

---

[13] R. J. LUNDHOLM: A tutorial on the Ohlson and Feltham/Ohlson models: Answers to some frequently asked questions. *Contemporary Accounting Research* 11 (1995) 2, pp. 749-761.

[14] Vergleiche die angegebene Originalarbeit von OHLSON aus dem Jahr 1995 — (12-11) ist die dortige Formel (5).

[15] JAMES A. OHLSON: The theory of value and earnings, and an introduction to the Ball and Brown Analysis. *Contemporary Accounting and Research* 8 (1991), pp. 1-19.

Diese und andere Spezialfälle wurden empirisch untersucht. Für das Ohlson-Modell wurde (aufgrund der US-Rechnungslegung) für 50.000 amerikanische Firmen

$$\omega = 0,62$$
$$\gamma = 0,32$$

gefunden.[16] Für $r = 12\%$ beispielsweise entsteht somit die Bewertungsformel:

$$\begin{aligned} W\,(Equity) \quad &= \quad Buchwert \\ &+ 1,24 \cdot Abnormal\ Earnings \\ &+ 2,8 \cdot OtherInformation \end{aligned}$$

Auch wenn mit dieser Wertformel noch nicht gesagt ist, wie die *Other Information* in eine Zahl umgesetzt wird, die dann mit 2,8 multipliziert werden könnte, verdeutlicht sie die Bedeutung des aktuellen Residualgewinns. Denn der aktuelle Residualgewinn wird mit dem Faktor 1,24 versehen und zum Buchwert addiert. Dieses Ergebnis lässt verstehen, weshalb Analysten stark auf Gewinnänderungen und Ankündigungen (hinsichtlich des Gewinns) reagieren.

- Das Ohlson-Modell bildet eine Grundlage für Untersuchungen, ob und welche Bedeutung der Gewinn beziehungsweise der Residualgewinn für den Markwert haben.

- Gleichfalls kann die Bedeutung der *Other Information* für die Bewertung untersucht werden. Die Antwort strahlt auf die Frage aus, worauf Analysten achten und was deshalb Standards für die Offenlegung und das Reporting beinhalten sollten.[17]

Außerdem wurde empirisch die Frage untersucht, ob nun das Ohlson-Modell die tatsächlichen Marktbewertungen an der Börse besser und genauer erklären kann, als etwa das Dividend-Discount-Modell oder die DCF-Methode.[18]

Selbstverständlich testen die Arbeiten immer die Verbundthese aller Annahmen, die das Ohlson-Modell trifft. Insbesondere wird anhand der empirischen Daten getestet, ob das *Clean Surplus Accounting* (Annahme 2) in Verbindung mit der Dynamik der Information (Annahmen 5 und 6) in der Realität zutrifft.[19]

Jedoch ist diese abschließende Aussage nicht falsch: Wer den Marktwert der Unternehmung finden möchte, schaut zunächst in die Bilanz und nimmt den Buchwert. Sodann wird der Buchwert mit einer Rendite multipliziert, die üblicherweise in der Branche unterstellt wird. Ein Vergleich

---

[16] Amy P. Hutton und Richard G. Sloan: An empirical assessment of the residual income valuation model. *Journal of Accounting and Economics* 26 (1999), pp. 1-34.

[17] Eine umfangreiche Übersicht bietet die zitierte Arbeit von P. M. Dechow et. al. (1999).

[18] Zu positiven Ergebnissen kommen: 1. V. L. Bernard: The Feltham-Ohlson framework: Implications for empirists. *Contemporary Accounting Research* 11 (1995) 2, pp. 733-747. 2. J. Ferancis, P. Olsson und D. R. Oswald: Comparing the accuracy and explainability of dividend, free cash flow, and abnormal earnings equity value estimates. *Journal of Accounting Research* 38 (2000) 1, pp. 45-70.

[19] R. W. Holthausen und R. L. Watts: The relevance of the value-relevance literature for financial accounting standard setting. *Journal of Accounting and Economics* 31 (2001), pp. 3-75.

mit dem tatsächlichen Buchgewinn liefert den Residualgewinn. Der Residualgewinn wird sodann mit 1,24 multipliziert zum Buchgewinn addiert. Das gibt schon eine gute Grundlage für den Wert. Und dann kommt es noch auf die anderen Fundamentaldaten an…

6.3 Fragen

6.3.1 Zusammenfassung

Die Unternehmensbewertung und die Beurteilung der Performance sind verzahnt. Eine klassische Studie von Marshall definiert das Residualeinkommen und schreibt es den besonderen Leistungen des Managements zu. Moderne Varianten der Performance gehen auf verschiedene Consultingfirmen zurück, die ihre Berechnung (zusammen mit anderen Leistungen) in den Kern von Beratungsprodukten (Tools) stellen. Recht bekannt ist das Konzept EVA der Firma Stern Stewart & Company, siehe Formel (6-5).

Das Residualeinkommen kann dazu verwendet werden, den Unternehmenswert zu ermitteln. Dabei ensteht, sofern die Rechnungslegung gewisse Bedingungen erfüllt (Clean Surplus Accounting), die Wertformel (6-14) für den Equity-Value und (6-15) für den Entity-Value. Der Marktwert des Eigenkapitals ist gleich dem Buchwert des Eigenkapitals plus den Barwerten aller zukünftigen Residualgewinne.

J. Ohlson hat mit diesen Bewertungsformeln eine Basis für die empirische Forschung gelegt. Dazu unterstellt er für die „abnormal earnings" einen stochastischen Prozess, in dem auch *Other Information* erscheinen, Informationen also, die zusätzlich zu Größen des Rechnungswesens (wie Buchwert, Gewinn) bewertungsrelevant sind. Ist eine solche Other Information identifiziert, sollte sie natürlich Eingang in die Berichterstattung finden, damit Bilanzleser den Unternehmenswert genauer erschließen können, als wenn sie nur die Zahlen des Jahresabschlusses kennen.

6.3.2 Fragen

1. A) Wie ist die *Performance* definiert? B) Hinsichtlich welcher Größen gibt es noch Varianten? C) Was versteht man unter *Residual Income*? D) Was sind *Abnormal Earnings*?

2. Erläutern Sie die drei Begriffe Zufällige Performance, Excess-Performance und Antizipierte Performance.

3. A) Welche Unterschiede bestehen zwischen *EVA* und den Abnormal Earnings? B) Was unterscheidet *EVA* und das Beratungsprodukt der Firma Stern Stewart & Co. EVA®?

4. A) Warum hat das organische Wachstum etwas mit der Performance zu tun? Wo ist da der Zusammenhang? B) Der CEO einer Gesellschaft verkündete kürzlich, „das organische Wachstum solle gestärkt werden." Was heißt das?

5. Fassen Sie die Gleichung des Clean Surplus (12-2) in Worte.

6. Richtig oder falsch: Der Marktwert des betriebsnotwendigen Vermögens ist gleich dem *NOA* plus den Barwerten der erwarteten *EVA* aller zukünftigen Jahre.[20]

7. A) Welche Annahmen werden mit dem Ohlson-Modell getroffen? B) Richtig oder falsch? Wenn die Residualgewinne zufällig sind und ihr Erwartungswert gleich null ist, dann stimmt der Unternehmenswert mit dem Buchwert des Eigenkapitals überein.[21]

8. Richtig oder falsch: Das Ohlson-Modell geht davon aus, dass eine Änderung der Dividende im Jahr *t* in erster Näherung keinen Einfluss auf den Gewinn im Jahr *t* hat. Selbstverständlich hat aber die derzeitige Dividende eine Auswirkung auf den Gewinn im Folgejahr und in allen zukünftigen Jahren.[22]

9. Richtig oder falsch: A) Die in der empirischen Forschung gefundenen Werte für Omega und Gamma dürften nach einer Änderung der Regeln für die Rechnungslegung anders aussehen. B) Ein größeres Gamma heißt, dass die *Other Information* einen größeren Einfluss auf den Wert haben. C) Ein größeres Omega heißt, dass sowohl die Residualgewinne als auch *die Other Information* für den Wert bedeutender sind. D) Wenn die Rechnungslegung so deutlich den *true and fair view* widerspiegelt, dass sie ohnehin Marktwerte liefert, dann würde dies im Ohlson-Modell bedeuten, dass Omega gleich Null ist.[23]

---

[20] Antwort: Das ist korrekt, vergleiche (12-8), und die Grundgleichung für die Unternehmensbewertung im System EVA® der Unternehmensberatung Stern Stewart & Co.

[21] Antwort: Das ist korrekt.

[22] Antwort: Beide Aussagen treffen zu.

[23] Antwort: Alles richtig.

7. Unsicherheit

Zukünftige Zahlungsüberschüsse sind unsicher. Wir folgen der Vorstellung, dass für sie Wahrscheinlichkeitsverteilungen aufgestellt werden können. Wie das systematische und das unsystematische Risiko definiert sind.

7.1 Erwartungswert und Standardabweichung

7.1.1   Risiko

Selbstverständlich ist der zukünftige, in t Jahren vorliegende Zahlungsüberschuss eines Unternehmens (aus Sicht des heutigen Bewertungszeitpunkts) gewissen *Unsicherheiten* ausgesetzt. Oft kann gesagt werden, welche Zahlenwerte der Zahlungsüberschuss vom Grundsatz her annehmen könnte und vielleicht lassen sich dafür auch Wahrscheinlichkeiten angeben. Dann ist der später fällige Zahlungsüberschuss eine zufällige Größe, gleichsam eine Zufallsvariable oder eine Wahrscheinlichkeitsverteilung. In diesem Fall sprechen wir von **Risiko**.

> Unter **Risiko** wird eine spezielle Form von Unsicherheit verstanden, bei der sich die Ergebnisse durch Wahrscheinlichkeitsverteilungen erfassen lassen. Um auszudrücken, dass der zu t fällige Zahlungsüberschuss eine Zufallsvariable ist, schreiben wir dafür $\tilde{z}_t$ (mit der Tilde).

Warum dürfen wir für das Ergebnis eines Unternehmens eine Wahrscheinlichkeitsverteilung annehmen, also von einer Risikosituation (und nicht von einer allgemeineren Form von Unsicherheit) ausgehen?

Am Kapitalmarkt Teilnehmende, insbesondere Finanzanalysten, verschaffen sich ein Bild davon, wie die verschiedenen Kräfte und wie ökonomische Faktoren auf das Unternehmensergebnis und auf die Zahlungsüberschüsse einwirken, die in Zukunft zur Verfügung stehen werden. Zu den Einflussfaktoren gehören die Entwicklung des Zinsniveaus, die Veränderung der gesamtwirtschaftlichen Produktion, die Schwankungen der Währungsparitäten und so fort. Meistens gibt es gewisse Einschätzungen, wie sich diese makroökonomischen Größen entwickeln dürften. Es werden Prognosen angestellt. Doch es gibt immer Überraschungen. Abweichungen von den prognostizierten Größen sind zu erwarten. Sie sind das Ergebnis sehr vieler einzelner Unsicherheiten und summieren sich zu einer (oft sogar normalverteilten) Zufallsgröße auf. Ökonomen und Analysten haben die Einflussfaktoren oft untersucht, wobei die Vorstellung aus theoretischer wie empirischer Sicht untermauert wurde, dass sie als Wahrscheinlichkeitsverteilungen anzusehen sind. Des Weiteren liegen Studien zu der Frage vor, wie sich die Einflussfaktoren (makroökonomische Größen) auf Ergebnisse von Unternehmen übertragen. Selbstverständlich gibt es auch unternehmensinterne Ereignisse, die sich kaum prognostizieren lassen und als zufällig gelten.

Insgesamt, externe und interne Zufallsereignisse kombinierend, sind die Zahlungsüberschüsse als Wahrscheinlichkeitsverteilung zu sehen. Vom Grundsatz her sollte man die Wahrscheinlichkeiten auch bestimmen oder schätzen können, auch wenn die Parameter nicht auf der Hand liegen.

Wer mit zufälligen Größen zu tun hat, möchte oft eine Prognose vornehmen und wählt dann den **Erwartungswert** der Wahrscheinlichkeitsverteilung. Der Erwartungswert des zufälligen Zahlungsüberschusses sei mit $E[\tilde{z}_t]$ bezeichnet. Ab jetzt soll z_t die erwartete, unsichere Zahlung bezeichnen, also $z_t = E[\tilde{z}_t]$.

Risiko	Alle möglichen Realisationen sind bekannt und es sind die Wahrscheinlichkeiten bekannt, mit denen sie eintreten werden
Ungewissheit	Es liegt Unsicherheit vor, und man weiss, dass eine Größe *nicht* als Ergebnis eines Zufallsexperiments betrachtet werden kann, weshalb man auch *keine* Wahrscheinlichkeiten angeben kann
Unvollständige Informationen	Man kennt die Wahrscheinlichkeiten nicht oder noch nicht genau, eventuell sind noch nicht einmal alle möglichen Realisationen bekannt
Spieltheoretische Situation	Das eigene Ergebnis hängt von den Aktionen von Mitspielern oder Gegenspielern ab, die höchst rational planen

Bild 7-1: Drei Beschreibungen von Unsicherheit. Bei der Unternehmensbewertung wird regelmäßig vom Fall „riskanter" Zahlungsüberschüsse ausgegangen.

7.1.2 Erwartungswert

Wenn wir heute in die Zukunft (auf einen später zur Verfügung stehenden Zahlungsüberschuss) blicken, dann können wir für sie erstens oft sagen, dass diese oder jene Realisation eintreten kann. Zweitens ist es oft möglich, diesen Realisationen Wahrscheinlichkeit zuzuordnen.

Kurz: Die späteren Zahlungsüberschüsse sollen durch Wahrscheinlichkeitsverteilungen beschrieben sein. Um solche Verteilungen aufzustellen, insbesondere um die Parameter der Wahrscheinlichkeitsverteilung zu bestimmen, wird vielfach aufgezeichnet und zusammengestellt, welche Entwicklungen früher zu verzeichnen gewesen sind. Man verwendet also die Statistik.

-40% ... -30%	-30% bis -20%	-20% bis -10%	-10% bis 0%	0% bis 10%	10% bis 20%	20% bis 30%	30% bis 40%	mehr als 40%
				2004				
				1986				
				1984				
				1980				
				1977		2009		
			2007	1976	2000	2006		
			1994	1969	1999	2003		
			1978	1952	1998	1995		
			1965	1950	1996	1989		
		1990	1964	1947	1992	1988		
		1981	1963	1946	1991	1983		1997
		1973	1956	1944	1982	1972		1993
		1970	1955	1942	1979	1959		1985
		1966	1948	1940	1971	1958		1975
	2002	1962	1943	1938	1953	1954		1967
	2001	1957	1934	1937	1951	1928	2005	1961
2008	1987	1939	1930	1933	1949	1927	1968	1960
1974	1931	1935	1929	1932	1945	1926	1941	1936

Bild 7-2: Veranschaulichung der Unsicherheit einer Anlage in ein Portfolio schweizerischer Aktien durch das Histogramm der Realisationen der Renditen für 1926 bis einschließlich 2009 (Pictet-Rätzer-Aktienindex). Am häufigsten, und zwar in 18 der 84 Jahre, waren Aktienrenditen zwischen null und zehn Prozent. Der Erwartungswert liegt bei 10%, die Standardabweichung bei 20%. Die Jahresrenditen sind annähernd normalverteilt. Datenquelle: Pictet.

Wir veranschaulichen die Vorgehensweise durch ein Beispiel. Bild 7-2 zeigt das **Histogramm** der Renditen eines (gut diversifizierten) Portfolios aus Schweizer Aktien. Wir können auch von den Renditen des „Marktindexes" oder kurz des „Marktes" sprechen.

Man hat natürlich oft in der Folge der Jahresrenditen nach irgendwelchen Regeln gesucht, doch scheint es so, als werde Jahr um Jahr eine zufällige Ziehung aus der Wahrscheinlichkeitsverteilung vorgenommen, ungeachtet der Realisation im Jahr davor. Wir kommen auf die Daten noch zurück, denn sie werden uns einen Anhaltspunkt geben, mit welcher Rendite der zukünftige Zahlungsüberschuss einer Unternehmung „marktgerecht" diskontiert werden sollte.

Jetzt wollen wir zwei Parameter der Wahrscheinlichkeitsverteilung rekapitulieren, den *Erwartungswert* und die *Varianz* beziehungsweise die *Standardabweichung*.

Für Zufallsgrößen, deren Realisationen *Zahlen* sind, ist der bekannteste und wichtigste Parameter der *Erwartungswert*. Der **Erwartungswert** ist die mit den Wahrscheinlichkeiten gewichtete Summe aller möglichen Realisationen, oft bezeichnet mit $E[.]$ oder mit μ, dem griechischen Buchstaben Mu (gesprochen als „mü").

Die Bedeutung des Erwartungswerts liegt im **Gesetz der Großen Zahlen**, das auf JAKOB I. BERNOULLI (1654-1705) zurück geht: Wird ein Zufallsexperiment auf voneinander unabhängige Weise wiederholt, dann kann man fast sicher sein, dass der Mittelwert der Ergebnisse der Ziehungen immer näher an den Erwartungswert kommen wird.

> Die Konvergenz des Gesetzes der Großen Zahlen wurde auf zwei Arten formuliert, und zwar in einer starken Form (fast sichere Konvergenz) und in einer schwachen Form (Konvergenz in Wahrscheinlichkeit). N. ETEMADI hat 1981 bewiesen, dass **fast sichere Konvergenz** vorliegt, sofern drei Bedingungen erfüllt sind:
>
> 1. Die Zufallsvariable, die eine Durchführung des Experiments beschreibt, besitzt einen *endlichen* Erwartungswert.
>
> 2. Es wird immer *dasselbe* Experiment wiederholt.
>
> 3. Die aufeinanderfolgenden Zufallsvariablen sind *unabhängig*.

7.1.3 Varianz

Bei einer einzigen Durchführung eines Zufallsexperiments kann allerdings die Realisation weit vom Erwartungswert entfernt sein. Um diese „Unsicherheit" zu messen, wird als zweiter Parameter die *Varianz* betrachtet.

> Die **Varianz**, bezeichnet mit $Var[.]$ oder mit σ^2 (Sigma), ist die mit den Wahrscheinlichkeiten gewichtete Summe der Quadrate der Differenzen zwischen den Realisationen und dem Erwartungswert, kurz, die mittlere quadratische Abweichung. Die Wurzel aus der Varianz ist die **Standardabweichung** oder *Streuung* der Zufallsgröße, bezeichnet mit $SD[.]$ oder mit σ

Weitere Parameter einer Wahrscheinlichkeitsverteilung sind die *Schiefe* und die *Kurtosis*. Wer ein *zufälliges* Phänomen näher beschreiben möchte, muss nicht gleich die Wahrscheinlichkeitsverteilung in allen ihren Einzelheiten angeben. Für viele Zwecke genügt es, den Erwartungswert und die Standardabweichung zu kennen.

Für die nachstehenden Formeln (7-1) beschränken wir uns auf einen (irgendwann) später fälligen unsicheren Zahlungsüberschuss $\tilde{z}$, der nur zwei mögliche Realisationen haben soll, bezeichnet mit $z(1)$ und $z(2)$. Sie sollen mit den Wahrscheinlichkeiten $p(1)$ beziehungsweise $p(2)$ eintreten. Der Erwartungswert, die Varianz und die Standardabweichung sind in diesem Fall:

(7-1)
$$
\begin{aligned}
E[\tilde{z}] &= p(1)\cdot z(1) + p(2)\cdot z(2) \\
Var[\tilde{z}] &= p(1)\cdot (z(1) - E[\tilde{z}])^2 + p(2)\cdot (z(2) - E[\tilde{z}])^2 \\
SD[\tilde{z}] &= \sqrt{Var[\tilde{z}]}
\end{aligned}
$$

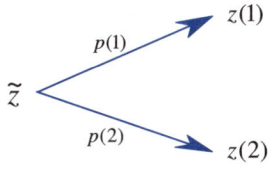

Bild 7-3: Der Zahlungsüberschuss soll nur zwei mögliche Realisationen haben.

Beispiel 7-1: Das letzte Beispiel mit $z(1) = 90$ und $z(2) = 130$ sowie $p(1) = p(2) = 1/2$ fortführend (wir hatten bereits $E[\tilde{z}] = 110$ errechnet), folgt für die Varianz des Zahlungsüberschusses $Var[\tilde{z}] = (1/2)\cdot(90 - 110)^2 + (1/2)\cdot(130 - 110)^2 = 400$ und daraus $SD[\tilde{z}] = 20$. ∎

Das Histogramm legt Schätzungen für die unsichere Jahresrendite des Marktindexes nahe, die auf einen Erwartungswert von 10% und eine Standardabweichung von 20% deuten. Ähnliche Schätzungen wurden auch für andere Länder gefunden.[1]

7.1.4   Normalverteilung

Vielfach sind nicht nur zwei oder nur endlich viele Realisationen möglich. Wenn die möglichen Realisationen das Kontinuum reeller Zahlen sind, dann liegt eine stetige (und keine diskrete) Wahrscheinlichkeitsverteilung vor.

Wohl das wichtigste Beispiel einer stetigen Wahrscheinlichkeitsverteilung ist die **Normalverteilung**. Bei ihr können alle Zahlen als Realisationen auftreten, darunter alle negativen Zahlen.

---

[1] 1. Jeromy J. Siegel: *Stocks for the Long Run* (3. Auflage), McGraw-Hill, 2002. 2. Elroy Dimson, Paul Marsh und Mike Staunton: *Triumph of the Optimists — 101 Years of Global Investment Returns*, Princeton University Press 2002. 3. Peter L. Bernstein: How Long Can You Run? *Journal of Portfolio Management* (Summer 2003).

Wenn ein Zahlungsüberschuss als normalverteilt angesehen wird und wenn es zu einer negativen Realisation kommt, dann würde dies vom „Berechtigten" einen Ausgleich verlangen. Der „Berechtigte" würde nichts erhalten und wäre verpflichtet, eine Zahlung an die Unternehmung leisten.

Diese Möglichkeit betrachten wir nun. Im folgenden Beispiel geht um eine unsichere Zahlung $\tilde{z}_1$ in *einem* Jahr. Aufgrund der Umstände, wie der Zahlungsüberschuss erzeugt wird, erscheint es den Marktteilnehmern korrekt, den Zahlungsüberschuss als normalverteilt anzusehen.

Mit $\mu_1 = E[\tilde{z}_1]$ sei der Erwartungswert und mit $\sigma_1 = SD[\tilde{z}_1] = \sqrt{Var[\tilde{z}_1]}$ die Standardabweichung der zufälligen Zahlung $\tilde{z}_1$ bezeichnet.

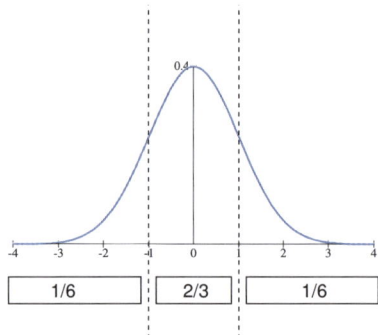

Bild 7-4: Darstellung der Dichtefunktion der Standard-Normalverteilung ((Erwartungswert = 0, Standardabweichung = 1).

Beispiel 7-2: Nach allgemein im Kapitalmarkt akzeptierter Einschätzung darf von $\mu_1 = 110$ und von $\sigma_1 = 20$ ausgegangen werden. Die Zahlung $\tilde{z}_1$ hat damit dieselben Parameter Erwartungswert und Standardabweichung wie in Beispiel 7-1, nur folgte dort die unsichere Zahlung einer diskreten Verteilung; die schlechteste Realisation war 90. Bekanntlich liegen, weil es sich um eine Normalverteilung handelt, die Realisationen der in einem Jahr anfallenden Zahlung mit Wahrscheinlichkeit

$$0{,}6827 \approx 2/3$$

im Sigma-Band zwischen

$$\mu_1 - \sigma_1 = 110 - 20 = 90 \text{ und } \mu_1 + \sigma_1 = 110 + 20 = 130.$$

Aber die Realisationen können gut und gern unter 90 oder über 130 liegen. Aufgrund der Symmetrie der Verteilung nimmt die Zahlung $\tilde{z}_1$ mit Wahrscheinlichkeit

$$(1 - 0{,}6827)/2 = 0{,}1586 \approx 1/6$$

einen Wert an, der kleiner als $\mu_1 - \sigma_1 = 90$ ist. Mit derselben Wahrscheinlichkeit nimmt sie einen Wert an, der größer als $\mu_1 + \sigma_1 = 130$ ist. Die Marktteilnehmenden der Zahlung sehen genau, dass es jetzt keinen schlechtesten Fall gibt.

Jemand gibt zu bedenken, dass aufgrund der Normalverteilung von $\tilde{z}_1$ sogar negative Ergebnisse auftreten könnten, was hieße, dass der die Position haltende Investor sogar noch Geld einzahlen müsste. Auch wenn die Wahrscheinlichkeit dafür sehr gering ist, werde durch diese Möglichkeit „das Risiko im Vergleich zur Situation zuvor vergrößert." Schließlich wird $\tilde{z}_1$ mit 98 Geldeinheiten bewertet. Das bedeutet $98 = 110/(1+r)$ oder $r = 12{,}24\%$. Die Marktteilnehmenden sehen mithin $r - i = 12{,}24\% - 4\% = 8{,}24\%$ als adäquate Risikoprämie. ■

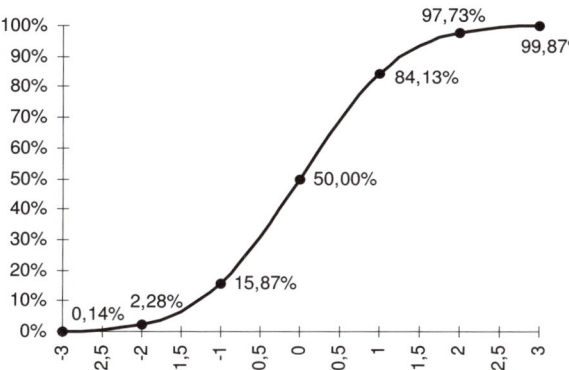

Bild 7-5: Darstellung der üblicherweise mit N bezeichneten Verteilungsfunktion einer standardisiert normalverteilten Zufallsgröße. Mit Wahrscheinlichkeit 0,135% nimmt sie eine Realisation an, die kleiner oder gleich -3 ist. Mit Wahrscheinlichkeit 2,28% nimmt sie einen Wert kleiner oder gleich -2 an. Mit Wahrscheinlichkeit 15,87% nimmt sie einen Wert an, der kleiner oder gleich -1 ist.

Zur Rekapitulation: Im Fall $\mu = 0$ (Erwartungswert) und $\sigma = 1$ (Standardabweichung) liegt die **Standard-Normalverteilung** vor. Bei ihr liegen etwa $2/3$ der Realisationen zwischen -1 und $+1$. Sie nimmt mit Wahrscheinlichkeit von $0{,}1586 \approx 1/6$ einen Zahlenwert an, der unterhalb von -1 liegt und mit eben dieser Wahrscheinlichkeit nimmt sie Realisationen oberhalb von $+1$ an.

Die Wahrscheinlichkeit, mit der eine normalverteilte Zufallsvariable einen Wert kleiner oder gleich einer **Hürde** h annimmt, ist durch die Fläche zwischen $-\infty$ und h unterhalb der Dichtefunktion gegeben. Im Falle der standardisierten Normalverteilung ($\mu = 0$, $\sigma = 1$) wird diese Wahrscheinlichkeit mit $N(h)$ bezeichnet.

> $N(h)$ ist die Wahrscheinlichkeit, mit der eine standard-normalverteilte Zufallsgröße ($\mu = 0$, $\sigma = 1$) einen Wert kleiner oder gleich h annimmt. Die Funktion $N(.)$ heißt **kumulierte Normalverteilung**. Ihr Graph ist in Bild 7-5 gezeigt. Programme wie Excel bieten Funktionen für die kumulierte Normalverteilung (deutsches Programm: Standnormvert, englisches Excel: Normdist). Außerdem gibt es Tabellen für $N(.)$ sowie Polynome, die $N(.)$ approximieren.

Die Wahrscheinlichkeit, mit der eine normalverteilte Zufallsvariable — Erwartungswert μ, Standardabweichung σ — einen Wert kleiner oder gleich einer Zahl z annimmt, kann über eine *Transformation* ermittelt werden:

$$\Pr\{\tilde{z} \le h\} \;=\; \Pr\{\tilde{z} - \mu \le h - \mu\} \;=\; \Pr\left\{\frac{\tilde{z}-\mu}{\sigma} \le \frac{h-\mu}{\sigma}\right\} \;=\; N\!\left(\frac{h-\mu}{\sigma}\right)$$

(7-2)

$$\Pr\{\tilde{z} \le h\} \overset{(h=0)}{=} \Pr\{\tilde{z} \le 0\} \;=\; N\!\left(\frac{-\mu}{\sigma}\right)$$

Beispiel 7-3: Im letzten Beispiel waren $\mu_1 = 110$ und $\sigma_1 = 20$ die Parameter des normalverteilten Zahlungsüberschusses. Die Wahrscheinlichkeit für eine negative Realisation, $h = 0$, ist nach (7-4) gleich $N(-110/20)$. Wegen $N(-5,5) = 0{,}000002\%$ ist die Wahrscheinlichkeit für negative Realisationen des Ergebnisses in diesem Beispiel sehr gering. ■

Beispiel 7-4: Jemand ist an der Marktrendite interessiert, die im kommenden Jahr an der Börse zu verzeichnen sein wird. Aus heutiger Sicht ist sie unsicher, doch wird im Markt allgemein aufgrund der Darstellung von Bild 7-2 davon ausgegangen, dass sie normalverteilt mit $\mu = 10\%$ und $\sigma = 20\%$ ist. Die Frage lautet, mit welcher Wahrscheinlichkeit die Marktrendite negativ sein kann. Die Antwort wird über (7-4) ermittelt: $N(-0{,}10/0{,}20) = N(-0{,}5) = 30{,}85\%$. ■

7.1.5   Parameterschätzung

Oft sind die Parameter der Wahrscheinlichkeitsverteilung einer zufälligen Größe nicht bekannt, doch man hat in der Vergangenheit Realisationen dieser Größe beobachtet. Die Umstände sind oftmals so, dass diese Realisationen wie eine **Zufallsstichprobe** aufgefasst werden dürfen.

Für ein zufälliges Unternehmensergebnis $\tilde{z}$ sollen die n Stichprobenwerte $z^{(1)}, z^{(2)}, z^{(3)}, \ldots z^{(n)}$ vorliegen. Dann werden die Parameter wie Erwartungswert und Varianz anhand der gezogenen Stichprobe ermittelt, oder wie gesagt wird: **geschätzt**. Wie überall im Leben gibt es gute und schlechte Schätzungen. In der Statistik wird oft gefordert, dass die bei der **Schätzung** befolgte Vorgehensweise gewisse **Eigenschaften** aufweist, die als wünschenswert angesehen werden. Eine davon ist die **Erwartungstreue**. Man soll erwarten, dass die Schätzung den (unbekannten) wahren Parameter trifft und nicht aufgrund einer Verzerrung immer wieder überschätzt (oder auch unterschätzt).

So liefert der **Mittelwert** der Stichprobe

(7-3)　　　　　$$\bar{z} \;=\; \frac{1}{n} \cdot \left(z^{(1)} + z^{(2)} + z^{(3)} + \ldots + z^{(n)}\right)$$

eine erwartungstreue Schätzung des wahren aber unbekannten Erwartungswerts $E[\tilde{z}]$ und die **Stichprobenvarianz** ist ein erwartungstreuer Schätzer für die wahre Varianz $Var[\tilde{z}]$ der zufälligen Zahlung $\tilde{z}$:

$$(7\text{-}4) \qquad \sigma_{n-1}^2 = \frac{1}{n-1} \cdot \left((z^{(1)} - \overline{z})^2 + (z^{(2)} - \overline{z})^2 + \ldots + (z^{(n)} - \overline{z})^2 \right)$$

Beispiel 7-5: Ein Wirtschaftsprüfer spricht vor einer Bewertung mit dem Manager des Unternehmens *Aulin Systems*. Völlig klar ist, dass der nächste, zur Diskussion stehende Cashflow, fällig in einem Jahr, aus heutiger Sicht unsicher ist. Der Wirtschaftsprüfer erkundigt sich nach Erwartungswert und Varianz, doch zu ihnen kann der Manager von Aulin Systems wenig sagen. Der Wirtschaftsprüfer fordert darauf den Manager auf, einmal Beispiele für Realisationen des Cashflows zu nennen, die ihm in den Sinn kämen. Er möge die Beispiele wie zufällig nennen, so wie eine Stichprobe gezogen wird. Die Beispiele sollten dann ein Bild abgeben. Der Manager antwortet, der Cashflow von Averin Systems in einem Jahr könnte beispielsweise sein: 29, 35, 26, 22 (Millionen Euro).

Der Wirtschaftsprüfer errechnet aus dieser „Stichprobe": $\overline{z} = 28$ als Schätzwert für den erwarteten Cashflow und $\sigma_{n-1}^2 = (1^2 + 7^2 + (-2)^2 + (-6)^2)/3 = 30$ als Schätzer der Varianz, was ihn auf $\sqrt{30} \approx 5$ (Millionen Euro) als Schätzwert der Standardabweichung führt. Er kommuniziert seine Rechnung in der Präsentation der Bewertung mit den Worten: „Der Cashflow dürfte bei 28 ± 5 Millionen Euro liegen". ■

7.2 Systematisches und unsystematisches Risiko

7.2.1 Das Marktrisiko als Prototyp finanziellen Risikos

Nachdem wir in den bisherigen Kapiteln in den Diskontierungsformeln den Zähler als (geschätzten) Erwartungswert der zukünftigen Zahlung identifiziert haben, wenden wir uns dem Nenner zu, also der Bestimmung der adäquaten Rendite r.

> Eine erste, wenig differenzierte und daher recht **pauschale Schätzung** der Rendite r besteht darin, sie mit jener Rendite gleichzusetzen, die allgemein und langfristig gesehen im Geschäftsleben mit Unternehmen generell verbunden ist. Für die Allgemeinheit von Unternehmen darf das Portfolio aus Aktiengesellschaften als repräsentativ gelten. Folglich identifizieren wir in einem pauschalen Ansatz die Rendite mit derjenigen Rendite, die langfristig mit dem Marktindex verbunden ist. Wird diese durch den Mittelwert der historischen Renditen bestimmt, vergleiche Bild 7-2, folgt $r = 10\%$.

Zugegeben, der pauschale Ansatz ist recht grob. Denn mit dem konkreten Unternehmen, das bewertet werden soll, könnten Risiken verbunden sein, die entweder geringer oder größer sind als das Risiko einer Anlage in den Marktindex. Dann wären Adjustierungen angebracht. Sie werden mit dem Capital Asset Pricing Model vorgenommen, das wir im Folgekapitel 8 besprechen.

Doch zuvor sollen zwei Beispiele die eben skizzierte Gleichsetzung des Risikos der Unternehmung mit dem des gesamten Marktes illustrieren.

Beispiel 7-6: Fortführung von Beispiel 7-5 *Aulin Systems*: Der Wirtschaftsprüfer diskontiert den in einem Jahr erwarteten Cashflow von Aulin Systems von 28 Millionen Euro mit dem Kapitalkostensatz von 10% und gelangt für diesen einen Cashflow auf einen heutigen Wert von $W = 28/1{,}10 \approx 25$. Er erklärt: Wer an der Börse 100 investiert, erhält in einem Jahr 110 plus/minus 20 (die Standardabweichung der Marktrendite liegt bei 20%). Wer beim konkreten Unternehmen 25 anlegt, erhält in einem Jahr etwa 28 plus/minus 5. Die Relationen stimmen überein, und von daher ist der pauschal angenommene Kapitalkostensatz von 10% durchaus zu begründen. ∎

Beispiel 7-7: Der Manager von *Aulin Systems* meint, die Überlegung (in Beispiel 7-6) basiere auf der Schätzung des Cashflows auf 28 ± 5 Millionen Euro. Doch diese Schätzung beruhe auf den spontan genannten Beispielen, und sei etwas vage. Man solle so argumentieren: Aulin Systems sei in den letzten Jahren so gewachsen wie im Mittel die anderen Unternehmen und Aulin Systems habe dabei stets eine übliche Dividendenrendite gezahlt. Zwar habe es auch Rückschläge gegeben, ab und zu auch starke Avancen, doch alles im Einklang mit dem Gesamtmarkt. Ein Engagement in die Aktie von Aulin Systems sei daher ziemlich ähnlich zu einer Investition in den Marktindex. Bei letzterem werde als Rendite $r = 10\%$ erwartet, weshalb dies auch die Rendite sei, die Aulin bringen müsse. Nun sei im Geschäftsplans der nächste Cashflow mit $z_1 = 28$ Millionen Euro angeführt, weshalb $z_1/(1+r) = 28/1{,}10 \approx 25$ der gesuchte Barwert sei. Der Wirtschaftsprüfer bemerkt, dass diese etwas andere Argumentation in den Bericht aufgenommen werden sollte, noch dazu wo sie im Ergebnis auf dasselbe hinausläuft. ∎

7.2.2　Welche Risiken sind gemeint?

In der Literatur wird *Risiko* unterschiedlich definiert und der Begriff hat sich wohl in der Menschheitsgeschichte gewandelt.[2] Vielfach werden mit Risiko Gefahren assoziiert. Eine übliche Definition setzt Risiko mit der Möglichkeit gleich, dass bei einer wirtschaftlichen Aktivität es zu „abträglichen" Resultaten kommen kann.

In der Tat meiden die Menschen (Teilnehmende am Kapitalmarkt) risikobehaftete Engagements. Im Ergebnis ist der Preis/Wert der späteren Zahlung geringer — im Vergleich zu jenem Barwert, der sich bei Diskontierung mit dem Zinssatz ergeben würde.

> Unter Risiko sind Merkmale subsumiert, die von der überwiegenden (und daher preisbestimmenden) Mehrheit der am Kapitalmarkt Teilnehmenden als abträglich angesehen wird, weshalb sich im Kapitalmarkt dafür geringere Werte einstellen — als wenn, wie es für sichere Zahlungsüberschüsse korrekt wäre, mit dem Zinssatz diskontiert würde.

---

[2] PETER L. BERNSTEIN: *Against the Gods: The remarkable Story of Risk*. Wiley & Sons, New York 1996.

Die Risiken, denen eine spätere Zahlung oder denen ein unternehmerisches Ergebnis ausgesetzt ist, sind vielfältiger Natur. Zudem wird jede Person aufgrund eigener Erfahrungen sagen können, welche Merkmale für sie besonders abträglich sind. Jede Person wird sagen können, weshalb sie also gewisse Engagements meidet. Berichte über Ängste angesichts von Unsicherheit und über psychologische Aspekte sind zahlreich. In jüngster Zeit wurde auch über verhaltenswissenschaftliche Studien berichtet, wie Menschen unter Risiko tatsächlich entscheiden.

Jedoch steht bei einer Bewertung (wie stets betont) die allgemeine Marktsicht im Mittelpunkt und nicht so sehr das Empfinden des einen oder anderen Menschen. Zudem verlangte der Wertbegriff, dass der Markt perfekt sein solle.

Nun ist für das entsprechende Marktmodell kaum vorstellbar, dass die Teilnehmenden (wie es wir und die Menschen um uns herum tun) sich in den psychologischen Stricken verwirren und zu Fall kommen, die in der Menschheitsgeschichte gelegt und uns anhaften. Die Menschen werden natürlich irgendwann schon erkennen, dass es im Grunde klüger wäre, sich „rational" zu verhalten — auch wenn sie es dann im Einzelfall doch nicht schaffen.

> Im Modell des perfekten Marktes haben wir aber gar keine andere Wahl als die Teilnehmenden als „rational" anzunehmen.

- Rationalität heißt, dass die Marktteilnehmenden an den finanziellen Ergebnissen interessiert sind. Sie betrachten also **Geldbeträge** und die **Wahrscheinlichkeiten**, mit denen diese eintreten.

- Des Weiteren werden sie bei ihren Entscheidungen unter Risiko gewisse Gebote befolgen, die — nach einer ausführlichen wissenschaftlichen Diskussion — mit „Rationalität" gleichgesetzt werden können. Den zahlreichen Untersuchungen folgend, werden die Teilnehmenden im (angenommenen) perfekten Markt die risikobehafteten Geldbeträge oder Zahlungen anhand des **Erwartungsnutzens** beurteilen.

Auf der Basis dieser beiden Prämissen sprechen wir in unserem Zusammenhang von **Entscheidungen unter Risiko**, wenn die Konsequenzen, die sich für die möglichen Entscheidungen einstellen, erstens Geldbeträge sind, für die zweitens Wahrscheinlichkeitsverteilungen angegeben werden können.

In diesem Denkrahmen hat HARRY MARKOWITZ um 1960 ein einfaches Modell entwickelt, mit dem untersucht wird, wie ein Investor sein Portfolio zusammenstellt.

- Der Investor beurteilt die ihm möglichen Portfolios allein anhand des unsicheren finanziellen Ergebnisses der Anlage oder, wenn dieses auf den Anfangsbetrag bezogen wird, anhand der unsicheren Rendite.

- Das Entscheidungskriterium des Erwartungsnutzens wird (ziemlich genau) dadurch angenähert, dass unterstellt wird, der Investor achte auf den Erwartungswert und die Varianz der unsicheren Ergebnisse/Rendite.

Der Erwartungswert der Rendite des Portfolios beschreibt das Wünschenswerte, während die Varianz beziehungsweise die Standardabweichung der Portfoliorendite das Abträgliche der Geldanlage erfasst. MARKOWITZ hat den Erwartungswert der Rendite kurz als **Return** angesprochen, während er die Standardabweichung der Portfoliorendite als **Risk** bezeichnet. Damit umfasst der Begriff *Risk* sowohl das Abträgliche, mögliche **Verluste**, als auch **Chancen**, Gewinnmöglichkeiten.

Sodann hat MARKOWITZ gezeigt, wie sich der Return des Portfolios aus den unsicheren Renditen der möglichen Einzelanlagen errechnet. Hierzu wird in der Portfoliotheorie unterstellt, dass die Wahrscheinlichkeitsverteilungen der Renditen der möglichen Einzelanlagen gegeben sind.

Da es dem Investor nach Bildung des Portfolios nur auf den Erwartungswert und die Varianz (oder die Standardabweichung) der Portfoliorendite ankommt, genügt es völlig, die Wahrscheinlichkeitsverteilungen der Renditen der Einzelanlagen durch ihre jeweiligen Erwartungswerte, die jeweiligen Varianzen/Standardabweichungen und die Korrelationskoeffizienten zwischen Paaren von Einzelanlagen zu beschreiben. Sind diese Parameter gegeben, genügen einfache Rechenregeln, um aus ihnen den Erwartungswert und die Varianz der Portfoliorendite zu ermitteln.

Die Modellierung von MARKOWITZ wurde von anderen, darunter vor allem von JAMES TOBIN und WILLIAM SHARPE ausgebaut. So ist das als **Moderne Portfoliotheorie (MPT)** bezeichnete Denkgebäude entstanden.

Die MPT hat auf verschiedene Ergebnisse geführt, die — obwohl zunächst rein theoretisch aus den skizzierten Prämissen abgeleitet — auch für die Wirklichkeit unserer konkreten Kapitalmärkte noch als gut zu beurteilende Beschreibungen liefert.

Dass die Beschreibung der Wirklichkeit durch die MPT mit akzeptabler Genauigkeit gelingt, dürfte durch diesen Punkt erklärbar sein:

- Zwar weicht das *tatsächliche Verhalten* der Zeitgenossen von der Rationalität (der ökonomischen Lehre) ab, wie von der **Behavioral Finance** aufgedeckt wurde.

- Doch die großen Investoren der konkreten Wirklichkeit entscheiden über das Geld von Kunden und müssen ihre Entscheidungen rechtfertigen. Sie haben **intendierte Rationalität**.[3]

---

[3] In der Realität sind maßgebliche Investoren nicht immer so „rational". Studien zeigen, dass CFOs und CEOs weder vor Overconfidence noch vor Narzismus (als besondere Form der Hybris) gefeit sind. Unter den zahlreichen Arbeiten seien drei genannt: 1. RICHARD ROLL: The hubris hypothesis of corporate takeovers. *Journal of Business* 59 (1986), 197-218. 2. RICHARD H. THALER: The Winner´s Curse. *Journal of Economic Perspectives*, Volume 2 (Winter 1988) 1, 191-202. 3. ITZHAK BEN-DAVID, JOHN R. GRAHAM und CAMPBELL R. HARVEY: *Managerial Overconfidence and Corporate Policies*. NBER Working Paper No. W13711, December 2007.

7.2.3   Risiko in der Modernen Portfoliotheorie (MPT)

MARKOWITZ hat insbesondere gezeigt, dass die Standardabweichung der Portfoliorendite nicht einfach der mit den Gewichten der Einzelanlagen (die sie im Portfolio haben) berechnete Durchschnitt der Standardabweichungen der Renditen der Einzelanlagen ist. Im allgemeinen ist die Standardabweichung der Portfoliorendite *geringer* als der gewichtete Durchschnitt der Einzelrenditen. Dieses Phänomen ist der **Diversifikationseffekt**.

Dabei kommt es auf die Koeffizienten der Korrelation an. Auch wenn sie positiv sind, erlauben geringe Korrelationskoeffizienten eine gute Diversifikation. Und die Diversifikation verbessert sich noch, wenn es (wenigstens einzelne) Paare von Anlagemöglichkeiten gibt, deren Renditen untereinander negativ korreliert sind.

> Die MPT hat damit gezeigt, dass die Zufälligkeiten bei einer Einzelanlage sich *nur zu einem Teil* in der Portfoliorendite ausdrücken, während der restliche Teil der Zufälligkeiten durch die Diversifikation „verschwindet", das heißt, sich mit Zufälligkeiten anderer Einzelanlagen *ausgleicht*.
>
> Wenn mit σ_k die Standardabweichung der Rendite der mit k bezeichneten Einzelanlage ist, dann überträgt sich also nur ein Teil dieser Standardabweichung auf die Portfoliorendite. Folglich gibt es bei einer einzelnen Kapitalanlage (etwa: Erwerb von Anteilen eines Unternehmens) gewisse zufällige Ergebnisschwankungen, die für den Investor, der diversifiziert, keine Rolle spielen.
>
> -   Jener Teil der Standardabweichung σ_k, oder anders ausgedrückt, jener Teil der zufälligen Schwankungen im Ergebnis der Unternehmung k, der bei guter Diversifikation verschwindet, wird als **unsystematisches Risiko** bezeichnet. Hierunter fallen **unternehmensspezifische** Zufälligkeiten (die nicht genauso bei anderen Einzelanlagen/Unternehmen wirken).
>
> -   Jener Teil der Standardabweichung σ_k, oder jener Teil der zufälligen Schwankungen im Ergebnis der Unternehmung k, der trotz guter Diversifikation sich auf die Portfoliorendite überträgt, heißt **systematisches Risiko**. Hierunter fallen Zufälligkeiten (die genauso auf die anderen Einzelanlagen/Unternehmen einwirken).

Beispiele für das unsystematische und das systematische Risiko liegen auf der Hand.

- Unsystematische Zufälligkeiten bestehen vielfach in mikroökonomischen Risiken, die typischerweise nur ein Unternehmen treffen, wie etwa die Krankheit eines Geschäftsführers oder der Diebstahl in einem Warenlager.

- Systematische Risiken gehen oft auf makroökonomische Faktoren zurück, die auf alle Unternehmen (und daher alle möglichen Kapitalanlagen) wirken, wenngleich vielleicht mit unterschiedlicher Intensität. Dazu gehören konjunkturelle Risiken.

Ein einfacher Weg zur Berechnung des unsystematischen beziehungsweise des systematischen Risikos einer einzelnen Unternehmung (gesehen als einzelne Anlagemöglichkeit für die Portfoliobildung) geht auf TOBIN und auf SHARPE zurück. Beide argumentieren, dass die Portfolioinvestoren letztlich **homogene Erwartungen** bilden.

Denn alle Informationen Einzelner werden durch den Marktmechanismus publik und stehen dadurch wiederum allen Teilnehmenden zur Verfügung. Das führt zu einer praktisch einheitlichen **Marktmeinung**. Wer wollte sich da über die Marktmeinung hinwegsetzen, rein persönlichen Einschätzungen folgen und spekulieren? Die großen institutionellen Investoren, die Rechenschaftsberichte abgeben müssen, werden sich nicht so leicht über die Marktmeinung hinwegsetzen können.

Auf Grund der Einheitlichkeit der Marktmeinung gelangen mehr oder weniger alle Investoren auf übereinstimmende Gewichte für die risikobehafteten Einzelanlagen.

Anders ausgedrückt: Was die risikobehafteten Teil der Portfolios betrifft, so sind sie für alle Investoren identisch zusammengesetzt. So entsteht ein **Marktportfolio**, dargestellt durch den **Index**. Der dieser einheitlichen Marktmeinung folgende, mithin repräsentative Investor legt den für eine risikobehaftete Anlage gedachten Teil seines Vermögens in ein Portfolio an, das genau wie das Marktportfolio (beziehungsweise der Index) zusammengesetzt ist.

Würde der Investor das Gewicht, das die Anlage in Anteile des Unternehmens k hat, noch weiter vergrößern, dann würde sich das Risiko des dann entstehenden Portfolios noch vergrößern, sofern die mit der Rendite der Anteile von k verbundene Zufälligkeit in Einklang mit der Zufälligkeit der Rendite des Marktportfolios steht (positive Korrelation).

Ob und in welchem Umfang das der Fall ist, wird durch den Koeffizienten der **Korrelation** zwischen den beiden Renditen ausgedrückt.

7.2.4 Das systematische Risiko

Die unsichere Rendite des Marktportfolios (im kommenden Jahr), kurz die **Marktrendite** wird üblicherweise mit $\tilde{r}_M$ bezeichnet,

$\mu_M = E[\tilde{r}_M]$ ist die erwartete Marktrendite,

$\sigma_M = \sqrt{Var[\tilde{r}_M]}$ ist die Standardabweichung der Marktrendite.

Schätzungen dieser Parameter liegen im Bereich $\mu_M \approx 10\%$, $\sigma_M \approx 20\%$ (siehe Bild 7-2 und die in Fußnote 1 zitierten Quellen).

Zudem wird (bei einem Anlagehorizont von einem Jahr) die Marktrendite $\tilde{r}_M$ als normalverteilt angesehen. Das bedeutet: Der Portfolioinvestor darf für den Aktienteil seines Portfolios eine Rendite von 10% erwarten, jedoch ist mit Schwankungen um ± 20% zu rechnen.

Mit Wahrscheinlichkeit von ungefähr 1/6 liegt die Realisation der Marktrendite sogar noch unter -10% und ebenso mit dieser Wahrscheinlichkeit dürfte sie mehr als 30% betragen.[4]

Mit dieser Erkenntnis können das unsystematische und das systematische Risiko einer Einzelanlage (in Anteile des Unternehmens k) bestimmt werden.

- Das **systematische** Risiko der Einzelrendite $\tilde{r}_k$ ist jener Teil der Zufälligkeit dieser Rendite, die mit der Zufälligkeit der Marktrendite übereinstimmt. Dieser Teil wird durch den Koeffizienten der Korrelation zwischen der Rendite der Einzelanlage $\tilde{r}_k$ und der Marktrendite $\tilde{r}_M$ ausgedrückt, also durch $\rho_{k,M}$.

- Hingegen ist das **unsystematische** Risiko der Einzelrendite jener Teil der Zufälligkeit dieser Rendite $\tilde{r}_k$, der mit der Zufälligkeit der Marktrendite $\tilde{r}_M$ nicht zusammenhängt:

$$(7\text{-}5) \qquad \rho_{k,M} \;=\; \frac{Cov[\tilde{r}_k, \tilde{r}_M]}{\sqrt{Var[\tilde{r}_k]} \cdot \sqrt{Var[\tilde{r}_M]}}$$

Wir unterscheiden drei Fälle:

1. Fall $\rho_{k,M} = 1$: Die Zufälligkeit bei dem Unternehmen k steht vollständig in Einklang mit Zufälligkeit der Marktrendite.

2. Fall $0 < \rho_{k,M} < 1$: Die Zufälligkeit bei dem Unternehmen k steht teilweise in Einklang mit der Zufälligkeit der Marktrendite. Zum restlichen Teil ist das Risiko des Unternehmens diversifizierbar.

3. Fall $\rho_{k,M} = 0$: Die Zufälligkeit bei dem Unternehmen k und die Zufälligkeit der Marktrendite sind gänzlich voneinander unabhängig. Das gesamte Risiko der Einzelanlage verschwindet im Portfolio durch Diversifikation.

Fazit: Das systematische Risiko der Einzelrendite ist $\rho_{k,M} \cdot \sigma_k$ und ihr unsystematisches Risiko ist $(1 - \rho_{k,M}) \cdot \sigma_k$.

Im Fall $-1 \leq \rho_{k,M} < 0$ sind die Zufälligkeiten bei dem betreffenden Unternehmen k und die der Marktrendite teilweise oder vollständig gegenläufig. Durch Aufnahme der Anlage k könnte sogar das Risiko des Portfolios noch etwas reduziert werden.

---

[4] Empirische Untersuchungen der Börsen zeigen, dass bei kürzeren Anlagehorizonten eine große Kurtosis aufweisen (Im Jargon: *Fat Tails*), während bei längeren Anlagehorizonten, auch aus theoretischen Überlegungen, die Anlageergebnisse Rechtsschiefe aufweisen.

Aufgrund theoretischer Überlegungen[5] sowie der praktischen Seltenheit gehen wir hier nicht weiter auf Einzelanlagen mit negativer Korrelation zum Marktindex ein.

Im Licht der MPT können wir nun das Risiko einer Zahlung oder eines unternehmerischen Ergebnisses klassifizieren.

1. Klasse: Das Risiko drückt sich als Unsicherheit hinsichtlich gewisser Ereignisse aus, die jedoch keine Auswirkung auf die Höhe oder Wahrscheinlichkeit der Zahlungsüberschüsse des betrachteten Unternehmens haben.

2. Klasse: Der Zahlungsüberschuss kann unsicher sein, weil das Unternehmen recht spezifische, unsichere Besonderheiten aufweist (die sonst in der Wirtschaft keine Rolle spielen), etwa aufgrund operationeller Risiken, von denen nur das eine Unternehmen betroffen wäre.

3. Klasse: Der Zahlungsüberschuss kann unsicher sein, weil er mit den sonst auch unsicheren Ergebnissen, die Kapitalanlagen im allgemeinen haben, zusammenhängt (korreliert ist). Der Zahlungsüberschuss des betrachteten Unternehmens könnte also mit dem Index positiv korreliert sein.

4. Klasse: Der Zahlungsüberschuss kann unsicher sein, weil es ein konjunkturelles Risiko gibt, das auf ihn ausstrahlt. Außerdem könnte der Zahlungsüberschuss durch die Unsicherheiten der Währungsparitäten Dollar und Euro betroffen sein.

Die unter 1 genannte Klasse von Unsicherheiten spielt im (angenommenen) perfekten Markt keine Rolle.

Die Risiken in Klasse 2 sind unsystematisch, gleichen sich im Portfolio (im Index) folglich aus und spielen im weiteren keine Rolle.

Die in Klasse 3 genannten Risiken sind wichtig, weil die Hinzunahme einer entsprechenden Position direkt das Risiko des (vom repräsentativen Investors gehaltenen) Marktportfolios und damit das für ihn abträgliche Merkmal der Kapitalanlage erhöht.

Die in Klasse 4 zusätzlich erwähnten Einflussfaktoren müssen nicht mehr eigens betrachtet werden, da sie, insoweit sie mit dem Marktportfolio korreliert sind, sich bereits durch das Marktportfolio ausdrücken.

Fazit: Für die weitere Betrachtung hat nur noch das systematische Risiko einer Unternehmung Bedeutung.

---

[5] Man würde fragen, warum bei der Bildung des Marktportfolios die betreffende Einzelanlage nicht schon entsprechend stärker gewichtet wurde.

7.3 Was wir wissen oder kennen

7.3.1 Vier Ebenen

Die Wissenschaftstheorie, Teilgebiet der Philosophie, hat sich immer wieder mit der Frage auseinandergesetzt, wie Erkenntnisse entstehen, was wir „wissen" und was „gesichertes" Wissen ist, und was nur als „vorläufiges" Wissen anzusehen ist. Wir können diesen großen Teil der Philosophie hier nur erwähnen. Indessen wollen wir *vier* Ebenen unseres Wissens oder Nichtwissens ansprechen. Für jede Ebene sei die für sie zentrale Frage gestellt. Wir beginnen mit der obersten Ebene:

1. Ebene: Trifft unsere Hypothese, dass ein Phänomen zufällig ist und wir es durch eine Wahrscheinlichkeitsverteilung beschreiben können, überhaupt zu? Es ist doch unklar, ob ein unsicheres Phänomen überhaupt als Risikosituation aufgefasst werden kann oder ob mit einer Wahrscheinlichkeitsverteilung nicht etwas übersehen wird. Wir würden möglicherweise ein falsches „Modell" wählen und begingen somit einen **Modellfehler**.

2. Ebene: Selbst wenn wir auf der ersten Ebene Klarheit haben und wissen, dass es sich um ein zufälliges Phänomen handelt, sind die Parameter der Wahrscheinlichkeitsverteilung meistens nicht bekannt. Die Parameter, wie Erwartungswert oder Standardabweichung, die ein Zufallsexperiment beschreiben, eventuell auch der Typ der Wahrscheinlichkeitsverteilung, müssen erst geschätzt werden, und dabei treten **Schätzfehler** auf.

3. Ebene: Angenommen, unsere Modellvorstellung sei erstens richtig (der Realität entsprechend) und wir würden zweitens die Parameter ziemlich genau geschätzt haben. Dann kann immer noch ausstehen, wie sich das zufällige Phänomen realisieren wird. Wir können die irgendwann später eintretende und bekannt werdende Realisation (der Durchführung des Zufallsexperimentes) zwar vorhersagen, etwa durch den Erwartungswert, doch dann sind (der Varianz entsprechend) **Prognosefehler** unvermeidlich.

4. Ebene: Einige Personen kennen bereits das Resultat eines unsicheren Phänomens, von dem alle Menschen vielleicht wissen, dass es sich erstens um ein Zufallsexperiment handelt und für das vielleicht zweitens alle die Parameter der Wahrscheinlichkeitsverteilung hinreichend genau kennen. Doch andere Personen kennen das Resultat (noch) nicht. Es bestehen also **Informationsunterschiede**.

In der Portfoliotheorie wird *angenommen*, der betrachtete Investor habe vollständiges Wissen über die erste Ebene. Es ist (ihm) bekannt, dass die unsicheren Renditen korrekterweise durch Wahrscheinlichkeitsverteilungen beschrieben werden können. In der Portfoliotheorie wird vorausgesetzt, dass die Anlageergebnisse rein zufällig sind und weder das Ergebnis strategisch agierender Gegenspieler noch unter völliger Ungewissheit zustande kommen. Ob diese *Annahme* die Realität gut beschreibt, müssen die *Anwender* der Portfoliotheorie prüfen. Die Schöpfer der Theorie haben jedenfalls die eben gegebene Annahme zur ersten Ebene getroffen.

Hinsichtlich der zweiten Ebene hat MARKOWITZ einmal gesagt, er treffe die Annahme, dass die Parameter bekannt sind. Wie ein Anwender der Portfoliotheorie zu diesen Parametern komme, sei eine andere „Story", mit der er sich nicht befasst habe.

Hinsichtlich der dritten Ebene wird in der Portfoliotheorie davon ausgegangen, dass die Realisationen der Renditen (noch) nicht vorliegen. Es wird auch nicht gewartet, bis sie dann einmal bekannt sind. Der betrachtete Investor trifft die Entscheidung über die Zusammenstellung seines Portfolios, hat damit seine Aufgabe erfüllt und „kann nach Hause gehen".

Die vierte Ebene wird in der MPT erst gar nicht thematisiert, weil ohnehin Einzelwissen über den Marktmechanismus sofort publik wird.

7.3.2   Induktive Schlussfolgerungen

Die **Induktion** führt von empirischen Beobachtungen zur Formulierung einer Theorie und meist zur Vorstellung, man würde mit der Theorie keinen Modellfehler begehen.

> Seit ARISTOTELES (384-322 v. Chr.) bezeichnet **Induktion** die abstrahierende Schlussfolgerung, mit beobachtete Phänomenen zu einer Erkenntnis verdichtet werden, der Allgemeingültigkeit zugeschrieben wird.

Der britische Ökonom und Philosoph JOHN STUART MILL (1806-1873) gilt als Hauptvertreter des empirisch orientierten Denkens. Der Induktion wird oft die **Deduktion** gegenüber gestellt. Eine Deduktion ist eine Ableitung, mit der aus allgemein gültigen Gesetzen, Umständen oder getroffenen Prämissen (Annahmen) eine Aussage über einen speziellen Fall gewonnen wird.

Sir Karl RAIMUND POPPER (1902-1994) hat die Möglichkeit, unser Wissen mit Induktion zu erweitern, sehr kritisch beurteilt. POPPER argumentiert, die induktive Vorgehensweise bringe nur **vorläufige Erkenntnis**. Mit ihm hat der Logiker BERTRAND RUSSEL (1872-1970) in seinem Werk „Human Knowledge — its scope and limits" (1948) die selbe skeptische Einsicht über die Induktion vertreten.

Wir Menschen gehen durch die Welt und leben in der Zeit. Dabei machen wir Beobachtungen darüber, wie sich unsichere Phänomene realisieren. Wir erwerben also ganz natürlich Erfahrungswissen (auf der eben genannten zweiten Ebene). Wir kennen Stichprobenwerte. Anhand der Stichproben beginnen wir damit, Erwartungswerte und Standardabweichungen zu schätzen. Dabei unterstellen wir bereits, die Phänomene seien in Wirklichkeit zufällig, wir gehen also davon aus, dass wir der richtigen Modellvorstellung folgen (und wir über die Ebene 1 Wissen haben). Aufgrund unserer Beobachtungen werden wir den Typ der Wahrscheinlichkeitsverteilung und die Parameter ermitteln.

> Allgemeiner ausgedrückt leiten wir aus den Beobachtungen Aussagen ab, denen wir allgemeinere Gültigkeit beimessen. Wir nehmen die Beobachtungen als eine **„Bestätigung"** unserer Hypothese, die wir hinsichtlich des Modells formuliert haben.

Wir glauben, auf diese Weise neues Wissen erworben zu haben. In Wahrheit können wir bei der induktiven Schlußweise jedoch etwas übersehen. Taucht auf einmal ein Gegenbeispiel zu unserer „Theorie" auf, müssten wir sie verwerfen oder wenigstens erweitern. Das heißt: Die aufgrund von Beobachtungen und aufgrund von Stichproben formulierten Aussagen sind immer nur *vorläufig*. Wir müssen darauf gefasst sein, dass einmal eine (böse) Überraschung kommt und belegt, dass unser „Wissen" über die erste Ebene falsch war. Es hatte eben nur vorläufigen Charakter.

Als Beispiel führte POPPER den **schwarzen Schwan** an. Bis ins Mittelalter in Europa unbekannt, dachten die meisten Menschen (aufgrund der zahlreichen weißen Schwäne), dass *alle* Schwäne hell oder grau sind. Dann kamen die ersten Seefahrer aus Australien und Neuseeland zurück und brachten schwarze Schwäne mit. Die überraschende Evidenz: Das „Wissen", dass alle Schwäne weiß oder grau seien, war eben nur vorläufig und hat sich als falsch erwiesen.[6]

In der Finanzwirtschaft ist auch unser „Wissen" über die erste Ebene, dass die Renditen einer Wahrscheinlichkeitsverteilung folgen, auch nur vorläufig. Es könnten plötzlich Realisationen auftreten, die sich mit den angenommenen Wahrscheinlichkeitsverteilungen nicht erklären lassen.

- Viele Zeitgenossen denken, die Finanz- und Wirtschaftskrise 2008/09 habe eben gerade das gezeigt. Sie argumentieren, die Annahme einer Normalverteilung sei widerlegt.

- Allerdings sind andere vorsichtiger, unser „Wissen" hinsichtlich der ersten. Ebene aufgrund der Krise 2008/09 zu verwerfen. Eine Normalverteilung erlaubt durchaus, dass es ab und zu sehr abträgliche Ergebnisse eintreten. Der S&P 500 hatte sowohl 1927 als 2008 eine Rendite zwischen -40% und -30%. Im Jahr 1931 war die Rendite des Indexes sogar noch geringer (zwischen -40% und -50%). Indexrenditen zwischen -20% und -30% gab es in mehreren Jahren, so in 1839, 1857, 1907, 1930, 1974, 2002.

7.3.3   Wissen und Kenntnis

Wissen sind vernetzte Informationen. Wissen hat man über ein breiteres Gebiet. Wissen verlangt die Vernetzung von Fakten und von Theorien und entsteht im Prozess wissenschaftliche Auseinandersetzung.

Kenntnis ist fokussiert und darf als Wissen über einen bestimmten Sachverhalt bezeichnet werden. Wir sprechen auch von der Sachkenntnis. Zu Kenntnis gelangt man vor allem durch Beobachtungen, durch Erhebungen und Bereinigungen von Daten sowie durch Kommunikation.

Die Begriffe Wissen und Kenntnis beziehen sich daher auf zwei Ebenen. Auf einer generellen, allgemeinen Ebene sprechen wir über die die Ursachen von Phänomenen sowie über die Bestimmungsfaktoren der später beobachtbaren Dinge und Sachverhalte. Die Frage lautet, ob wir über die Ursachen und Faktoren *Wissen* haben oder eben *Unwissen*.

---

[6] Bekannt ist auch das Buch des philosophischen Essayisten NASSIM NICHOLAS TALEB: *The Black Swan: The Impact of the Highly Improbable*. Random House, New York 2008.

		Ergebnisse und Sachverhalte:	
		Kenntnis	Unkenntnis
Ursachen und Wirkungsgesetze:	Wissen	Wir haben ausgereifte Theorien, die nicht mehr überraschen, und die Ergebnisse der Phänomene liegen vor	Risiko: Wir kennen die Gesetze und die Einflussfaktoren, doch die Ergebnisse liegen noch nicht vor
	Unwissen	Wir kennen die Sachverhalte, können sie jedoch nicht so genau verstehen, weil das Hintergrundwissen fehlt	Ungewissheit

Bild 7-6: Die vier Kombinationen: Wissen & Kenntnis, Wissen $ Unkenntnis, Unwissen & Kenntnis, Unwissen & Unkenntnis.

Die Frage lautet auf dieser Ebene, ob unser Wissen vollständig ist, ob es „Löcher" hat, ob es vielleicht nur „partiell" ist und ob es eventuell nur „vorläufig" ist. Anders ausgedrückt lautet die Frage auf der obersten Ebene: Wie ausgereift, umfassend, gehaltvoll und empirisch relevant ist die Theorie? Auf der konkreten Ebene geht es um Ergebnisse, Fakten und einzelne Sachverhalte. Über sie haben wir Kenntnis oder eben Unkenntnis.

Dem Begriffspaaren Wissen / Unwissen und Kenntnis / Unkenntnis entsprechend, müssen vier Kombinationen besprochen werden: Wir haben Wissen & Kenntnis, Wissen & Unkenntnis, Unwissen & Kenntnis, oder Unwissen & Unkenntnis.

- **Wissen & Kenntnis** liegt in Bereichen vor, die bereits seit langer Zeit wissenschaftlich untersucht sind, die aufmerksam durch Beobachtungen verfolgt werden, und in denen Wissenschaftler und Praktiker zusammenarbeiten. Wir können die Phänomene gut erklären. Wir können auch gute Entscheidungen treffen, weil wir um die Wirkungszusammenhänge wissen. Eigentlich liegt **Sicherheit** vor.

- **Wissen & Unkenntnis** beschreibt die typische Situation unter **Risiko**. Die Ursachen und Gesetzmäßigkeiten haben wir gut verstanden, die Kenntnis über Ergebnisse jedoch fehlt, weil sie noch nicht eingetreten sind.

- **Unwissen & Kenntnis** haben wir in Bereichen, die wir genau beobachten, doch in denen das Wissen um Einflussfaktoren und ihr Zusammenwirken (noch) fehlt. Sobald wir uns des Unwissens bewusst werden, sprechen wir von einem **Rätsel**, weil wir die Phänomene nicht verstehen und nicht erklären können. Der Philosoph SLAVOJ ŽIŽEK hat auf solche Situationen aufmerksam gemacht. Beispielsweise bei Kriegen können wir zwar Kenntnis über die Lage erlangen und sehen gleichzeitig unser Unwissen über die Einflussfaktoren und die Zusammenhänge (die es doch geben sollte). In Situationen von Unwissen und Kenntnis können wir folglich keine guten Entscheidungen treffen.

- **Unwissen & Unkenntnis** beschreiben typische Situationen von **Ungewissheit**. Wir haben keine Kenntnis über den Sachverhalt, weil er noch nicht vorliegt, und wir wissen nichts oder zu wenig darüber, wie er zustande kommen wird.

7.4 Fragen

1. A) Was unterscheidet „Ungewissheit" von „Risiko"? B) Ist „Risiko" die Möglichkeit von Verlusten oder umfasst der Begriff auch Chancen?

2. Worin liegt die Bedeutung des Erwartungswerts?

3. Sie beobachten die folgenden Realisationen eines *unfairen* Würfels: 6, 5, 6, 1, 6 Augen. A) Wie hoch ist der Erwartungswert dieses Würfels? a) 4,8. b) 4,6. c) 3,5. d) 3,2. e) Keine der Antworten a) bis d) ist richtig. B) Angenommen, der wahre Erwartungswert des unfairen Würfels beträgt 4. Wie hoch ist die Varianz der Augenzahl dieses Würfels? a) 5,5. b) 4,4. c) 0,8. d) 1,0. e) Keine der Antworten a) bis d) ist richtig.

4. Erklären Sie, was unter homogenen Erwartungen zu verstehen ist und weshalb sie auf den Begriff des Marktportfolios führen.

5. Gehen Sie von den Daten $\mu_M \approx 10\%$, $\sigma_M \approx 20\%$ für den Marktindex aus und nehmen sie an, er sei normalverteilt. A) Mit welcher Wahrscheinlichkeit dürfte die Rendite unter -30% liegen? B) Mit welcher Wahrscheinlichkeit dürfte sie geringer als -40% sein?

6. Wie unterscheiden sich systematisches und unsystematisches Risiko?

7. Erläutern Sie diese Begriffe: Modellfehler, Schätzfehler, Prognosefehler, Informationsunterschiede.

8. A) Auf welche Problematik ist POPPER mit dem Beispiel des schwarzen Schwans eingegangen? B) Welche Ebene des Wissens wird angesprochen, wenn gesagt wird, unser Wissen sei nur vorläufig?

9. Jemand sagt: „Ausgesprochen schlechte Börsenjahre waren 1839, 1857, 1883, 1907, 1931, 1974, 2008. Doch auch 1883 war schlecht. Der Zeitabstand zwischen diesen Jahren ist 18, 26, 24, 24, 43 und 34 Jahre. Im Mittel sind das 28 Jahre. Damit habe ich meine Vermutung bestätigt und ein Naturgesetz entdeckt: Alle 28 Jahre kommt es zu einem Börsencrash." A) Kommentieren Sie diese Schlussfolgerung. B) Und wenn wir Kenntnis von Ereignissen wie den Börsencrashs der Vergangenheit haben, liegt dann die Situation *Wissen & Kenntnis* vor oder *Unwissen & Kenntnis*?

8. Capital Asset Pricing Model

Wie hoch sind die Kapitalkosten? Der übliche Weg zu ihrer Berechnung verwendet das *Capital Asset Pricing Model* (CAPM). Das CAPM erklärt die mit einer Anlage zu erwartenden Rendite durch ihr *Beta*. Das Beta misst das *relative systematische* Risiko.

8.1 Risikoprämienmethode und CAPM

8.1.1 Die traditionelle Formel der Diskontierung ...

Alle in diesem Buch besprochenen Ansätze zur Unternehmensbewertung sind dadurch bestimmt, dass Zahlungsüberschüsse wie Dividenden oder Cashflows (die ein Substitut für Ausschüttungen darstellen) zugunsten der Berechtigten (Eigenkapitalgeber beziehungsweise Eigen- und Fremdkapitalgeber zusammen) auf den heutigen Zeitpunkt bezogen werden.

Hierzu diente die Diskontierung. Sie wurde stets nach der **traditionellen Diskontierungsformel** $c = z_t /(1+r)^t$ vorgenommen. Dabei ist z_t der in t Jahren anfallende oder zu prognostizierende Zahlungsüberschuss und r die Diskontrate. Der Geldbetrag c mit heutiger Fälligkeit ist der Barwert oder eben der Wert des späteren Zahlungsüberschusses. Die Diskontrate r ist zugleich die Rendite, mit der ein Geldeinsatz von c als Anlage im Kapitalmarkt nach t Jahren das Ergebnis z_t bringt. Das heißt: Stets gibt es Marktteilnehmende, die bereit sind, c heute entgegen zu nehmen und dafür später z_t zu liefern bereit sind, Marktteilnehmende also, die z_t für den heute zu zahlenden Preis c verkaufen.

Anders formuliert: c ist im Kapitalmarkt der Preis von z_t, und da der Kapitalmarkt perfekt sein soll, ist c ist der **Wert** von z_t. Hierfür wollen wir $c = W(z_t)$ schreiben. Mit der Diskontierungsformel $c = z_t /(1+r)^t$ wird demnach ausgedrückt, dass sich der Wert gemäß $W(z_t) = z_t /(1+r)^t$ errechnet, wobei r die *adäquate*, die der Zahlung „entsprechende" Rendite ist.

Des weiteren haben wir ausgeführt, dass die Rendite r für das Management der Unternehmung **Kapitalkosten** darstellt. Je nachdem, wie weit der Kreis der Berechtigten ist, waren es die Eigenkapitalkosten r_{EK} oder die Gesamtkapitalkosten, bezeichnet als $WACC$ und als $MECC$. Das Management muss bei Entscheidungen, die den Einsatz von Kapital verlangen, die Renditeerwartung der Eigenkapitalgeber beziehungsweise die aggregierte Renditeerwartung der Eigen- und Fremdkapitalgeber zusammen in die *Kalkulation* einbeziehen. Generell wird der Einsatz von Inputs in der Kalkulation durch Kosten abgebildet. Also spricht das Management von Kapitalkosten, um die Renditeerwartung der Financiers auszudrücken. Bei den Begriffen Renditeerwartung und Kapitalkosten geht es um dieselbe Sache, nur wird sie aus zwei Perspektiven gesehen. Die Rendite steht im Blick der Financiers. Die Kapitalkosten erfassen die Sicht des Managements. Die Begriffe Rendite und Kapitalkosten werden hier als Synonyme betrachtet.

In diesem Kapitel geht es um Wege, die einer zukünftigen Zahlung z_t in dem Sinn **entsprechende Rendite** zu bestimmen, dass $W(z_t) = z_t / (1+r)^t$ ihr Wert ist.

8.1.2 ... folgt der Risikoprämienmethode

Aufgrund des Risikos wird der Wert der späteren Zahlung $\tilde{z}_t$ im Kapitalmarkt nicht $c = z_t / (1+i)^t$ sein (i sei der Zinssatz). Denn weil die Marktteilnehmenden (in ihrer überwiegenden Mehrheit) risikoscheu oder risikoavers sind, ist der Preis/Wert dieser Zahlung $\tilde{z}_t$ geringer:

$$(8\text{-}1) \qquad W(z_t) \;=\; \frac{z_t}{(1+r)^t} \;<\; \frac{z_t}{(1+i)^t}$$

> Das läuft darauf hinaus, dass die einer risikobehafteten Zahlung entsprechende Diskontrate (oder Rendite/Kapitalkostensatz) r größer ist als der Zinssatz, $r > i$. Die Diskontrate (beziehungsweise Rendite/Kapitalkosten) enthalten eine positive **Risikoprämie** $r = i + p$.

Daher wird die Diskontierung so vorgenommen:

$$(8\text{-}2) \qquad W(\tilde{z}_t) \;=\; \frac{E[\tilde{z}_t]}{(1+r)^t}$$

Die Vorgehensweise, den Wert der Zahlung $\tilde{z}_t$ nach (8-2) mit $r = i + p$ zu berechnen, wird als **Risikoprämienmethode** bezeichnet: p ist die Risikoprämie. Die Aufgabe dieses Kapitels lautet daher: Wie hoch ist für einen später fälligen Zahlungsüberschuss $\tilde{z}_t$ die *adäquate* Risikoprämie p einzuschätzen?

Beispiel 8-1: In einem Jahr ($t = 1$) beträgt der Zahlungsüberschuss $\tilde{z}_1$ entweder 90 oder 130, und zwar jeweils mit Wahrscheinlichkeit von ½. Der erwarte Zahlungsüberschuss ist folglich

$z_1 = E[\tilde{z}_1] = (1/2) \cdot 90 + (1/2) \cdot 130 = 110$ Geldeinheiten. Der Zinssatz beträgt $i = 4\%$. Der Barwert der erwarteten Zahlung wäre $110/(1+4\%) = 105,77$. Doch niemand ist bereit, so viel für $\tilde{z}_1$ zu bezahlen. Der Preis und damit der Wert (sofern der Markt perfekt funktioniert) stellt sich auf 102 ein. Das bedeutet: $102 = 110/(1+r)$ oder $r = 7,84\%$. Die Marktteilnehmenden sehen mithin eine Risikoprämie von $p = r - i = 7,84\% - 4\% = 3,84\%$ als *adäquat* an. Einer der Marktteilnehmenden sagt: „Wer 102 investiert, um ein Jahr später $\tilde{z}_1$ zu erhalten, kommt im schlechtesten Fall auf 90 Geldeinheiten. Der maximale Verlust gegenüber dem Einsatz ist beschränkt. Und immerhin kann man in einem Jahr 130 erhalten. Da scheint es mir fair, heute 102 einzusetzen." ∎

8.1.3 Beta

Der Korrelationskoeffizient $\rho_{k,M}$ misst, zu welchem *Teil* das Risiko einer Einzelanlage (in Anteile des Unternehmens k) systematisch ist. Das systematische Risiko, *absolut* gemessen, ist demnach $\rho_{k,M} \cdot \sigma_k$, das Produkt aus dem Korrelationskoeffizienten und der Standardabweichung der betreffenden Rendite der Einzelanlage.

Vielfach wird das systematische Risiko der Einzelanlage *relativ* zum Marktrisiko ausgedrückt. Dabei entsteht das so genannte Beta der Einzelanlage:

$$(8\text{-}3) \qquad \beta_k = \frac{\rho_{k,M} \cdot \sigma_k}{\sigma_M}$$

Das Beta drückt also zwei Relationen aus:

1. Wie verhält sich die Zufälligkeit der Einzelanlage, gemessen durch die Standardabweichung σ_k, in Relation zur Zufälligkeit der Marktrendite, gemessen durch die Standardabweichung σ_M.

2. Zu welchem Anteil ist die Zufälligkeit der Einzelanlage systematisch? Dieser Anteil wird durch $\rho_{k,M}$ ausgedrückt.

Beta ist ein *relatives* Risikomaß. Es misst das mit einer Einzelanlage verbundene systematische Risiko und drückt es in Relation zu dem des Marktportfolios aus.

Ein besonderer Fall: (1) Die Zufälligkeit in den Ergebnissen des Unternehmens k hinsichtlich der durch die Standardabweichungen gemessenen Größe entspricht der des Marktindexes $\sigma_k = \sigma_M$, und (2) zugleich sind die Renditen vollständig positiv korreliert, $\rho_{k,M} = 1$. Diesen Fall hatten wir in den Beispielen 7-6 und 7-7 unterstellt. In diesem besonderen Fall gilt $\beta_k = 1$.

Bild 8-1: Auf WILLIAM F. SHARPE (geboren 1934 in Boston) geht das Capital Asset Pricing Model (CAPM) zurück. Es begründet die Bedeutung von Beta als die wichtigste Bestimmungsgröße für die Überrendite einer einzelnen Anlagemöglichkeit. Sharpe hat 1951 das Studium in Berkeley begonnen, dann an der *University of California at Los Angeles* (UCLA) fortgesetzt und 1955 abgeschlossen. In dieser Zeit hatte er J. FRED WESTON und ARMEN ALCHIAN als Lehrer. Dann begann SHARPE als Ökonom an der RAND Corporation, lernte *computer programming* und da zu jener Zeit MARKOWITZ dort wirkte, begann SHARPE mit der Vereinfachung von Algorithmen zur Ermittlung effizienter Portfolios. Im Jahr 1961 wurde seine Thesis über *Portfolio Analysis Based on a Simplified Model of the Relationships Among Securities* angenommen. SHARPE ging dann nach Seattle, wo er zwischen 1961-1968 produktive Arbeitsjahre hatte. Von dort wechselte SHARPE 1968 nach Irvine und wurde schließlich 1973 Timken Professor of Finance in Stanford. In dieser Zeit publizierte er 1978 sein Buch *Investments* und führte Beratungsmandate für Merrill Lynch, Wells Fargo und andere Organisationen aus. Im Jahr 1980 wurde SHARPE zum Präsidenten der *American Economic Association* gewählt. Mit dem Nobelpreis wurde SHARPE 1990 geehrt.

Selbstverständlich können Einzelanlagen Betas haben, die größer als 1 sind. Das ist dann der Fall, wenn die Zufälligkeit der Einzelrendite größer als die des Marktindexes ist, $\sigma_k > \cdot \sigma_M$ und wenn zugleich der Korrelationskoeffizient nahe genug bei 1 liegt.

Vielfach haben Anlagen in Unternehmensanteile Betas, die kleiner als 1 sind. Das ist beispielsweise der Fall, wenn das Risiko der Einzelanlage zu einem guten Teil unsystematisch ist — $\rho_{k,M}$ ist zwar positiv, aber klein — und wenn die Zufälligkeit der Einzelrendite, gemessen durch σ_k, entweder kleiner als die des Marktindexes ist oder sie nicht zu deutlich übertrifft.

Die Moderne Portfoliotheorie zeigt eine weitere Bedeutung, die das Beta einer Einzelanlage hat: Ausgangspunkt sei ein Investor, der von der besten Diversifikation (ganz leicht) abweicht und sein Portfolio, das zunächst so zusammengesetzt ist wie der Marktindex, etwas ändert.

- Der Investor verkaufe für € 1 Aktien (Reduktion aller gehaltenen Anlagen) und nehme das Geld, um den in Anlage k gebundenen Geldbetrag um € 1 zu erhöhen.

- Dann verändert sich die Standardabweichung der Rendite seines Portfolios um $\beta_k - 1$. Das Portfolio wird also etwas weniger riskant für $\beta_k < 1$. Bei $\beta_k > 1$ wird das Portfolio etwas riskanter.

Doch wenn das so ist, kommt eine Frage auf: Warum verändern die Investoren — von denen wir wissen, dass sie die risikobehafteten Teile ihrer Portfolios in übereinstimmender Weise so zusammensetzen wie das Marktportfolio — nicht ihre Portfolios, indem sie den Marktindex verkaufen und mit dem Verkaufserlös jene Anlagen stärker gewichten, die ein geringes Beta haben?

Wer die Exponiertheit dem Markt gegenüber verringert und die gegenüber Anlagen k mit $\beta_k < 1$ erhöht, reduziert doch das Risiko des Portfolios.

Die Antwort kann nur so lauten:

Wird das Portfoliorisiko verringert (indem stärker auf Anlagen mit einem geringen Beta gesetzt wird), dann verringert sich auch die erwartete Rendite des Portfolios.

- Wer eine Variation des Anteils vornimmt, mit dem eine Einzelanlage j mit $\beta_j = 1$ im Portfolio aufgenommen ist, würde das Risiko des Portfolios nicht verändern. Folglich muss eine solche Anlage eine Renditeerwartung in Höhe der Rendite haben, die mit dem Marktportfolio erwartet wird: $\mu_j = \mu_M$ (wir sprachen von 10%).

- Wer ein Portfolio aus Einzelanlagen zusammenstellt, die sämtlich ein Beta gleich null hätten — sie haben dann nur unsystematische Risiken, die sich im (gut) diversifizierten Portfolio ausgleichen — hat eine quasi sichere Portfoliorendite, die deshalb dem Zinssatz gleichen muss. Folglich müssen alle Anlagen l mit $\beta_l = 0$ eine Renditeerwartung in Höhe des Zinssatzes haben, $\mu_l = i$.

8.1.4 Das CAPM

Diese Überlegungen kann man noch ausbauen und findet das generelle (innerhalb der Annahmen der MPT gültige) Gesetz:

> Für alle Einzelanlagen k gilt, dass die erwartete Rendite gleich dem Zinssatz plus einer Risikoprämie ist, die proportional zu Beta ist:
>
> $$(8\text{-}4) \qquad \mu_k \; = \; i \; + \; \beta_k \cdot (\mu_M - i)$$
>
> Die Formel (8-4) ist das **Capital Asset Pricing Model** (**CAPM**). Jede Einzelrendite steht in einer proportionalen Beziehung zur **Marktrisikoprämie** $\mu_M - i$. Für *jede* Anlage ist die mit ihr verbundene Renditeerwartung gleich dem Zinssatz plus einer Risikoprämie, und diese ist proportional zum Beta der Anlage. Die Aussage (8-4) gilt für *alle* Einzelanlagen k (sowie für aus ihnen gebildete Portfolios). Bild 8-2 bietet eine grafische Veranschaulichung: Alle Anlagen/Instrumente/Wertpapiere sind auf einer Geraden positioniert.[1]

Das CAPM ist ausgesprochen nützlich um die Rendite zu ermitteln, die bei einer Anlage im Kapitalmarkt erwartet wird. Für viele Länder liegt die mit dem Marktportfolio verbundene Risikoprämie bei vier bis fünf Prozent, $\mu_M - i \approx 4\%$ bis $\mu_M - i \approx 5\%$. Wird nun das Beta einer Einzelanlage geschätzt, folgt mit dem CAPM die Risikoprämie und durch Addition des Zinssatzes die Renditeerwartung.

---

[1] Als eine sehr schön und leicht zu lesende Quelle sei das wieder aufgelegte Buch von WILLIAM F. SHARPE genannt: *Portfolio Theorie and Capital Marktes*. McGraw-Hill, New York 2000.

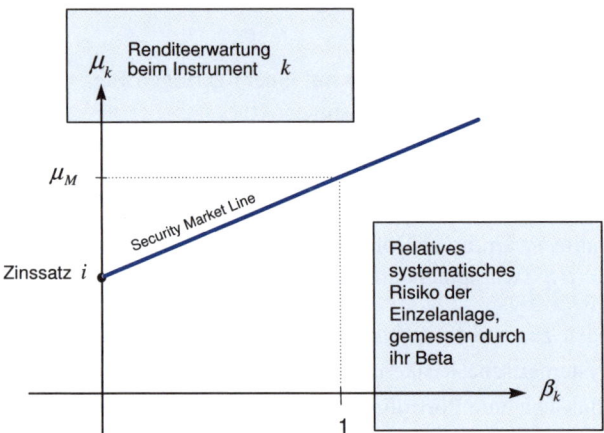

Bild 8-2: Im Beta-Return-Diagramm zeigt die Security Market Line (SML), auch als Wertschriftenlinie bezeichnet, den Zusammenhang zwischen Beta und Renditeerwartung. Alle Einzelanlagen sind auf der SML zu positionieren.

Die Aussage (8-4) wird oft grafisch dargestellt, vergleiche Bild 8-2: Die Renditeerwartungen aller Anlagen werden im Diagramm als *y-Variable* verstanden und in Abhängigkeit ihres jeweiligen Betas (*x-Variable*) dargestellt. Das Beta drückt das systematische Risiko in Relation zum Marktportfolio aus. Es wird mithin ein Beta-Return-Diagramm betrachtet — in der Modernen Portfoliotheorie wird die erwartete Rendite als Return bezeichnet.

Im Beta-Return-Diagramm kommen alle Einzelanlagen *genau* auf einer Geraden zu liegen, der sogenannten **Wertschriftenlinie (Security Market Line, SML)**.

- Die Renditeerwartung einer Einzelanlage nimmt mit ihrem Beta, mit ihrem relativen systematischen Risiko zu. Die funktionale Beziehung zwischen Renditeerwartung und Beta ist linear.

- Jede Anlage mit einem Beta von 1 hat eine Renditeerwartung in Höhe der Renditeerwartung des Marktportfolios μ_M. Jede Anlage mit einem Beta von 0 hat eine Renditeerwartung in Höhe des Zinssatzes i. Eine Einzelanlage mit einem Beta von 0 kann natürlich unsicher sein, doch gibt es nur unsystematisches Risiko. Das Risiko einer solchen Anlage ist im Marktportfolio gänzlich durch Diversifikation verschwunden.

> Die Linearität (8-4) kann auch als Proportionalität $p_k = \beta_k \cdot p_M$ ausgedrückt werden, die zwischen der Risikoprämie $p_k = \mu_k - i$ einer jeden Einzelanlage k und der **Marktrisikoprämie** $p_M = \mu_M - i$ besteht. Um die mit der Einzelanlage k verbundene Risikoprämie $p_k = \mu_k - i$ zu bestimmen, wird die mit dem Marktportfolio verbundene Risikoprämie $p_M = \mu_M - i$ mit dem Beta der Einzelanlage multipliziert. Für die Marktrisikoprämie $p_M = \mu_M - i$ liegen hinreichend gut abgestützte Schätzungen vor.

Beispiel 8-2: Welche Rendite kann mit einer Nestlé-Aktie bei einer langfristigen Perspektive erwartet werden? Das Beta wird aufgrund historischer Aktienrendite zu $\beta_{Nestl\acute{e}} = 0,9$ geschätzt. Es soll mit einem Zinsniveau $i = 4\%$ und einer Risikoprämie $\mu_M - i = 5\%$ gerechnet werden. Die Antwort: $\mu_{Nestl\acute{e}} = 0,04 + 0,9 \cdot 0,05 = 0,085 = 8,5\%$. ■

8.2 Schätzfehler und Modellfehler

8.2.1 Empirische Schätzung von Beta

In der Praxis wird das Beta aufgrund historischer Daten geschätzt. Dazu können bei vielen Unternehmen die Aktienkurse herangezogen werden, aus denen die Renditen bestimmt werden. Für eine Unternehmensbewertung gilt es als Best-Practice, die Daten für die letzten 52 Wochen heranzuziehen. Die Reihe zurückliegender Renditen des Marktindexes kann von einem Datenprovider beschafft werden. Sie sei mit $r_M(1), r_M(2), r_M(3), ..., r_M(N)$ bezeichnet.

Indessen werden anstelle der Renditen meist die so genannten **Überrenditen** betrachtet. Das sind die Unterschiede zwischen den Renditen und dem Zinssatz, der wieder mit i bezeichnet wird:

$$(8\text{-}5) \qquad p_M(t) \;=\; r_M(t) - i, \qquad t = 1, 2, ..., N$$

Zur Sprechweise: Der Unterschied zwischen Rendite und Zinssatz in einer konkreten Periode ist die Überrendite. Der Unterschied zwischen der Renditeerwartung und dem Zinssatz ist die Risikoprämie. Der Unterschied (8-5) ist natürlich bei Wochenrenditen numerisch nicht besonders groß, weil der auf eine Woche bezogene Zinssatz $\sqrt[52]{(1+i)} - 1$ klein ist. Etwa für $i = 5\%$ ist die auf eine Woche bezogene Verzinsung nur 0,09%.

Sodann werden die den Perioden entsprechenden historischen Renditen einer Anlage in die zu bewertende Unternehmung betrachtet, was auf die Reihe $r_k(1), r_k(2), r_k(3), ..., r_k(N)$ führt. Eventuell werden die Renditen mit einem Leveraging oder Unleveraging noch umgerechnet, wie in Sektion 4.3.3 und in Formel (4-9) gezeigt. Aus den Renditen werden wieder (durch Subtraktion des Zinssatzes) Überrenditen gebildet, was auf die Reihe $p_k(1), p_k(2), p_k(3), ..., p_k(N)$ führt.

Nun wird eine **Lineare Regression** gerechnet, bei der versucht wird, die Überrenditen der Einzelanlage, $p_k(1), p_k(2), p_k(3), ..., p_k(N)$, durch die Überrenditen des Marktindexes zu erklären, also durch $p_M(1), p_M(2), p_M(3), ..., p_M(N)$. Die Regressionsgleichung lautet:

$$(8\text{-}6) \qquad p_k(t) \;=\; \alpha + \beta \cdot p_M(t) + \varepsilon(t), \qquad t = 1, 2, ..., N$$

Mit der Methode der kleinsten Quadrate werden die beiden Parameter α und β so bestimmt, dass die Summe der Quadrate $(\varepsilon(1))^2 + (\varepsilon(2))^2 + \ldots + (\varepsilon(N))^2$ minimiert wird. Aus Überlegungen, die in der gleich folgenden Sektion besprochen werden, wird bei der Regressionsrechnung $\alpha = 0$ gesetzt.

Das mit gefundene β ist die gesuchte Schätzung des Betas (7-8).

> Mit dem empirischen Ansatz wird ein so genanntes **historisches Beta** bestimmt — auch ohne dass die wahren Parameter, die in der Definition (7-8) erscheinen, bekannt sein müssen.

Allerdings gibt es einen Unterschied zwischen dem historischen und dem wahren Beta. Untersuchungen haben gezeigt, dass die historischen Betas bei den meisten Unternehmen nicht stabil sind. Sie schwanken mit dem Zeitfenster. Dabei wurde eine **autoregressive Tendenz** entdeckt:

- Historische Betas, die kleiner als eins sind, werden mit dem Zeitablauf größer.

- Umgekehrt wurden historische Betas, die größer als eins waren, mit dem Verschieben des Zeitfensters nach rechts kleiner.[2]

Diese Beobachtung zeigt, dass ein historisches Beta $\beta_k^{(historisch)}$ nicht unmittelbar als Schätzung des gesuchten wahren Betas (8-3) genommen werden sollte. Vielmehr muss es noch korrigiert werden, um die Autoregression zu berücksichtigen. Eine bekannte und viel benutzte **Korrektur** geht auf BLUME zurück. Sie setzt die Schätzung $\widehat{\beta}_k$ für das wahre Beta der Anlage k so fest:

$$(8\text{-}7) \qquad \widehat{\beta}_k = \frac{1}{3} + \frac{2 \cdot \beta_k^{(historisch)}}{3}$$

Wer empirisch arbeitet sieht, dass die historischen Betas zudem stark vom gewählten Zeitfenster und von der Länge des Zeitfensters abhängen. Daher bietet sich an, nicht nur eine Korrektur wie (8-7) vorzunehmen, sondern parallel dazu **Expertenwissen** heranzuziehen. So werden heute Betas empirisch bestimmt und korrigiert und parallel dazu wird ein Expertenurteil herangezogen.

8.2.2   Aktuelle oder langfristige Zinssätze?

Wenn für eine Unternehmensbewertung das CAPM zur Bestimmung der Kapitalkosten herangezogen wird, dann müssen die verwendeten Größen eigentlich „langfristig" und „typisch" sein. Von Größen, die sich aus den „speziellen" Umständen des „konkreten" Markts ergeben, sollte bei einer Bewertung abgesehen werden. Die Unterschiede zwischen Wert und Preis hatten wir eingangs (in Kapitel 1) besprochen.

---

[2] MARSHALL BLUME: Betas and their Regression Tendencies. *Journal of Finance* 30 (1975), pp. 785-795.

Hinsichtlich des im CAPM benötigten Zinssatzes würde entsprechend (für die Bestimmung des Werts) ein Zinssatz benötigt, der sich „langfristig" einstellt und als „typisch" angesehen werden darf. Indessen verlangen die Beteiligten oftmals, das der aktuelle Zinssatz im CAPM zu verwenden sei, um ein „aktuelleres Bild" von der Höhe der Kapitalkosten zu erhalten. Diese Forderung wird natürlich besonders dann erhoben, wenn der aktuelle Zinssatz spürbar von jenem abweicht, der als langfristig und als typisch anzusehen wäre.

> Folgen wir dieser Forderung, den aktuellen Zinssatz im CAPM zu verwenden. Dann ist zu beachten, dass die Höhe der mit dem CAPM berechneten Kapitalkosten davon abhängt, welche Informationen hinsichtlich der Marktrendite vorliegen. Hier lautet die Frage: Liegt eine numerische Schätzung für die erwartete Marktrendite μ_M oder eine Schätzung für die Risikoprämie $\mu_M - i$ vor?

In den zahlreichen empirischen Untersuchungen sind beide Wege vertreten.

- Weg 1: Die einen Autoren sagen, die Markrendite sei die Zufallsgröße. Ihr Erwartungswert ist eine Konstante, μ_M, die durch den Mittelwert der konkreten Marktrenditen $r_M(t)$ zurückliegender Jahre t geschätzt wird. Bei dieser Schätzung bleiben die historischen Zinssätze $i(t)$ der betrachteten Jahre unberücksichtigt.

- Weg 2: Eine andere Sicht ist die, dass Jahr um Jahr die Überrendite (Differenz zwischen der Marktrendite und dem jeweiligen Zinssatz) schwankt. Deshalb handelt es sich bei der zukünftigen Überrendite $\tilde{p}$ um eine Zufallsgröße. Ihr Erwartungswert p wird als unbekannte Größe angesehen. Dieser Erwartungswert wird durch den Mittelwert historischer Renditeunterschiede $r_M(t) - i(t)$ geschätzt. Hierbei kommt es nicht allein auf die konkreten Marktrenditen $r_M(t)$ zurückliegender Jahre t an, sondern *ebenso auf die zurückliegenden Zinssätze* $i(t)$.

Je nach Weg ergeben sich unterschiedliche Aussagen, wenn im CAPM der *aktuelle* Zinssatz verwendet wird. Hierzu zwei Beispiele.

Beispiel 8-3: Für die drei zurückliegenden Jahre sind als Marktrenditen $11\%, -4\%, +17\%$ gegeben, und die Zinssätze in jenen Jahren waren $5\%, 3\%, 4\%$. Eine Schätzung mit dem Mittelwert liefert für die erwartete Marktrendite $\hat{\mu}_M = (0,11 - 0,04 + 0,17)/3 = 8\%$. In diese Schätzung gehen die historischen Zinssätze *nicht* ein. Für die Risikoprämie p lautet die Schätzung hingegen $\hat{p} = ((0,11-0,05) + (-0,04-0,03) + (0,17-0,04))/3 = 4\%$. In diese Schätzung geht der Mittelwert der historischen Zinssätze ein.

Ein Praktiker wünschte eine Prognose der Marktrendite — hierzu wird ihr Erwartungswert herangezogen — und verlangt eine Berücksichtigung des aktuellen Zinssatzes. Der derzeitige Zinssatz ist $i = 2\%$ und liegt unter dem historischen Durchschnitt von 4%. Aufgrund dieser Information sind zwei Aussagen möglich.

Weg 1: Die erwartete Marktrendite beträgt 8%, denn das ist der direkte Schätzwert $\hat{\mu}_M$.

Weg 2: Die erwartete Marktrendite beträgt 6%, denn der *augenblickliche* Zinssatz beträgt $i = 2\%$ und hinzu kommt die Risikoprämie. Sie wurde mit 4% aufgrund der Renditedifferenzen zwischen den historischen Marktrenditen und den historischen Zinssätzen ermittelt. ■

Die Unterschiede zwischen den beiden Wegen machen sich dann auch bemerkbar, wenn mit dem CAPM die Kapitalkosten für eine Einzelanlage bestimmt werden soll. Das CAPM (7-9) läßt sich auf zwei Weisen schreiben:

$$Weg\,1: \quad \mu_k \;=\; (1 - \beta_k) \cdot i_{heute} + \beta_k \cdot \mu_M$$

(8-8)

$$Weg\,2: \quad \mu_k \;=\; i_{heute} + \beta_k \cdot p, \qquad mit \quad p = Risikoprämie$$

- Wenn die Renditeerwartung μ_M geschätzt wurde, sagen wir zu 8%, wird meist die obere Form in (8-8) verwendet, also der Weg 1 eingeschlagen.

- Wenn hingegen die Risikoprämie geschätzt wurde, sagen wir zu 4%, wird die untere Form von (8-8) verwendet, also Weg 2 gewählt. Der Punkt ist wieder, dass für einen tiefen oder für einen hohen *aktuellen* Einjahreszinssatz die beiden Wege unterschiedliche Ergebnisse liefern.

Beispiel 8-4: Zwei Schätzungen stehen zur Verfügung. Die Renditeerwartung wurde mit 8%, die Risikoprämie mit 4% geschätzt. Eine Einzelanlage k hat ein Beta $\beta_k = 1{,}3$. Gesucht sind die Kapitalkosten. Ein Praktiker verlangt, nicht nur eine langfristige Betrachtung anzustellen, sondern wenigstens das aktuelle Zinsniveau in die Erwartungsbildung einfließen zu lassen. Der aktuelle Zinssatz ist aber hoch im Vergleich zum langfristigen Durchschnitt und beträgt 7%. Auf dem Weg 1 gelangt man zu: $\mu_k = (1 - 1{,}3) \cdot 0{,}07 + 1{,}3 \cdot 0{,}08 = 8{,}3\%$. Weg 2 führt hingegen auf die Kapitalkosten: $\mu_k = 0{,}07 + 1{,}3 \cdot 0{,}04 = 12{,}2\%$. ■

> Fazit: In Jahren, in denen der aktuelle Zinssatz von seinem langfristig mittleren Niveau abweicht, liefern die Rechenwege 1 und 2 unterschiedliche Ergebnisse, falls der aktuelle Zinssatz in die Berechnung der Kapitalkosten oder Renditeerwartung eingehen soll. Wer sich nicht sicher ist, welcher Rechenweg für die Interpretation der Ergebnisse geeigneter ist, wird beide Rechnungen vorlegen.

8.2.3   Zwei Fehlerquellen

Das CAPM besagt insbesondere: Eine risikobehaftete Anlage sollte eine Rendite erwarten lassen, die den Zinssatz übertrifft. Das ist intuitiv klar. Intuitiv ist ebenso klar: Das Tragen von Risiken ist im Kapitalmarkt nur insoweit mit einer Prämie verbunden, als die Risiken nicht mehr diversifiziert werden können. Das sind die systematischen Risiken. Im perfekten Kapitalmarkt gibt es hingegen keine Prämie für die Übernahme und das Tragen von Risiken, die sich durch Diversifikation mit anderen ausgleichen und so zum Verschwinden gebracht werden können.

Indessen ist ohne Theoriebildung völlig unklar, wie das systematische Risiko gemessen werden könnte und wie der genaue funktionale Zusammenhang zwischen Renditeerwartung und dem systematischen Risiko aussieht. Das CAPM präzisiert beide Punkte:

1. Das systematische Risiko im Finanzmarkt wird durch das *Beta* gemessen.

2. Der Zusammenhang zwischen Renditeerwartung und Risiko — letzteres gemessen durch Beta — ist *linear*.

Es wird im CAPM eine Aussage über *Erwartungswerte* von Renditen getroffen. Es geht um die in der *kommenden Anlageperiode* erwartete Rendite. Der Erwartungswert ist der Parameter einer Wahrscheinlichkeitsverteilung. Auch das Beta errechnet sich aus den wahren Parametern der Wahrscheinlichkeitsverteilungen der Renditen.

Deshalb wird die Argumentation **ex ante** geführt, was „vor dem Ereignis" bedeutet: Die Realisation der Renditen steht aber erst am Ende des nun beginnenden Jahres fest. Indessen sind die *wahren* Parameter *nicht* bekannt. Die Renditeerwartungen, die Standardabweichungen und auch die Korrelationen werden allerdings üblicherweise aufgrund historischer Daten geschätzt, die als „Stichprobe" aufgefasst werden. Oft werden die Ergebnisse der Schätzungen noch mit Expertenwissen abgeglichen, das parallel zur Berechnung aufgerufen wird. Doch auch Expertenwissen spiegelt Erfahrungen, die natürlich aufgrund der Vergangenheit gemacht werden.

> So gibt es zwei Fehler: Erstens treten **Schätzfehler** auf, weil die Daten meist nur einige Jahre zurückreichen. Dann kommt es zu folgendem: Werden die aufgrund historischer Daten und aufgrund von Erfahrungswissen geschätzten Parameter in das CAPM eingesetzt, dann geht es nicht auf. Werden die Einzelanlagen im Beta-Return-Diagramm positioniert, dürften sie nicht auf einer Linie liegen. Anhand historischer Daten geführte Untersuchungen werden **ex post** genannt, um sie von einer Untersuchung *ex ante* zu unterscheiden.
>
> Zweitens könnten **Modellfehler** einwirken. Denn bei den Schätzungen wird im Regelfall die so genannte **Stationarität** unterstellt: Die Zukunft verhalte sich zwar zufällig, doch die Parameter der Wahrscheinlichkeitsverteilungen ändern sich nicht über die Zeit hinweg. Indessen kann es schon sein, dass sich die Parameter ändern. Dann hilft auch eine sehr lang zurückreichende Reihe historischer Daten wenig. **Nicht-Stationarität** verlangt, Einflussfaktoren zu finden, welche die Parameter und ihre Veränderungen erfassen.

Die Einwirkung kann allerdings sich über einen längeren Zeitraum erstrecken. Wer etwa an den Einfluss der Demographie oder den Einfluss sehr langfristiger Zins- und Wirtschaftszyklen auf die Parameter denkt, kann diese Vermutung vielfach nicht auf signifikante Weise modellieren.[3]

---

[3] In dem Buch von KLAUS SPREMANN und PATRICK SCHEURLE über *Finanzanalyse* (Oldenbourg 2010) sind verschiedene Hypothesen über Faktoren besprochen, die einen Einfluss auf die Risikoprämie haben könnten.

Ein Beispiel wurde bereits genannt: Die Erfordernis, das historische Beta zu korrigieren. BLUME hatte die Veränderungen des (wahren, augenblicklichen) Betas über die Zeit als einen *autoregressiven* Prozess beschrieben.

- Das heißt, die Kraft, die das Beta verändert, wird als „intern" gesehen.

- Zusätzlich könnten auch „externe" Kräfte auf die Parameter einwirken.

So wird vermutet, dass landesspezifische Faktoren auf die Höhe der erwarteten Marktrendite μ_M wirken könnten.

Hierzu betrachte man Schätzungen der in verschiedenen nationalen Märkten (Börsen) erwarteten Renditen der entsprechenden Indizes aufgrund der jeweiligen mittlere Rendite der letzten zwanzig Jahre (Bild 8-1). Deutliche Unterschiede sind erkennbar.

Shanghai	Hang Seng	DAX	S&P 500	FTSE 100	Nikkei 225
17,5%	10,3%	7,7%	6,2%	4,6%	-4,8%

Bild 8-3: Die durchschnittliche (geometrisch berechnete) Jahresrendite der Marktindizes verschiedener nationaler Börsen, jeweils in nationaler Währung ausgedrückt und für Januar 1991 bis Juli 2010 berechnet; Datenquelle Investfair 2010 Conference.

Wir können jedoch nicht sagen, ob die erwarteten Marktrenditen in der Zeit konstant sind und zwischen Ländern übereinstimmen oder eben nicht. Möglicherweise ergeben sich die Unterschiede (Bild 7-8) allein aus Schätzfehlern. Zwanzig Jahre ist ein vergleichbar kurzer Zeitraum. Es könnte aber auch sein, dass sich die (in Bild 7-8 angeführten) nationalen Märkte in unterschiedlichen wirtschaftlichen und gesellschaftlichen Entwicklungsphasen befinden. Vielleicht gehen unterschiedliche Wachstumsraten der Volkswirtschaft mit unterschiedlichen Marktrenditen einher. Die Evidenz zeigt, dass Wachstumsraten und Marktrenditen *negativ* korreliert sind: Länder mit höherem Wachstum haben der Tendenz nach geringere erwartete Marktrenditen.

Abgesehen davon, dass Demographie, Wachstum und langfristige Wirtschaftszyklen einen Einfluss auf die erwarteten Marktrenditen haben (könnten), sind natürlich weitere, landesspezifische Einflussfaktoren denkbar, etwa die politische Stabilität des Landes.

Von daher spricht die Evidenz für diese drei Vermutungen:

1. Die erwarteten Renditen des Marktportfolios sind (ebenso wie die langfristigen Zinssätze) in den einzelnen Ländern unterschiedlich.

2. Die erwarteten Renditen des Marktportfolios sind nicht konstant. Sie ändern sich im Zeitverlauf und mit Änderungen der landesspezifischen wirtschaftlichen und wirtschaftspolitischen Bedingungen — vielleicht mit einer Phasenlänge von 25 Jahren.

> 3. Länder mit starkem Wachstum des Sozialprodukts haben eher geringere erwartete Marktrenditen. Indessen sind überzeugende ökonomische Modelle hierzu rar, und empirische Untersuchungen erlauben kaum signifikante Schlüsse.

8.3 Risikoabschlagsmethode

8.3.1 Noch ein Zirkularitätsproblem?

Bei den meisten Anwendungen kommt es darauf an, den Wert einer unsicheren Zahlung zu bestimmen. Hierbei, so hat es den Anschein, tritt wieder ein *Zirkularitätsproblem* auf.

Bei der Unternehmensbewertung ist uns bereits ein Zirkularitätsproblem begegnet, und zwar bei der Ermittlung des Gesamtwerts. Für die Diskontierung wurden die gewichteten, durchschnittlichen Kapitalkosten herangezogen, vergleiche die Formeln (5-6), (5-17), (5-25) für *WACC* und *MECC*. Für ihre Berechnung wird die Kapitalstruktur benötigt, also die Relation zwischen Eigenkapital und Fremdkapital beziehungsweise zwischen Eigen- oder Fremdkapital und dem Gesamtkapital. Diese Größen waren in Marktwerten zu messen. Die Kapitalkosten hängen infolgedessen von Größen ab, deren Berechnung die Kenntnis der Kapitalkosten voraussetzt. Die *Zirkularität* bedeutet, dass man ein Gleichungssystem wie beispielsweise (5-6) simultan lösen muss. Wir hatten dafür ein *iteratives* Vorgehen empfohlen.

Auch bei der Diskontierung einer einzelnen Zahlung kann ein **Zirkularitätsproblem** auftreten. Es soll so beschrieben werden:

- Die unsichere Zahlung, etwa $\tilde{z}_1$, deren Wert $W(\tilde{z}_1)$ gesucht ist, dürfte vielfach durch ihre Parameter gegeben sein. Das sind der Erwartungswert $E[\tilde{z}_1]$ und die Standardabweichung $\sqrt{Var[\tilde{z}_1]}$ dieser Zahlung unsicheren Zahlung $\tilde{z}_1$. Für sie verwenden wir jetzt die Bezeichnung SD, also $SD[\tilde{z}_1] = \sqrt{Var[\tilde{z}_1]}$.

- Um diese Zahlung mit der Risikoprämienmethode (7-2) diskontieren zu können, $W(\tilde{z}_1) = E[\tilde{z}_1]/(1+r)$, muss man die Diskontrate r kennen.

- Die Diskontrate r kann mit dem CAPM (7-9) ermittelt werden, $r = i + \beta \cdot (\mu_M - i)$.

- Das CAPM setzt die Kenntnis des Betas voraus.

- Doch das Beta, vergleiche (7-8), verlangt die Kenntnis der Standardabweichung *der Rendite*. Diese Standardabweichung kann zwar aus der Standardabweichung $SD[\tilde{z}_1]$ abgeleitet werden, doch nur wenn der Wert $W(\tilde{z}_1)$ der Zahlung $\tilde{z}_1$ bekannt ist.

In der Tat: Der Geldbetrag $b = W(\tilde{z}_1)$ ist der Wert der unsicheren Zahlung, wenn b im perfekten Kapitalmarkt mit einer (unsicheren) Rendite $\tilde{r}$ angelegt werden kann, so dass im Ergebnis die

Zahlung $\tilde{z}_1$ entsteht: $b \cdot (1 + \tilde{r}) = \tilde{z}_1$. Aus dieser Bedingung (dafür, dass b der Wert von $\tilde{z}_1$ ist) folgt für die Parameter der Wahrscheinlichkeitsverteilung der unsicheren Rendite $\tilde{r}$ unmittelbar:

$$(8\text{-}9) \qquad \begin{aligned} r &= E[\tilde{r}] = \frac{E[\tilde{z}_1]}{b} - 1 \\[2mm] \sigma &= SD[\tilde{r}] = \frac{SD[\tilde{z}_1]}{b} \end{aligned}$$

Der Koeffizient der Korrelation zwischen $\tilde{r}$ und der Marktrendite $\tilde{r}_M$ stimmt mit dem der Korrelation zwischen $\tilde{z}_1$ und $\tilde{r}_M$ überein. Dieser Koeffizient werde mit ρ bezeichnet. Folglich ist der gesuchte Wert $b = W(\tilde{z}_1)$ der Zahlung $\tilde{z}_1$ durch die untenstehenden Gleichungen (8-10) gegeben: Das Gleichungssystem vermittelt den Zusammenhang zwischen den drei Eingangsgrößen $E[\tilde{z}_1]$, $SD[\tilde{z}_1]$ und ρ sowie, als Ausgangsgröße der Rechnung, dem gesuchten Wert $b = W(\tilde{z}_1)$.

$$(8\text{-}10) \qquad \begin{aligned} b &\overset{(7-13)}{=} \frac{E[\tilde{z}_1]}{1+r} \\[2mm] r &\overset{CAPM}{=} i + \beta \cdot (\mu_M - i) \\[2mm] \beta &\overset{(7-8)}{=} \frac{\sigma \cdot \rho}{\sigma_M} \\[2mm] \sigma &\overset{(7-13)}{=} \frac{SD[\tilde{z}_1]}{b} \end{aligned}$$

Die „Zirkularität" in (8-10) zeigt sich in der obersten und untersten Gleichung: Oben wird der Wert berechnet, doch für seine Berechnung muss unten der Wert bekannt sein.

Indessen ist diese Zirkularität leicht zu bewältigen. Eine erste Möglichkeit besteht darin, das System (7-11) iterativ zu lösen. Man beginnt mit einer groben Schätzung des Werts b oder der Rendite r als Start der Iterationen und gelangt sukzessiv zu Verbesserungen.

Beispiel 8-5: Für das Unternehmen k sind diese Daten bekannt: Der zu diskontierende Cashflow in einem Jahr habe den Erwartungswert $E[\tilde{z}_1] = 500$ und die Standardabweichung $SD[\tilde{z}_1] = 160$ Geldeinheiten. Für den Marktindex gelte $\mu_M = 10\%$ und $\sigma_M = 20\%$ (Bild 7-2). Der Zinssatz sei $i = 6\%$. Für die Korrelation zwischen der Rendite beim Unternehmen k und dem Index nimmt der mit der Bewertung beauftragte Experte $\rho_{k,M} = 0{,}75$ an. Drei Viertel der „Schwankungen" sieht er als systematisch, ein Viertel als unsystematisch an. Doch die Rendite/Kapitalkostensatz des Unternehmens k ist noch nicht berechnet.

Erste Iteration: Aufgrund der weiten Schwankungsbreite denkt der Experte, die Kapitalkosten seien höher als 10%. Als Start für seine Rechnung nimmt er an, sie würden 25% betragen, also $r = 25\%$. Dann wäre $W(\tilde{z}_1) = 500/1{,}25 = 400$ der Wert des betrachteten Cashflows, vergleiche (7-2): Ein Anleger könnte 400 investieren und dafür 500 ein Jahr später erwarten bei einer

Schwankungsbreite oder Standardabweichung von 160 Geldeinheiten. Die Rendite wäre also (wie angenommen) 25% und diese Rendite hätte folglich eine Standardabweichung von $\sigma_k = 160/400 = 40\%$), wie in (7-13) angegeben. Der Experte rechnet deshalb mit $\sigma_k = 40\%$ weiter. Es folgt $\beta_k = \sigma_k \cdot \rho_{k,M} / \sigma_M = 0,40 \cdot 0,75/0,20 = 1,5$. Bei diesem Beta $\beta_k = 1,5$ wäre nach dem CAPM $\mu_k = i + \beta_k \cdot (\mu_M - i) = 6\% + 1,5 \cdot 4\% = 12\%$ die Rendite des Unternehmens k.

Der Experte nimmt die berechneten $r = 12\%$ als Eingangsparameter für eine zweite Rechenrunde: Bei diesen Kapitalkosten gilt: Der Wert des ersten Cashflows ist $W(\tilde{z}_1) = 500/1,12 = 446$: Ein Anleger könnte 446 investieren und dafür 500 ein Jahr später erwarten bei einer Schwankungsbreite oder Standardabweichung von 160 Geldeinheiten. Die Rendite wäre hätte also eine Standardabweichung von $160/446 = 36\%$. Der Experte rechnet mit $\sigma_k = 36\%$ das Beta aus: $\beta_k = \sigma_k \cdot \rho_{k,M} / \sigma_M = 0,36 \cdot 0,75/0,20 = 1,35$. Nach dem CAPM sind dann dies die Kapitalkosten: $\mu_k = i + \beta_k \cdot (\mu_M - i) = 6\% + 1,35 \cdot 4\% = 11,4\%$. Der Experte nimmt die berechneten 11,4% als Eingangsparameter für eine dritte Rechenrunde: Bei Kapitalkosten 11,4% gilt: Der Wert des ersten Cashflows wäre $W(\tilde{z}_1) = 500/1,114 = 449$ der Wert des betrachteten Cashflows: Ein Anleger könnte 449 investieren und dafür 500 ein Jahr später erwarten bei einer Schwankungsbreite oder Standardabweichung von 160 Geldeinheiten. Die Rendite wäre 11,4% (mit einer Standardabweichung von $160/449 = 35,6\%$). Der Experte rechnet mit $\sigma_k = 35,6\%$ weiter. Das Beta ist $\beta_k = \sigma_k \cdot \rho_{k,M} / \sigma_M = 0,356 \cdot 0,75/0,20 = 1,335$ und für die Kapitalkosten folgen: $\mu_k = i + \beta_k \cdot (\mu_M - i) = 6\% + 1,335 \cdot 4\% = 11,34\%$.

An dieser Stelle geht der Experte davon aus, dass die Iterationen schnell konvergieren und bricht ab. Er sieht die Kapitalkosten bei 11,1% bis 11,4% und deshalb den Wert des ersten Cashflows bei 449 Geldeinheiten. In der Tat kann das System (7-14) leicht mit dem **Solver** (in Excel) numerisch exakt gelöst werden: Der Wert ist 449,06 Geldeinheiten, das Beta ist 1,336 und der Kapitalkostensatz beträgt 11,3% ■

8.3.2 Die Methode des Risikoabschlags

Man kann sich indes die Iterationen oder den Aufruf des Programms Solver ersparen. Denn das Gleichungssystem (8-10) läßt sich durch Umformungen nach b auflösen. Die Umformungen sind nicht schwierig. Es folgt:

$$(8\text{-}11) \qquad b \;=\; W(\tilde{z}_1) \;=\; \frac{E[\tilde{z}_1] - \rho \cdot \left\{ \dfrac{\mu_M - i}{\sigma_M} \right\} \cdot SD[\tilde{z}]}{1+i}$$

Zur Probe der in Beispiel 8-3 vorgeführten iterativen Lösung setzen wir die Zahlen in (8-11) ein und erhalten:

$$b \;=\; W(\tilde{z}_1) \;=\; \frac{500 - 0,75 \cdot \dfrac{0,10 - 0,06}{0,20} \cdot 160}{1,06} \;=\; 449,06$$

Beispiel 8-6: Eine Unternehmung erzeugt in einem Jahr einen unsicheren Zahlungsüberschuss $\tilde{z}_1$. In der Planung wird er als 100 ± 50 beschrieben, wobei eine große Übereinstimmung mit der Wirtschaft als Ganzes gesehen wird. Zu 4/5 sei das Risiko systematisch, zu 1/5 unsystematisch. Für eine formale Beschreibung werden diese Aussagen so übersetzt: $E[\tilde{z}_1] = 100$, $SD[\tilde{z}_1] = 50$ und $\rho = 0,8$. Als Marktgrößen soll mit $\mu_M = 10\%$, $\sigma_M = 20\%$ und $i = 6\%$ gerechnet werden. Über Formel (8-7) ergibt sich

$$b \;=\; W(\tilde{z}_1) \;=\; \frac{100 - 0,8 \cdot \dfrac{0,10 - 0,06}{0,20} \cdot 50}{1,06} \;=\; 86,79$$

als Wert der unsicheren Zahlung. ■

Die Formel (8-11) wird als **Methode des Risikoabschlags** bezeichnet. Denn die Formel hat die Gestalt der klassischen Diskontierungsformel. Es wird sogar mit dem Zinssatz diskontiert. Nur wird im Zähler vom Erwartungswert der Zahlung ein Abschlag vorgenommen, um das Risiko zu berücksichtigen.

Der Zähler in (8-11) drückt ein **Sicherheitsäquivalent** (**Certainty Equivalent**) aus. Der im Zähler stehende Geldbetrag mit Fälligkeit zu $t = 1$ ist äquivalent (hat denselben Wert) zur unsicheren Zahlung $\tilde{z}_1$:

$$(8\text{-}12) \qquad CE(\tilde{z}_1) \;=\; E[\tilde{z}_1] - \rho \cdot \left\{ \frac{\mu_M - i}{\sigma_M} \right\} \cdot SD[\tilde{z}]$$

> Das Sicherheitsäquivalent ist also *keine unsichere Größe*, sondern ein Geldbetrag, der in einem Jahr fällig ist. Der Wert dieses sicheren Geldbetrags, zugleich der Wert der unsicheren Zahlung, ergibt sich, indem das Sicherheitsäquivalent *mit dem Zinssatz* diskontiert wird. Die Bewertung unsicherer Zahlungen über ihre Sicherheitsäquivalente ist als Vorgehensweise weithin anerkannt.[4]

---

[4] 1. JOCHEN WILHELM: Risikoabschläge, Risikozuschläge und Risikoprämien — Finanzierungstheoretische Anmerkungen zu einem Grundproblem der Unternehmensbewertung. Diskussionsbeitrag B-9-02, Wirtschaftswissenschaftliche Fakultät, *Universität Passau*, 2002. 2. RALF DIEDRICH: Die Sicherheitsäquivalentmethode der Unternehmensbewertung: Ein (auch) entscheidungstheoretisch wohlbegründetes Verfahren. *Zeitschrift für betriebswirtschaftliche Forschung* 55 (2003), 281-286. 3. J. WIESE: Zur theoretischen Fundierung der Sicherheitsäquivalentmethode und des Begriffs der Risikoauflösung bei der Unternehmensbewertung. *Zeitschrift für betriebswirtschaftliche Forschung* 55 (2003), 287-305. 4. WOLFGANG KÜRSTEN: Grenzen und Reformbedarf der Sicherheitsäquivalentmethode in der (traditionellen) Unternehmensbewertung. *Zeitschrift für betriebswirtschaftliche Forschung* 55 (2003), 306-314.

Die Formel (8-11) der Risikoabschlagsmethode oder Sicherheitsäquivalentmethode führt übrigens auch dann zum Wert, wenn die Risikoprämienmethode an der Intuition vorbeigeht — wir betrachten das gleich im folgenden Abschnitt 8.3. Das ist der Fall, wenn rein rechnerisch der Wert (8-7) gleich null ist oder sogar als negativ anzusehen ist. Mit anderen Worten: Die Risikoabschlagsmethode führt auf den Wert, wenn die erwartete Zahlung $E[\tilde{z}_1]$ gering in Relation zur Standardabweichung $SD[\tilde{z}_1]$ der Zahlung ist.[5]

Hierzu ein Beispiel, das wir gleich im folgenden Kapitel wieder aufgreifen, dort jedoch nicht mit (8-11) behandeln, sondern einer anderen Methode folgen.

Beispiel 8-7: Das Unternehmen B generiert in einem Jahr den unsicheren Cashflow $\tilde{z}_1^{(B)}$. Die Planenden beschreiben ihn durch 0 ± 20, wobei das Risiko gänzlich systematisch ist. Formal wird das so beschrieben: $E\left[\tilde{z}_1^{(B)}\right] = 0$, $SD\left[\tilde{z}_1^{(B)}\right] = 20$ und $\rho = 1$. Als Marktgrößen soll diesmal mit $\mu_M = 10\%$, $\sigma_M = 20\%$ und $i = 4\%$ gerechnet werden.

$$b \;=\; W\left(\tilde{z}_1^{(2)}\right) \;=\; \frac{0 - 1 \cdot \dfrac{0{,}10 - 0{,}04}{0{,}20} \cdot 20}{1{,}04} \;=\; -5{,}77$$

Nach (8-11) ist ihr Wert negativ. ∎

8.4 Ergänzungen und Fragen

8.4.1 Eine historische Notiz

Das CAPM wurde um 1962-1965 entwickelt. Als Schöpfer gilt WILLIAM F. SHARPE. Professor SHARPE erwähnt, dass JACK L. TREYNOR ähnliche Ergebnisse erzielte und 1963 an amerikanischen Universitäten in unveröffentlichter Form kursieren liess. Auch JOHN LINTNER hatte in dieser Richtung gearbeitet und einen Aufsatz 1965 publiziert.[6] Deshalb wird von der *Sharpe-Lintner-Version des CAPM* gesprochen.

JAN MOSSIN (1966) und anderen, darunter FISCHER BLACK mit einem Zero-Beta-CAPM, sind Verallgemeinerungen gelungen. Weitere Verallgemeinerungen beziehen sich auf die Betrachtung mehrerer Perioden sowie auf den Einbezug von Konsumentscheidungen. Diese Publikationen haben überall in der Welt schnell die theoretische und empirische Forschung befruchtet.

---

[5] Probleme mit der Risikoprämienmethode sind seit längerem bekannt, siehe: ALEXANDER A. ROBICHEK und STEWART C. MYERS: Conceptual problems in the use of risk-adjusted discount rates. *The Journal of Finance* 21 (Dec. 1966) 4, 727-730.

[6] JOHN LINTNER: The valuation of risk assets and the selection of risky investments in stock portfolios and capital budgets. Review of Economics and Statistics 47 (1965), 13–37.

Die weite Verbreitung wurde dadurch gefördert, dass die Anwendungen nicht auf die Finanzmarktforschung und die Geldanlage beschränkt sind. Das CAPM lehrt, dass generell eine Investition eine um so höhere Rendite erwarten lässt, je höher das damit verbundene systematische Risiko ist. Ein derartiger Zusammenhang gilt ebenso innerhalb der Unternehmung. Folglich liefert das CAPM die Kapitalkosten, mit denen ein Unternehmer kalkulieren muss.

8.4.2   Zur Natur des CAPM

Das CAPM (8-4) besitzt eine so einfache Gestalt, dass man vermuten könnte, es handele sich um das Postulat eines kreativen Schöpfers, der einen Einfall hatte. Dann würde man (8-4) als eine Arbeitshypothese aufgreifen und durch die empirische Forschung herauszufinden versuchen, ob es sich um eine gute oder um eine schlechte Beschreibung wirklicher Kapitalmärkte handelt. In der Tat wurden unzählige empirische Tests des CAPM publiziert.

Fragen zum CAPM	
Wie exakt gilt das Modell?	Empirische Studien kommen zu einem gemischten Ergebnis, doch gibt es kein generell besseres Modell um den Zusammenhang zwischen Rendite und Risiko zu quantifizieren.
Kann man das Marktportfolio bestimmen?	Hier liegt eine Schwierigkeit, auf die RICHARD ROLL mehrfach hingewiesen hat. Doch in der Praxis werden Indizes der Börse des jeweiligen Wirtschaftsraumes als Proxy akzeptiert.
Kennt man die Renditeerwartung, die mit dem Marktportfolio verbunden ist?	Ja, aber auch nicht ganz genau. Dadurch ergibt sich eine Beschränkung in der Exaktheit der zahlenmäßigen Ergebnisse.
Kann man mit dem CAPM Renditen ermitteln?	Nein, das Modell liefert Rendite*erwartungen*.
Hat es Zweck, das Beta auf zwei Dezimalen hinter dem Komma zu ermitteln?	Nein. Zwar können historische Betas genau geschätzt werden, doch weist eine umfangreiche Literatur darauf hin, dass die so historischen Betas einer Adjustierung oder Korrektur bedürfen. Zudem hängen die historischen Betas extrem vom Zeitfenster ab, das der Schätzung zugrunde liegt.
Wozu ist dann das Modell gut?	Die Aussage bleibt korrekt, dass für Anlagen mit einem höheren Beta eine höhere Rendite erwartet wird, auch ist klar, dass Anlagen mit einem Beta von 0 den Zinssatz als Rendite erwarten lassen und Anlagen mit einem Beta von 1 dieselbe Rendite erwarten lassen wie das Marktportfolio.

Bild 8-4: Häufig zum CAPM gestellte Fragen.

Zudem wurden verschiedene Vorgehensweisen für den Test untersucht. Dazu muss bemerkt werden, dass die Renditeerwartungen der einzeln Anlagen nicht beobachtbar sind. Wir sind darauf eingegangen. In (8-4) sind jedoch die *wahren* Parameter verlangt — wohl zu unterscheiden von *Schätzungen* dieser Parameter (die etwa anhand der Mittelwerte vorgenommen werden, die wiederum mit historischen Realisationen der Renditen berechnet werden).

Auch sind die anderen (wahren) Parameter der Wahrscheinlichkeitsverteilungen der Renditen nicht bekannt — auf die Schwierigkeiten, das wahre Beta zu bestimmen, sind wir eingegangen.

> Bei den Tests des CAPM müssen die im CAPM auftauchenden *wahren* Parameter geschätzt werden. Die dabei zu verzeichnenden Schätzfehler (und eventuelle Modellfehler) müssen berücksichtigt werden, bevor ein Urteil über die Gültigkeit des CAPM getroffen wird. Zudem gibt es grundsätzliche Bedenken bei allen diesen Tests.

Insgesamt zeichnet die empirische Evidenz ein gemischtes Bild der Gültigkeit des CAPM. Einerseits gab es viele Bestätigungen dafür, dass Beta tatsächlich jener Faktor ist, der über einen sehr langen Zeithorizont hinweg betrachtet die Renditeunterschiede zwischen den einzelnen Instrumenten noch am besten erklärt, besser jedenfalls als andere Maßzahlen und Faktoren.

Andererseits wurde in der empirischen Forschung entdeckt, dass *in gewissen Zeitperioden* Beta keine gute Erklärung für die Renditen bietet.

Es wurde deshalb nach einem oder mehreren anderen Faktoren gesucht, um aus ihnen die Renditen oder Kapitalkosten besser ermitteln zu können. Hier wurden viele in Frage kommende Kennzahlen geprüft.

Große Beachtung haben Studien zweier Forscher der *University of Chicago* gefunden: EUGENE FAMA und KENNETH FRENCH haben nachgewiesen, dass die Unternehmensgröße kombiniert mit dem Verhältnis zwischen Marktwert und Buchwert die Renditeunterschiede zwischen Unternehmungen recht gut erklären können, wenn sie neben dem Marktindex als zwei zusätzliche Faktoren berücksichtigt werden. In der Fama-French-Methodologie werden die Einflussfaktoren durch die Renditen spezieller Long-Short-Portfolios erfasst.

- Das Portfolio **SMB** (**Small Minus Big**) ist *long* in den Aktien kleiner Gesellschaften und hat große Aktiengesellschaften leer verkauft.

- Das Portfolio **HML** (**High Minus Low**) investiert in Aktien mit einer hohen Relation B/M zwischen Buchwert und Marktwert des Eigenkapitals und es ist *short* in den Gesellschaften, die eine geringe Relation B/M aufweisen.[7]

Trotz empirischer Fortschritte mit verfeinerten Modellen, die zum Teil auch theoretische Begründungen gefunden haben, stößt das CAPM weiterhin auf breite Akzeptanz. Denn es ist nicht nur ein Postulat eines Zusammenhangs, dessen Gültigkeit durch die empirische Forschung weithin untersucht wurde. Es handelt sich um einen Zusammenhang, der sich im klassischen Modell der Portfoliotheorie (MARKOWITZ, SHARPE, TOBIN) ableiten läßt.

---

[7] 1. EUGENE F. FAMA und KENNETH R. FRENCH: The Cross-Section of Expected Stock Return. *The Journal of Finance*, Vol. 47, No. 2. (Jun., 1992), pp. 427-465. 2. EUGENE F. FAMA und KENNETH R. FRENCH: Size and book-to-market factors in earnings and returns. *Journal of Finance* 50 (1995), pp. 131-155. 3. MARK M. CARHART: On Persistence in Mutual Fund Performance. *Journal of Finance* 52 (1997), 57-82. 4. KLAUS SPREMANN und PATRICK SCHEURLE: Kapitalkosten bei zyklischen Risiken, in: G. SEICHT, (Ed.): *Jahrbuch für Controlling und Rechnungswesen*, Wien 2009, 361-382.

Dennoch darf bei der Anwendung nicht zu viel an Genauigkeit erhofft werden. Versuche etwa, das Beta auf zwei Dezimalen hinter dem Komma zu schätzen, übersehen wichtige Punkte:

- Selbst wenn das CAPM gleichsam wie ein Naturgesetz angesehen wird, bleibt es ein Modell, das lediglich etwas über *Erwartungen* aussagt. Das CAPM sagt nicht, wie hoch die Rendite sein wird, sondern wie hoch die Rendite*erwartung* ist.

- Die Spezifikation des Modells verlangt die Kenntnis der Renditeerwartung eines (gut diversifizierten) Portfolios, des Marktportfolios, das als natürlicher Rahmen für die Betrachtung dient. Leider ist auch diese Renditeerwartung oder die Schätzung der Marktrisikoprämie mit einem Schätzfehler behaftet.

- In Jahren, in denen der aktuelle Zinssatz von seinem langfristig mittleren Niveau abweicht, liefern die Rechenwege 1 und 2 unterschiedliche Ergebnisse, falls der aktuelle Zinssatz in die Berechnung der Kapitalkosten oder Renditeerwartung eingehen soll.

8.4.3   Fragen

1. A) Wie ist Beta definiert? B) Was besagt das CAPM? C) Wie ist das Marktportfolio definiert? D) Was wird unter der *Security Market Line* (SML) verstanden? E) Richtig oder falsch: Beta drückt das unsystematische Risiko aus.

2. Welche Rendite kann mit einer Siemens-Aktie bei einer langfristigen Perspektive erwartet werden? Das Beta wird aufgrund historischer Aktienrendite mit zu $\beta_{Siemens} = 1,1$ geschätzt. Es soll mit einem Zinsniveau $i = 6\%$ und einer Risikoprämie $\mu_M - i = 4\%$ gerechnet werden. Die Antwort: $\mu_{Siemens} = 0,06 + 1,1 \cdot 0,04 = 0,104 = 10,4\%$.

3. Ein Projekt soll nach allgemeinen Informationen noch 3 Jahre laufen. Bewerten Sie es der folgenden Zahlungsüberschüsse, die so erwartet werden: $z_1 = 20$, $z_2 = 25$ und $z_3 = 15$. Der Zinssatz beträgt $i = 5\%$ Zwar sind weder die anzuwendende Rendite noch das Beta bekannt. Doch man weiss, dass die Rückflüsse bei diesem Projekt mit dem Marktindex unkorreliert sind. Können Sie das Projekt bewerten?[8]

4. Bei Anwendungen des CAPM könnte A) ein genereller Einjahreszinssatz eingesetzt werden (langfristiges mittleres Niveau der historischen Einjahreszinssätze) oder B) der konkrete Einjahreszinssatz des betreffenden Jahres. Welche Unterschiede ergeben sich?

5. In einem Jahr wird ein Wirtschaftsergebnis erzielt, und es wird in der Höhe von € erwartet. Jedoch ist es unsicher, und die Streuung wird aufgrund der Geschäftspläne mit € veranschlagt. Zudem wird von einer vollständigen Korrelation mit dem Markt ausgegangen: Das Ergebnis dürfte genau dann gut ausfallen, wenn es der Wirtschaft allgemein gut geht. Gesucht ist der Wert. Als Marktdaten sind gegeben der Zins von , die Renditeer-

---

[8] Aufgrund der Unkorreliertheit ist das Beta gleich null und die Diskontrate ist gleich dem Zinssatz. Der Wert des Projekts ist folglich 54,68 Geldeinheiten.

wartung des Marktportfolios in Höhe und seine Standardabweichung von . A) Bewerten Sie die Zahlung mit der Risikoabschlagsmethode! B) Mit welcher Rendite muss die Zahlung diskontiert werden, wenn der Risikoprämienmethode gefolgt wird? C) Können Sie mit diesem Ergebnis das Beta bestimmen?

6. Fragen zum Verständnis des CAPM: A) Handelt es sich um einen exakt gültigen oder um einen nur angenähert gültigen Zusammenhang? B) Kann das Marktportfolio überhaupt bestimmt werden? C) Wie genau kennt man die Renditeerwartung, die mit dem Marktportfolio verbunden ist? D) Können mit dem CAPM Renditen ermittelt werden? E) Hat es Zweck, das Beta auf zwei Dezimalen hinter dem Komma zu ermitteln? F) Wozu ist das CAPM gut?

7. Welche beiden Erklärungsfaktoren haben FAMA und FRENCH für die Renditeunterschiede als kraftvoll nachgewiesen?

9. Diskontierung mit Replikation

Wenn eine unsichere Zahlung (in all ihren wertrelevanten Eigenschaften) mit einer Kombination anderer Finanzpositionen nachgebildet, repliziert wird, deren Werte bekannt sind, dann muss der Wert der unsicheren Zahlung gleich der Summe der für die Nachbildung verwendeten Finanzpositionen sein.

9.1   Verschiebung und Skalierung

9.1.1   Zahlungen mit geringem Erwartungswert

Wir kommen nochmals auf die Risikoprämienmethode (8-2) zurück. Sie ist intuitiv einsichtig: Bei Unsicherheit wird die spätere Zahlung — wir können uns auf eine Zahlung konzentrieren, die in einem Jahr fällig ist, und schreiben deshalb $\tilde{z}_1$ — durch ihren Erwartungswert $z_1 = E[\tilde{z}_1]$ ausgedrückt. Bei (systematischem) Risiko ist ihr Wert im Kapitalmarkt geringer als $z_1/(1+i)$, weil die Marktteilnehmer (systematische) Risiken meiden (i bezeichnet wiederum den Zinssatz). Deshalb sollte sich (bei systematischem Risiko) eine Diskontrate $r > i$ so bestimmen lassen, dass der Wert so dargestellt werden kann: $W(\tilde{z}_1) = z_1/(1+r)$.

Allerdings kann die Risikoprämienmethode vor schwierige Situationen führen, wenn der Erwartungswert $z_1 = E[\tilde{z}_1]$ der Zahlung $\tilde{z}_1$ sehr klein oder sogar gleich null ist, und wenn dennoch die Zahlung $\tilde{z}_1$ ein systematisches Risiko aufweist. Wir werden Beispiele betrachten und sehen, wie unsichere Zahlungen diskontiert werden können — trotz der eben angesprochenen Schwierigkeit mit der Risikoprämienmethode. Der Weg dazu ist die Nachbildung, die Replikation der zu bewertenden Zahlung mit anderen Finanzinvestments, die im Kapitalmarkt möglich sind und deren Preis bekannt ist. Wir verlassen uns aber nicht auf die Formel für die *Risikoabschlagsmethode*, gerade um die *Replikation* eingehender zu betrachten. Denn sie hat in der Finanzwirtschaft bedeutende Anwendungen gefunden, so beispielsweise bei der Bewertung von Optionen.

Für unsere Darstellung der Replikation treffen wir eine **Generalannahme**:

Die überwiegende und daher preisbestimmende Mehrheit der Investoren im perfekten Kapitalmarkt achte bei einer unsicheren Zahlung nur (1) auf deren **Erwartungswert** und (2) auf das **systematische Risiko** (Produkt aus der Standardabweichung der Zahlung und dem Koeffizienten der Korrelation zwischen der Zahlung und dem Marktindex).

Beispiel 9-1: Ein Unternehmen A erzeuge in einem Jahr die unsichere Zahlung $\tilde{z}_1^{(A)}$. Sie werde in der Höhe von

$$z_1^{(A)} = E\left[\tilde{z}_1^{(A)}\right] = 110$$

Geldeinheiten erwartet, wobei die Standardabweichung 20 Geldeinheiten sei. Das Risiko ist zu 100% systematisch. Die Zahlung ist also mit dem Marktindex vollständig (positiv) korreliert. Es ist zu beobachten, dass sich die Zahlung $\tilde{z}_1^{(A)}$ praktisch so wie der Marktindex verhält, weshalb sich im Kapitalmarkt als ihr Wert 100 Geldeinheiten einstellen wird. Wer für einen heutigen Einsatz von 100 in einem Jahr $\tilde{z}_1^{(A)}$ erhält, hat eine erwartete Rendite von 10% bei einer Standardabweichung von 20%. Wir können den Wert der Zahlung von 100,

$$W\left(\tilde{z}_1^{(A)}\right) = 100$$

mit der Risikoprämienmethode darstellen, denn $100 = 110/1{,}10$. ∎

Beispiel 9-2: Ein Unternehmen B erzeuge in einem Jahr die unsichere Zahlung $\tilde{z}_1^{(B)}$, die ebenso eine Standardabweichung von 20 aufweist und mit dem Marktindex vollständig korreliert ist. Doch diesmal habe sie die erwartete Höhe

$$z_1^{(B)} = E\left[\tilde{z}_1^{(B)}\right] = 0.$$

Selbst wenn eine sehr große (positive) Diskontrate r verwendet wird, resultiert bei der Risikoprämienmethode $z_1^{(B)}/(1+r) = 0/(1+r) = 0$ als Wert. Doch ist der so berechnete Geldbetrag auch der korrekte Wert, der sich im perfekten Kapitalmarkt wirklich als Preis der unsicheren Zahlung $\tilde{z}_1^{(B)}$ einstellt? Immerhin würde eine Hinzunahme von $\tilde{z}_1^{(B)}$ zum sonstigen Portfolio das Risiko der am Kapitalmarkt teilnehmenden Investoren nur vergrößern. Niemand von ihnen würde $\tilde{z}_1^{(B)}$ gratis übernehmen. Die Investoren würden für die Übernahme noch etwas verlangen. Der Wert von $\tilde{z}_1^{(B)}$ wäre demnach negativ,

$$W\left(\tilde{z}_1^{(B)}\right) < 0,$$

was jedoch mit der Formel der Risikoprämienmethode nicht dargestellt werden kann. ∎

Eine ähnliche Überlegung kann geführt werden, wenn die Zahlung eine zwar positive, aber im Vergleich zu ihrem Risiko geringe Höhe aufweist. Solche Zahlungen haben negative Werte. Wir wollen nicht Renditen $r < -1$ heranziehen, um dennoch die Formel der Risikoprämienmethode verwenden zu können. Es wird notwendig, eine andere Überlegung ins Spiel zu bringen.

9.1.2 Nachbildung der Zahlung

Sie liebe Leserin und lieber Leser haben sicher dies beobachtet: Wenn man die Erwartungswerte der beiden, in den Beispielen 9-1 und 9-2 betrachten unsicheren Zahlungen $\tilde{z}_1^{(A)}$ und $\tilde{z}_1^{(B)}$ vergleicht,

- dann unterscheiden sie sich um eine zu $t = 1$ erfolgende, sichere Zahlung in Höhe von 110 Geldeinheiten. Diese sichere Zahlung symbolisieren wir durch den Buchstaben y, dem wir den Index 1 hinzufügen, um an den Zahlungszeitpunkt zu erinnern: $y_1 = 110$.

- Außerdem stimmen die Zahlung $\tilde{z}_1^{(B)}$ sowie die verschobene Zahlung $\tilde{z}_1^{(A)} - y_1$ hinsichtlich ihrer systematischen Risiken überein (in beiden Fällen ist der Korrelationskoeffizient gleich eins).

Zusammen:

(9-1)
$$E\left[\tilde{z}_1^{(B)}\right] = E\left[\tilde{z}_1^{(A)} - y_1\right]$$
$$SD\left[\tilde{z}_1^{(B)}\right] = SD\left[\tilde{z}_1^{(A)} - y_1\right]$$

Nach der Generalannahme müssen beide Zahlungen, $\tilde{z}_1^{(B)}$ und $\tilde{z}_1^{(A)} - y_1$, übereinstimmende Werte haben:

(9-2)
$$W\left(\tilde{z}_1^{(B)}\right) = W\left(\tilde{z}_1^{(A)} - y_1\right)$$

Nun gilt im perfekten Kapitalmarkt die *Wertadditivität*, vergleiche Sektion 2.1.2, also:

(9-3)
$$W\left(\tilde{z}_1^{(A)} - y_1\right) = W\left(\tilde{z}_1^{(A)}\right) - W(y_1)$$

Die beiden Werte rechts sind bekannt: Denn wir hatten $W\left(\tilde{z}_1^{(A)}\right) = 100$ bereits festgestellt und den Barwert der sicheren, zu $t = 1$ erfolgenden Zahlung $y_1 = 110$ können wir mit dem Zinssatz schnell finden: $W(y_1) = y_1 /(1+i) = 110/(1+i)$. Damit haben wir den Wert der verschobenen Zahlung $\tilde{z}_1^{(A)} - y_1$ berechnet:

(9-4)
$$W\left(\tilde{z}_1^{(A)} - y_1\right) \stackrel{(9-3)}{=} W\left(\tilde{z}_1^{(A)}\right) - W(y_1) = 100 - \frac{110}{1+i}$$

Wegen (9-2) ist dies der gesuchte Wert der Zahlung $\tilde{z}_1^{(B)}$:

(9-5) $$W\left(\tilde{z}_1^{(B)}\right) \;=\; 100 - \frac{110}{1+i}$$

So ist beispielsweise für $i = 4\%$ der Wert der Zahlung $\tilde{z}_1^{(B)}$ gleich $-5,77$ Geldeinheiten.

Diesen Wert haben wir bereits in Beispiel 8-7 mit der Formel (8-11) gefunden. Doch es war nicht ganz klar, in wie weit dieser Formel für die Risikoabschlagsmethode zu trauen ist, wo wir gerade Schwierigkeiten mit der Risikoprämienmethode identifiziert haben.

Der eben mit der Verschiebung erbrachte Beweis sollte hingegen überzeugen, weil er nur eine Grundannahme des perfekten Marktes verwendet hat: Die **Wertadditivität**.

> Wir haben die zu bewertende Zahlung $\tilde{z}_1^{(B)}$ durch eine Kombination zweier Finanzpositionen $\tilde{z}_1^{(A)}$ (Markt) und y_1 (sichere Zahlung) nachgebildet, und zwar *hinsichtlich aller wertrelevanten Merkmale* — Erwartungswert, systematisches Risiko.
>
> Die zu bewertende Zahlung und die äquivalente Nachbildung haben denselben Wert, und der Wert der Nachbildung ist mit Hilfe der Wertadditivität schnell ermittelt.

Was wir eben formal abgeleitet haben, kann anschaulicher als Geschichte erzählt werden. Sandra beschreibt ihrem Geschäftspartner Peter die Zahlung $\tilde{z}_1^{(A)}$, der darauf meint, sie habe klar einen Wert von 100 Geldeinheiten. Sodann beschreibt Sandra die Zahlung $\tilde{z}_1^{(B)}$, worauf Peter meint, so etwas habe er noch nie bewertet und er habe auch keine Vorstellung, wie er rechnerisch vorgehen solle. Ihm sei nur klar, dass der Wert von $\tilde{z}_1^{(B)}$ nicht gleich null sei, sondern leicht negativ sein müsse.

Darauf meint Sandra: Dann lege ich zur unsicheren Zahlung von $\tilde{z}_1^{(B)}$ in einem Jahr noch 110 Geldeinheiten dazu. Kannst Du die Summe bewerten? Peter lächelt, den die Summe hatte er gerade bewertet und 100 als Wert genannt. Sandra meint, in einem Jahr 110 zu haben, sei heute $110/(1+i)$ wert. Das müsse man abziehen. Deshalb wäre der Wert von $\tilde{z}_1^{(B)}$ gleich $100 - 110/(1+i)$.

Beispiel 9-3: Ein Unternehmen C erzeuge in einem Jahr die unsichere Zahlung $\tilde{z}_1^{(C)}$ in erwarteter Höhe $z_1^{(C)} = E\left[\tilde{z}_1^{(C)}\right] = 30$. Die Zahlung weist eine Standardabweichung von 20 auf und ist mit dem Marktindex vollständig korreliert. Der Zinssatz sei $i = 4\%$. Würde man die unsichere Zahlung $\tilde{z}_1^{(A)}$ wieder verschieben, diesmal jedoch $y_1 = 80$ abziehen, entstünde mit $\tilde{z}_1^{(A)} - y_1$ eine zu $\tilde{z}_1^{(C)}$ äquivalente Zahlung. $W\left(\tilde{z}_1^{(A)} - 80\right) = 100 - 80/1{,}04 = 100 - 76{,}92 = 23{,}08$ ist der Wert der kombinierten Zahlung. Dies ist der gesuchte Wert: $W\left(\tilde{z}_1^{(C)}\right) = 23{,}08$. Dieser Wert hätte auch mit der Risikoprämienmethode gewonnen werden können, sofern mit einem Kapitalkostensatz $r = 30\%$ diskontiert wird. Doch wie wären wir auf $r = 30\%$ gekommen? ∎

In einigen Beispielen kann die Zahlung eines Unternehmens nachgebildet werden, wenn dazu ein *Vielfaches* der (hier durch A beschriebenen) Marktposition genommen wird. Wir veranschaulichen das wieder durch ein Beispiel.

Beispiel 9-4: Das Unternehmen D soll bewertet werden. Wir beginnen mit der Bewertung des in einem Jahr von ihr erzeugten, unsicheren Zahlungsüberschusses $\tilde{z}_1^{(D)}$. Diese Zahlung ist in der Höhe von $z_1^{(D)} = E\left[\tilde{z}_1^{(D)}\right] = 300$ zu erwarten. Sie hat eine Standardabweichung von $SD\left[\tilde{z}_1^{(D)}\right] = 60$. Das Risiko ist in vollem Umfang systematisch, die Zahlung $\tilde{z}_1^{(D)}$ und der Marktindex haben den Korrelationskoeffizienten 1. Es ist unschwer zu erkennen: Das dreifache der Zahlung $\tilde{z}_1^{(A)}$, die den Markt repräsentiert, hat denselben Erwartungswert und dasselbe systematische Risiko wie die zu bewertende Zahlung $\tilde{z}_1^{(D)}$:

$$
\begin{aligned}
E\left[\tilde{z}_1^{(D)}\right] &= E\left[3 \cdot \tilde{z}_1^{(A)}\right] \\
SD\left[\tilde{z}_1^{(D)}\right] &= SD\left[3 \cdot \tilde{z}_1^{(A)}\right]
\end{aligned}
$$

Deshalb haben $\tilde{z}_1^{(D)}$ und die skalierte Zahlung $3 \cdot \tilde{z}_1^{(A)}$ denselben Wert. Der Wert der skalierten Zahlung ist das dreifache des Werts der Zahlung $\tilde{z}_1^{(A)}$, und da dieser 100 beträgt, ist der Wert gefunden: $W\left(\tilde{z}_1^{(D)}\right) = 300$. ■

9.2 Replikations-Methode

9.2.1 Replikations-Methode für t = 1

Wir kombinieren nun die Verschiebung und die Skalierung. Anstelle der unsicheren, zu $t = 1$ fälligen Zahlung $\tilde{z}_1^{(A)}$, die den Marktindex repräsentierte, betrachten wir Positionen, die sich aus einer Anlage des Betrags x in den Marktindex ergeben.

Der Marktindex habe die unsichere Rendite $\tilde{r}_M$, und diese soll den Return $\mu_M = E[\tilde{r}_M]$ und das Risk $\sigma_M = SD[\tilde{r}_M]$ haben. Zahlenmäßig wird durch die Empirie $\mu_M = 10\%$ und $\sigma_M = 20\%$ nahegelegt. Außerdem sollen im Kapitalmarkt sichere Geldanlagen und Kreditaufnahmen möglich sein. Der Zinssatz ist wieder mit i bezeichnet.

Wir betrachten nun eine zu $t = 1$ fällige unsichere Zahlung $\tilde{z}_1$. Ihre erwartete Höhe $E[\tilde{z}_1]$ und ihre Standardabweichung $SD[\tilde{z}_1]$ sollen gegeben sein.

Außerdem soll bekannt sein, zu welchem Teil sie systematisch ist. Dieser Teil ist mit ρ bezeichnet. Die Zahlung ist also zum restlichen Teil $1 - \rho$ unsystematisch ($-1 \leq \rho \leq 1$).

Gesucht ist der Wert $W(\tilde{z}_1)$.

Nun wird versucht, die zu bewertende oder zu diskontierende unsichere Zahlung $\tilde{z}_1$ hinsichtlich ihrer wertrelevanten Merkmale — Erwartungswert, systematisches Risiko — nachzubilden. Für die Nachbildung wird eine Anlage des Geldbetrags x in den Index sowie eine sichere Anlage des Betrags y verwendet.

Die kombinierte Anlage, das **Replikationsportfolio**, führt zu $t = 1$ auf das unsichere Ergebnis: $x \cdot (1 + \tilde{r}_M) + y \cdot (1 + i)$. Es hat diese Parameter:

(9-6)
$$E[x \cdot (1 + \tilde{r}_M) + y \cdot (1 + i)] \;=\; x \cdot (1 + \mu_M) + y \cdot (1 + i)$$

$$SD[x \cdot (1 + \tilde{r}_M) + y \cdot (1 + i)] \;=\; x \cdot \sigma_M$$

Die noch nicht konkretisierten Anlagebeträge x und y sollen nun so bestimmt werden, dass das Ergebnis der Anlage von $x + y$ in das Replikationsportfolio denselben Erwartungswert und dasselbe systematische Risiko wie $\tilde{z}_1$ hat:

(9-7)
$$E[\tilde{z}_1] \;=\; x \cdot (1 + \mu_M) + y \cdot (1 + i)$$

$$\rho \cdot SD[\tilde{z}_1] \;=\; x \cdot \sigma_M$$

Lassen sich x und y so bestimmen, dass (9-7) erfüllt wird, dann sind das Replikationsportfolio und die zu diskontierende Zahlung $\tilde{z}_1$ äquivalent.

Da das Replikationsportfolio den Wert $x + y$ besitzt, muss dann $W(\tilde{z}_1) = x + y$ gelten.

Wir lösen (9-7) nach x und y auf und beginnen dazu mit der unteren Gleichung, die in die obere Gleichung eingesetzt wird. Es folgt:

(9-8)
$$x \;=\; \frac{\rho \cdot SD[\tilde{z}_1]}{\sigma_M}$$

$$y \;=\; \frac{E[\tilde{z}_1] - \dfrac{\rho \cdot SD[\tilde{z}_1]}{\sigma_M} \cdot (1 + \mu_M)}{1 + i}$$

Beispiel 9-5: Das Unternehmen F soll bewertet werden. Wir beginnen mit der Bewertung des in einem Jahr von ihr erzeugten, unsicheren Zahlungsüberschusses $\tilde{z}_1^{(F)}$. Diese Zahlung ist in der Höhe von $z_1^{(F)} = 70$ zu erwarten und die hat eine Standardabweichung von $SD\left[\tilde{z}_1^{(F)}\right] = 28$ Geldeinheiten. Sie ist mit dem Marktindex vollständig korreliert, $\rho = 1$. Als weitere Angabe hier noch die Marktdaten: $\mu_M = 10\%$, $\sigma_M = 20\%$, $i = 4\%$.

Formel (9-8) liefert $x = 140$, $y = -80{,}77$ Geldeinheiten. Die Zahlung $\tilde{z}_1^{(F)}$ entspricht hinsichtlich Return und Risk der eines Portfolios, bei dem 140 in den Marktindex angelegt werden und ein Kredit in Höhe von 80,77 Geldeinheiten aufgenommen wird. Das Portfolio verlangt demnach einen Einsatz von $140 - 80{,}77 = 59{,}23$. Dies ist folglich auch der gesuchte Wert der Zahlung, $W\left(\tilde{z}_1^{(F)}\right) = 59{,}23$ Geldeinheiten. ■

Der Replikations-Ansatz ist nicht nur deshalb interessant, weil er weder das CAPM noch eine Nutzenfunktion verlangte. Die Formel (9-8) hatte indes als Voraussetzung, von der Perfektion des Kapitalmarktes — Proportionalität und Wertadditivität sollten gelten — abgesehen, dass *wertrelevant* nur zwei Parameter der zu diskontierenden Zahlung sind, nämlich ihre erwartete Höhe und ihr systematisches Risiko.

Erstaunlich, dass deshalb (9-8) auf eine und bereits bekannte Formel führt, die wir bisher unter Verwendung des CAPM hergeleitet hatten. Werden x und y addiert, entsteht (wieder) die als **Risikoabschlagsmethode** besprochene Formel (8-11). Denn es gilt:

$$
\begin{aligned}
x + y \quad &= \quad \frac{\rho \cdot SD[\tilde{z}_1]}{\sigma_M} + \frac{E[\tilde{z}_1] - \dfrac{\rho \cdot SD[\tilde{z}_1]}{\sigma_M} \cdot (1 + \mu_M)}{1 + i} \\[2em]
(9\text{-}9) \qquad &= \quad \frac{\dfrac{\rho \cdot SD[\tilde{z}_1]}{\sigma_M} \cdot (1 + i) + E[\tilde{z}_1] - \dfrac{\rho \cdot SD[\tilde{z}_1]}{\sigma_M} \cdot (1 + \mu_M)}{1 + i} \\[2em]
&= \quad \frac{E[\tilde{z}_1] - \rho \cdot \left\{\dfrac{\mu_M - i}{\sigma_M}\right\} \cdot SD[\tilde{z}_1]}{1 + i}
\end{aligned}
$$

9.2.2 Replikations-Methode für t > 1

Zudem kann der Replikations-Ansatz auf Zahlungen $\tilde{z}_t$ übertragen werden, die erst in einigen Jahren fällig werden, $t > 1$. Dazu braucht man natürlich eine Vorstellung darüber, wie das unsichere Ergebnis einer Anlage in den Marktindex beschrieben werden kann, wenn die Anlage über t Jahre läuft. Das geht nicht ohne Kenntnis der Eigenschaften des stochastischen Prozesses, der eine Anlage in den Index beschreibt.

Hierzu gibt es eine umfangreiche Literatur: Unter Standardannahmen folgen die logarithmierten Werte einer risikobehafteten Geldanlage einem Random-Walk.[1]

---

[1] Eine Darstellung findet sich beispielsweise in KLAUS SPREMANN: *Portfoliotheorie*, 4. Auflage, München 2009.

Doch wir wollen einen Übergang auf logarithmierte Größen vermeiden und möchten (in diesem einführenden Buch) auch ohne die Verwendung stetiger Renditen auskommen. Deshalb zeigen wir das Grundsätzliche durch nachstehendes Vorgehen.

> In guter Näherung an den erwähnten stochastischen Prozess treffen wir zwei Annahmen:
>
> 1. Die Anlage einer Geldeinheit in den Marktindex läßt nach t Jahren das Ergebnis $(1+\mu_M)^t$ erwarten.
>
> 2. Die Anlage einer Geldeinheit in den Marktindex führt nach t Jahren auf ein Ergebnis, dass diese Standardabweichung besitzt: $\sqrt{t} \cdot \sigma_M$.
>
> Mit dieser Doppelannahme, die in Anlehnung an den Random-Walk formuliert wurde, wollen wir die unsichere und zu t fällige Zahlung $\tilde{z}_t$ replizieren.

Die unsichere Zahlung ist durch ihre erwartete Höhe, ihre Standardabweichung und ihre Korrelation mit dem Index gegeben. Für die Replikation wird eine Anlage auf t Jahre in den Marktindex sowie eine sichere Anlage auf t Jahre verwendet. Die Nachbildung bezieht sich auf die beiden Parameter Risk und Return (siehe auch die Generalannahme).

Das Vorgehen bei der Replikation entspricht den Schritten, die wir für den Fall $t = 1$ vorgeführt haben. Zunächst ersetzen wir (9-6) durch:

$$E\left[x \cdot (1+\tilde{r}_M) + y \cdot (1+i)\right] = x \cdot (1+\mu_M)^t + y \cdot (1+i)^t$$

(9-10)

$$SD\left[x \cdot (1+\tilde{r}_M) + y \cdot (1+i)\right] = x \cdot \sqrt{t} \cdot \sigma_M$$

Anstelle der Bedingung (9-7) hat man:

$$E\left[\tilde{z}_t\right] = x \cdot (1+\mu_M)^t + y \cdot (1+i)^t$$

(9-11)

$$\rho \cdot SD\left[\tilde{z}_1\right] = x \cdot \sqrt{t} \cdot \sigma_M$$

Das gesuchte Replikationsportfolio ist folglich so bestimmt:

$$x = \frac{\rho \cdot SD\left[\tilde{z}_1\right]}{\sqrt{t} \cdot \sigma_M}$$

(9-12)

$$y = \frac{E\left[\tilde{z}_1\right] - \dfrac{\rho \cdot (1+\mu_M)^t}{\sqrt{t} \cdot \sigma_M} \cdot SD\left[\tilde{z}_1\right]}{(1+i)^t}$$

Somit gilt die Diskontierungsformel:

$$(9\text{-}13) \qquad W(\tilde{z}_t) \;=\; x+y \;=\; \frac{E[\tilde{z}_t] - \rho \cdot \left\{ \dfrac{(1+\mu_M)^t - (1+i)^t}{\sqrt{t}\cdot\sigma_M} \right\} \cdot SD[\tilde{z}_t]}{(1+i)^t}$$

Beispiel 9-6: Ein Unternehmen erzeugt in $t=3$ Jahren einen Zahlungsüberschuss $\tilde{z}_3$, der in Höhe 100 erwartet wird und der (aus heutiger Sicht) eine Standardabweichung von 40 Geldeinheiten hat. Das Risiko wird zu 80% als systematisch angesehen, zu 20% ist es unsystematisch. Hier die (auf ein Jahr bezogenen) Marktdaten: $\mu_M = 10\%$, $\sigma_M = 20\%$, $i = 4\%$. Gesucht ist $W(\tilde{z}_3)$. Einsetzen in (9-12) liefert: $x = 0{,}8 \cdot 40 / \sqrt{3} \cdot 0{,}20 = 92{,}38$. Das bewertungsrelevante systematische Risiko der unsicheren Zahlung $\tilde{z}_3$ entspricht dem Risiko einer Anlage von 92,38 Geldeinheiten in den Marktindex. Weiter liefert (9-12) dies: $y = -20{,}40$.

Die Zahlung $\tilde{z}_3$ ist äquivalent zum Ergebnis eines Portfolios, bei dem 92,38 Geldeinheiten in den Marktindex angelegt werden und dabei ein Kredit von 20,40 Geldeinheiten aufgenommen wird. Dieses Portfolio und damit die zu diskontierende Zahlung hat den Wert $92{,}38 - 20{,}40 = 71{,}97$. Wegen $71{,}97 = 100/(1+0{,}116)$ wäre 11,6% die risikogerechte Rendite gewesen. Doch wieder gilt: Wie hätte man auf diesen Kapitalkostensatz kommen können? ■

Beispiel 9-7: Die Planung der Feeble GmbH gelangt zu Zahlungsüberschüssen für die kommenden 5 Jahre wie nachfolgend als Tabelle gezeigt.

Jahr	1	2	3	4	5
Erwartungswert	-100	0	50	100	150
Standardabweichung	±50	±30	±40	±70	±100
Korrelation	50%	60%	70%	80%	80%
x	125	64	81	140	179
y	-228	-71	-51	-90	-114
Wert x+y	**-103**	**-8**	**30**	**50**	**65**

Die oberste Zeile zeigt die erwartete Höhe der unsicheren Zahlungen, darunter ist mit einer Plus-Minus-Angabe die Standardabweichung der Zahlung genannt. Wiederum darunter ist gezeigt, zu welchem Anteil das Risiko als systematisch betrachtet wird. Gerade in den ersten Jahren ist das Risiko unsystematisch, weil die Zahlungen eher davon abhängen, ob interne Maßnahmen der Restrukturierung greifen oder nicht. Diese gegebenen Zahlen sind in der Tabelle fett hervorgehoben.

Die Tabelle zeigt gleich die Ergebnisse (kursiv), gerundet auf ganze Zahlen: Für die Rechnung werden noch die Marktdaten benötigt: $\mu_M = 10\%$, $\sigma_M = 20\%$, $i = 4\%$.

Die Replikation der Zahlungen aller fünf Jahre verlangt eine Kreditaufnahme. Das unterstreicht das große Risiko all dieser Zahlungen. Die Summe der fünf Werte und damit der Gesamtwert der fünf Zahlungsüberschüsse beträgt 34 Geldeinheiten. ■

9.2.3   Implizites Risiko

In einigen praktischen Fällen sind die unsicheren Zahlungsüberschüsse der kommenden Jahre $t = 1, 2, \ldots$ durch ihre erwarteten Höhen gegeben und der Anwender hat eine intuitive Vorstellung über die für eine Diskontierung nach der Risikoprämienmethode anzuwendende Rendite r.

Möglicherweise kann der Anwender aber primär keine Angaben über die Standardabweichungen der Zahlungsüberschüsse machen. Betrachten wir den zu t fälligen Zahlungsüberschuss $\tilde{z}_t$. Seine erwartete Höhe $z_t = E[\tilde{z}_t]$ sei bekannt. Der Anwender behaupte, die Diskontrate sei r und möchte die Risikoprämienmethode anwenden, was auf $W(\tilde{z}_t) = z_r /(1+r)^t$ führt. Für eine Kontrolle seiner Annahmen stellt der Anwender die Frage, wie hoch die Standardabweichung $SD[\tilde{z}_t]$ sein müsse, um $W(\tilde{z}_t) = z_r /(1+r)^t$ als Wert nach der Replikations-Methode zu bewirken.

Zu Antwort wird die Wertformel (9-13) herangezogen. Nach der Standardabweichung $SD[\tilde{z}_t]$ beziehungsweise dem systematischen Risiko $\rho \cdot SD[\tilde{z}_t]$ der Zahlung $\tilde{z}_t$ aufgelöst besagt sie:

(9-14)

$$\rho \cdot SD[\tilde{z}_t] = \left\{ E[\tilde{z}_t] - (1+i)^t \cdot W(\tilde{z}_t) \right\} \cdot \left\{ \frac{\sqrt{t} \cdot \sigma_M}{(1+\mu_M)^t - (1+i)^t} \right\}$$

$$= \left\{ 1 - \frac{(1+i)^t}{(1+r)^t} \right\} \cdot \left\{ \frac{\sqrt{t} \cdot \sigma_M}{(1+\mu_M)^t - (1+i)^t} \right\} \cdot E[\tilde{z}_t]$$

Beispiel 9-8: Eine Unternehmung habe in $t = 3$ Jahren einen erwarteten Zahlungsüberschuss von 100 Geldeinheiten. Der Anwender sieht 11,6% als korrekt für eine Diskontierung an und postuliert, $W(\tilde{z}_3) = 100/(1+0{,}116)^3 = 71{,}95$ als ihren Wert (vergleiche auch Beispiel 9-6). Die Marktdaten sind $\mu_M = 10\%$, $\sigma_M = 20\%$, $i = 4\%$. Die Formel (9-14) liefert das systematische Risiko, das diese Bewertung stützt:

$$\rho \cdot SD[\tilde{z}_t] = \left\{ 1 - \frac{1.04^3}{1{,}116^3} \right\} \cdot \left\{ \frac{\sqrt{3} \cdot 0{,}20}{1{,}10^3 - 1{,}04^3} \right\} \cdot 100 = 0{,}19 \cdot 1{,}68 = 32$$

Nun schätzt der Anwender, dass 80% des Risikos systematisch und 20% „hausgemacht" sind, was $\rho = 0{,}8$ bedeutet. Somit folgt $SD[\tilde{z}_t] = 40$. Der Anwender kommentiert für sich: „Das Ergebnis in 3 Jahren ist 100 ±40, das macht Sinn" und ist mit der Kontrollrechnung zufrieden. ■

Um eine weitere Illustration der Formel (9-14) zu geben, die das implizierte (systematische) Risiko liefert, soll eine Tabelle angefertigt werden. Sie geht davon aus, dass im Jahr t die Zahlung in der Höhe von 100 Geldeinheiten erwartet wird.

Die Bewertung wird nach der Risikoprämienmethode vorgenommen, und zwar mit einer Diskontrate von r. Gefragt ist, welches Risiko $100/(1+r)^t$ als Wert stützt.

Die Marktdaten sind $\mu_M = 10\%$, $\sigma_M = 20\%$, $i = 4\%$. Die Tabelle (Bild 9-1) zeigt das implizite Risiko für $r = 8\%, 10\%, 12\%$.

Jahr	1	2	3	4	5
Erwartungswert	100	100	100	100	100
r = 8%					
Wert	92,6	85,7	79,4	73,5	68,1
Risk	**12,3**	**16,0**	**18,0**	**19,0**	**19,5**
r = 10%					
Wert	90,9	82,6	75,1	68,3	62,1
Risk	**18,2**	**23,4**	**26,0**	**27,3**	**27,8**
r = 12%					
Wert	89,3	79,7	71,2	63,6	56,7
Risk	**23,8**	**30,3**	**33,5**	**34,9**	**35,2**

Bild 9-1: Das implizierte Risk (Produkt aus Standardabweichung und Korrelationskoeffizient) für Zahlungen in Höhe von 100 Geldeinheiten, deren Wert für vorgegebene Renditen (8%, 10%, 12%) nach der Risikoprämienmethode bestimmt wurde.

Beispiel 9-9: Christine, Wirtschaftsprüferin, soll eine Unternehmung bewerten. Josef leitet die Planungsabteilung und berichtet ihr über die Prognosen der Cashflows. Sie diskutieren gerade die Situation in zwei Jahren. Zu $t = 2$ werden 1000 Geldeinheiten erwartet. Josef ist sicher, dass 8% die richtige Rendite für die Diskontierung sei, weshalb der Wert dieses einen Cashflows 857 Geldeinheiten sei. Christine hebt die Unsicherheit der Zukunft hervor und stellt die Frage, ob man sagen könne, der Cashflow in zwei Jahren sei mit 1000±160 einzuschätzen. Josef antwortet, dass er die Unsicherheit doch größer einschätzt, vielleicht als 1000±300. Darauf meint Christine, man müsse mit 12% diskontieren und der Wert sei lediglich 797 Geldeinheiten. ■

Beispiel 9-10: Ein Unternehmensplaner sieht den Cashflow in fünf Jahren bei 2 Millionen Euro und denkt, die Diskontierung solle mit 10% vorgenommen werden. Der Wert sei deshalb gleich 1,242 Millionen Euro. Zwar sei die Zukunft unsicher, aber man könne für den Cashflow eine Bandbreite von ±1 Million Euro angeben. Die Unsicherheit gehe zu 70% auf allgemeine, externe Faktoren zurück und zu 30% auf rein unternehmensinterne, zufällige Entwicklungen. Ein Beraterin, die das Unternehmen bewertet, möchte mit Tabelle 9-1 eine Kontrolle vornehmen. Sie übersetzt die Angaben des Planers so: 1 Geldeinheit sei 20.000 Euro, weshalb der Cashflow in Höhe von 100 zu erwarten sei mit einer Unsicherheit von ±50 Geldeinheiten. Das bedeute eine Standardabweichung von 50. Weiter sei 70% der Unsicherheit systematisch, also $\rho = 0,7$. Das systematische Risiko sei deshalb 35 Geldeinheiten führt. Bei einer Diskontierung mit 10% dürfte es nur bei 28 liegen. Sie identifiziert mit einem Blick in die Tabelle 12% als korrekte Diskontrate, weshalb der Wert bei 56,2 Geldeinheiten oder 1,124 Millionen Euro liegt. ■

9.3 Ergänzung und Fragen

9.3.1   Zu den Anfängen 1973

Die Geburtsstunde der Idee, Finanzpositionen nachzubilden und auf diese Weise ihren Wert zu finden, war 1973. Zu den ersten Wissenschaftlern gehören MICHAEL J. BRENNAN, STEPHEN A. ROSS, FISCHER BLACK UND MYRON SCHOLES SOWIE ROBERT C. MERTON.[2]

Der Aufsatz von BRENNAN erschien 1973. ROSS schrieb seinen Aufsatz im selben Jahr, doch wurde er erst in revidierter Fassung 1976 publiziert. ROSS schuf mit seinem Text die **Arbitrage Pricing Theory** (**APT**). Die APT geht den Weg, eine finanzielle Position durch eine gewichtete Kombination anderer Finanzpositionen darzustellen. Ist deren Preis bekannt und stehen die Gewichte fest, dann muss der gewichtete Preis gleich dem Wert der nachgebildeten Finanzposition sein — sofern der Markt arbitragefrei ist. Kurze Zeit darauf haben MARC RUBINSTEIN sowie RICHARD C. STAPLETON und MARTI G. SUBRAHMANYAM den Ansatz der Replikation ausgebaut.[3]

Um diese Zeit war die große Frage, wie der Wert von *Optionen* bestimmt werden könnte. Hier waren zwei Ansätze diskutiert, und beide beruhen auf dem Prinzip, die Zahlungen (beschrieben durch den Payoff) einer Option nachzubilden.

---

[2] 1. MICHAEL J. BRENNAN: An Approach to the Valuation of Uncertain Income Streams. *Journal of Finance* 28 (June 1973) 3, 661-674. 2. Stephen A. Ross: The Arbitrage Theory of Capital Asset Pricing. Journal of Economic Theory 13 (1976), 341-360.

[3] 1. Marc Rubinstein: The Valuation of Uncertain Income Streams and the Pricing of Options. The Bell Journal of Economics 7 (1976), 407-425. 2. R. C. Stapleton und M. G. Subrahmanyam: A Multiperiod Equilibrium Asset Pricing Model. Econometrica 46 (1978), 1077-1096.

Der eine Ansatz verwendet einen *Binomialbaum* zur Darstellung möglicher Wertentwicklungen des Underlyings der Option. Der andere Ansatz charakterisiert die Nachbildung oder Replikation durch eine stochastische *Differentialgleichung*. Der Ansatz, einen Binomialbaum zu verwenden, geht auf JOHN C. COX, STEPHEN A. ROSS und MARK RUBINSTEIN zurück. 1979.[4]

Der Ansatz, die Replikation durch eine stochastische Differentialgleichung zu bewerkstelligen, führt (unter gewissen Annahmen) dazu, dass diese Gleichung gelöst werden und die Lösung in einer analytischen Form dargestellt werden kann. Dies haben FISCHER BLACK und MYRON SCHOLES mit ihrer Formel 1973 gezeigt.[5]

Diese Erkenntnisse, vor vierzig Jahren revolutionär, haben inzwischen Eingang in die Lehrbücher gefunden. Parallel dazu wird versucht, die Ideen auf einfache Situationen zu übertragen.[6]

9.3.2   Fragen

1. Richtig oder falsch? Werden zwei oder mehrere finanzielle Positionen in einem Portfolio zusammen gefasst, dann ist der Wert des Portfolios höher als die Summe der Werte der Komponenten, weil es (im allgemeinen) Diversifikationseffekte gibt, die für alle Marktteilnehmenden Vorteile bringen.[7]

2. Richtig oder falsch? Finanzielle Positionen können durchaus negative Werte haben.[8]

3. Ein Unternehmen erzeugt in $t = 2$ Jahren einen Zahlungsüberschuss $\tilde{z}_2$, der in Höhe 300 erwartet wird und der (aus heutiger Sicht) eine Standardabweichung von 200 Geldeinheiten hat. Das Risiko wird zu 3/4 als systematisch angesehen, zu 1/4 ist es unsystematisch. Die Marktdaten sind: $\mu_M = 10\%$, $\sigma_M = 20\%$, $i = 4\%$. A) Ermitteln Sie die Zusammensetzung des Replikationsportfolios. B) Berechnen Sie $W(\tilde{z}_2)$.[9]

---

[4] 1. John C. Cox, Stephen A. Ross und Mark Rubinstein: Option Pricing: A Simplified Approach. Journal of Financial Economics 7 (1979), 229-263. 2. Richard J. Rendleman (Jr) und Brit J. Bartter: Two-State Option Pricing. Journal of Finance 24 (1979), 1093-1110.

[5] 1. FISCHER BLACK und MYRON SCHOLES: The Pricing of Options and Corporate Liabilities. *Journal of Political Economy* 81 (1973) 3, 637-659. 2. ROBERT C. MERTON: Theory of Rational Option Pricing. *Bell Journal of Economics and Management Science* 4 (1973) 1, 141-183.

[6] Dazu gehört beispielsweise der Fall, dass die zu bewertende Zahlung nur zwei mögliche Realisationen haben kann.: 1. KLAUS SPREMANN: Bewertung von Unternehmen im Financial Distress, in: *Krisenmanagement* (Hrsg.: THOMAS HUTZSCHENREUTER), Wiesbaden 2006, 165-194. 2. KLAUS SPREMANN: Unternehmenswert bei bivalenten Zahlungsüberschüssen. *Corporate Finance biz*, Ausgabe 8-2010.

[7] Nein, die Wertadditivität ist nicht durchbrochen. Die Werte der einzelnen Positionen berücksichtigen bereits die Diversifikationsmöglichkeiten.

[8] Richtig, besonders dann wenn das (systematische) Risiko groß und der Erwartungswert der Zahlung in Relation dazu klein ist, sowie natürlich wenn bereits der Erwartungswert der Zahlung negativ ist.

[9] Formeln (9-12) und (9-13) anwenden!

4. Eine Unternehmung habe in $t = 5$ Jahren einen erwarteten Zahlungsüberschuss von 5000 Geldeinheiten. Der Planer denkt, das systematische Risiko sei durch ±2000 zu beschreiben. Weiter sieht der Planer 10% als korrekt für eine Diskontierung an und errechnet daraus $W(\tilde{z}_5) = 1000/(1+0,12)^5 = 2835$ als ihren Wert. Die Marktdaten: $\mu_M = 10\%$, $\sigma_M = 20\%$, $i = 4\%$. A) Stehen diese Daten in Einklang zueinander? B) Ermitteln Sie den Wert![10]

---

[10] A) Nein, das systematische Risiko sollte durch ±1760 anstatt ±2000 beschrieben sein, um eine Diskontierung mit 12% zu rechtfertigen (Bild 9-1). B) Verwende Formel (9-13).

10. Lernregister

Wichtige Punkte sowie das Personen- und Sachwortverzeichnis.

10.1 Wichtige Inhaltspunkte der neun Kapitel

Jedes der neun Kapitel enthielt Darstellungen oder Ergebnisse, die hier kurz genannt sind.

Kapitel 1: **Zum Wertbegriff**

- Subjektive Beurteilung versus Marktsicht und warum die Marktsicht wichtig ist.

- Zwei Wege führen zum Wert eines Objekts, einerseits der Preis im Markt der Objekte dieser Art, andererseits die Beachtung der Rückflüsse, die jemand mit dem Einsatz des Objekts über die Jahre hinweg haben kann.

- Bei einem Unternehmen (als Bewertungsobjekt) führen die beiden Wege auf den Substanzwert und den Ertragswert.

Kapitel 2: **Zahlungsreihe und Present-Value**

- Proportionalität und Wertadditivität als zwei Eigenschaften der Preisbildung im perfekten Markt.

- Die Wert einer gleichmäßig wachsenden Zahlungsreihe (2-9) beziehungsweise (2-10).

- Wann Ausschüttungen/Entnahmen bedeuten, dass immer noch Investitionen vorgenommen werden, und wann sie einen Wertverzehr bedingen, siehe Formel (2-13).

Kapitel 3: **Dividenden und Wachstum**

- Das Gordon-Shapiro-Modell: Die Wertformel und ihre Auflösung nach der Wachstumsrate, siehe (3-1) und (3-3).

- Perlen und Lasten (Weiße Elefanten) können stets zum Ertragswert hinzukommen.

- Unternehmen müssen nicht unbedingt aufgrund ihrer tatsächlichen Dividenden/Ausschüttungen/Zahlungsüberschüsse bewertet werden. Die Irrelevanz der Dividendenpolitik — einer der Thesen von MODIGLIANI und MILLER — gestattet es, fiktive Zahlungsreihen zugrunde zu legen. Die fiktiven Zahlungen sind Substitute für Dividenden.

Kapitel 4: **DCF und Equity-Value**

- Die direkte Methode zur Bestimmung der Cashflows-to-Equity.

- Der Freie Cashflow-to-Equity einer verschuldeten Unternehmung, siehe Bild 4-9.

- Zur Definition des Cashflow-to-Equity in der Praxis (indirekte Methode), Bild 4-11.

Kapitel 5: **Entity-Ansatz und WACC**

- Drei Wege zum Entity-Value: A) Bewerte Eigen- und Fremdkapitalansprüche separat und addiere beide Werte. B) Direkt als Summe diskontierter „Cashflows". C) APV-Ansatz.

- Der *WACC* und die passende Wertformel, siehe (5-17).

- Die Wertformel von MILES und EZZELL, vergleiche (5-24) und (5-25).

Kapitel 6: **Performance und Residualeinkommen**

- Die Definition der Performance (6-1), ihre Zerlegung in drei Komponenten (Seite 118) sowie *EVA*, siehe Formel ((6-5).

- Clean Surplus Accounting und die Residual Income Valuation, siehe Formel (6-14).

- Other Information im Modell von OHLSON, siehe (6-16).

Kapitel 7: **Unsicherheit**

- Rekapitulation: Erwartungswert, Varianz, Normalverteilung

- Systematisches und unsystematisches Risiko

- Ebenen unseres Wissens, siehe Abschnitt 7.3.

Kapitel 8: **Capital Asset Pricing Model**

- Risikoprämienmethode (8-2) versus Risikoabschlagsmethode (8-11)

- Beta, siehe Formel (8-3), sowie das CAPM als Gleichung (8-4) und als Grafik (Bild 8-2).

- Schätzfehler und Modellfehler, siehe Abschnitt 8.2.

Kapitel 9: **Diskontierung mit Replikation**

- Die Idee der Nachbildung einer Zahlung durch bekannte Finanzpositionen und ihr Bewertung als Wert des Replikationsportfolios.

- Die Replikations-Methode für t > 1.

- Das durch eine Wertvorgabe implizierte Risiko.

10.2 Sachverzeichnis

Nobelpreisträger der Wirtsch

1969:
Ragnar Frisch, Norwegen; Jan Tinbergen,
Niederlande
Analyse der Wirtschaftsprozesse

1970:
Paul Samuelson, USA
statische und dynamische wirtschaftliche
Theorie

1971:
Simon Kuznets, USA
Erklärungen von wirtschaftlichem Wachstum

1972:
Kenneth Arrow, USA; John Hicks,
Großbritannien
Wohlfahrtstheorie

1973:
Wassily Leontief, USA
Input-Output-Methode

1974:
Gunnar Myrdal, Schweden; Friedrich von
Hayek, Österreich
Geld- und Konjunkturtheorie

1975:
Leonid Kantorowitch, UdSSR; Tjalling
Koopmans, USA
Theorie der optimalen Ressourcen-
Verwendung

1976:
Milton Friedman, USA
Verbrauchsanalyse, zur Geldtheorie und
Stabilisierungspolitik

1977:
Bertil Ohlin, Schweden; James Edward Meade,
Großbritannien
Internationaler Handels und internationale
Kapitalbewegung

1978:
Herbert Simon, USA
Entscheidungsprozesse in
Wirtschaftsorganisationen

1979:
Theodore Schultz, USA; Sir Arthur Lewis,
Großbritannien
Wirtschaftliche Entwicklung

1980:
Lawrence Klein, USA
Konjunkturmodelle

1981:
James Tobin, USA
Analyse der Finanzmärkte

1982:
George Stigler, USA
Marktstrukturen und Regelungen der
öffentlichen Hand

1983:
Gerard Debreu, USA
Marktgleichgewicht

1984:
Richard Stone, Großbritannien
Volkswirtschaftliche
Gesamtrechnungssysteme

1985:
Franco Modigliani, USA
Sparverhalten der Finanzmärkte

1986:
James McGill Buchanan, USA
Kontrakttheoretische und konstitutionelle
Beschlussfassung

1987:
Robert Solow, USA
Wachstumstheorie

1988:
Maurice Allais, Frankreich
Effiziente Nutzung von Ressourcen

1989:
Trygve Haavelmo, Norwegen
Wahrscheinlichkeitstheorie

Preis für Wirtschaftswissenscha
in Gedenken